한눈에 보는 수학사

더크 스트뤽 지음
장경윤 | 강문봉 | 박경미 옮김

교우사

A Concise History of Mathematics
by Dirk J. Struik

옮긴이 머리말

이 책을 처음 접했을 때 수학사에 관한 저자의 독특한 접근 방법에 마음이 끌렸다. 책을 읽어 갈수록 수학이 생동감 있는 실체로 다가오면서 우리의 곁에서 우리의 삶과 밀접한 관계를 갖고 있으며 무한한 가능성을 가진 수학의 모습에 매료당했다. 한마디로 이 책은 신선한 충격을 주었다.

수학사에 관한 책이 최근 많이 번역·출판되었다. 수학을 전공하지 않은 사람들에게 수학을 가르치기 위하여 이야기 중심으로 수학 내용을 함께 소개하는 책이 있고, 수학자나 주제별로 에피소드와 함께 수학 내용을 포함시켜 특정 영역에서의 수학의 발달과정을 깊이 있게 다른 책도 있다. 이 책은 수학자의 생애를 깊이 있게 다루지 않는다. 수학의 에피소드를 소개한 책도 아니며 수학사를 통해서 수학의 내용을 전하려는 책도 아니다. 이 책은 수학을 사고의 거대한 모험이라 보고 주요 수학 내용을 엄선하여 아이디어에 대한 설명을 최소로 하고 수학의 발달을 문화적, 사회적, 산업적 배경과 관련시켜 다루고 있다. 이 책을 읽다보면 귀중한 문화 유산으로의 수학이 살아 숨쉬는 것을 느낀다.

「한눈에 보는 수학사」는 수학사 분야의 고전이다. 수학 발달의 주요 요소임에도 불구하고 수학사에서 별로 주목을 받지 못했던 문화적, 사회적, 산업적, 교육적 요소가 이 책에 의해 새롭게 조명되고 있다. 이 책은 시대별로 중요한 수학자들의 이름과 업적을 나열하는 것을 넘어 그들의 삶과 연구의 배경인 사회적, 지성적 환경에 관한 정보를 제공하고 있다. 즉, 특정 인물과 아이디어를 광범위한 제도 상황에 통합시키거나 동시대의 사회·정치적 사건들과 연관시켜 다루고 있다.

이 번역본의 원본인 4판은 20세기 전반을 마지막 장으로 추가하면서 여러 수학사 책에서 상대적으로 소홀하게 다루는 20세기 수학을 분야별로 그 발달의 흐름을 배경과 함께 소개하고 있다. 현존하는 수학잡지의 태동, 힐베르트의 미해결 문제, 프랑스의 실변수 이론, 무어에서 시작된 미국 수학, 유럽에서 전 세계로 수학의 중심 이동, 수학교육과 관련된 역사적 사건 등 20세기 전반부의 수학계의 흐름을 개관하고 있다.

이 책을 번역하면서 놀라웠던 점은 저자가 여러 언어로 기록된 다양한 자료들을 참고하였다는 것이다. 저자는 책에 기록하지 못한 내용들을 독자에게 소개하기 위하여 각 장의 끝에 방대한 참고도서 목록을 주제와 언어별로 구분하여 첨부하고 있으며 본문에도 각주로 달아 놓았다. 참고문헌은 영어뿐 아니라 이탈리아어, 독일어, 프랑스어, 스페인어 등 다양한 언어로 기록된 자료들이며 그 연대도 심지어 1800년대 중반의 책까지 있었다. 이 책에서는 자료의 입수 가능성을 고려하여 현재 입수가 어렵다고 판단되는 자료를 각주와 참고도서 목록에서 과감하게 삭제하였다.

이 책은 4판이 나오기까지 이미 16개 이상의 언어로 번역·출간되었다. 이 책은 수학이나 수학 교육을 공부하는 사람들에게 수학에 대한 큰 그림을 제공해줌으로써 수학적 세계에 대한 혜안의 기쁨을 느끼게 해줄 것이라 생각한다.

이 번역서의 발간을 흔쾌히 응해주신 교우사 오판근 사장님께 감사드린다.

역자 올림

제4판 머리말

제4판에서는 수많은 참고문헌을 추가하여 내용을 많이 개정하였다. 1966년 제3판 서문에서 20세기 전반에 대한 수학사를 기술하겠다고 피력한 바와 같이 제4판에서는 이에 대한 수학사를 새로이 포함시키려 많은 노력을 기울였다. 고인이 된 러시아어판 번역자인 포그레비스키 교수는 이 주제를 부록에서 다루었으며(제2판 모스크바, 1969), 독일어의 제5판(베를린, 1972)은 이를 번역하여 실었다. 20세기 전반에 대한 접근은 포크레비스키 교수와 몇몇 단행본에 기초하였으며, 보이어, 클라인, 부싱 등의 책을 참고하였고, 나 자신의 경험에도 의존하였다. 이 책은 역시 수학의 약사(略史)로 20세기 초반부터 2차 세계대전까지의 자세한 수학사와는 거리가 있다.

이 책의 초판이 출간된 이래 영어뿐 아니라 여러 언어로 번역되어 출판되었다. 이러한 번역본 중에는 출판되는 국가의 수학에 대한 내용이 단락이나 장으로 첨가되기도 하였다.(제3판 머리말 참조) 1966년 이후에도 몇 개의 번역본이 더 나왔다. 스페인어(레자마 교수), 이탈리아어(보타지니 교수) 번역본의 머리말에서는 스페인과 이탈리아의 수학사를 개략적으로 다루었다. 이탈리아어 번역본에서 보타지니 교수는 이탈리아의 수학과 19세기의 수학에 대한 내용을 64쪽 포함시켰다. 이 책과 몇몇 번역본은 특정한 언어를 사용하는 독자들의 관심에 부응하기 위하여 참고문헌을 첨부하였다.

저자는 이 책의 초판을 읽고 유익한 조언을 많이 제공한 노이게바우어 박사에게 고마움을 전한다. 이 책에 대하여 관대한 반응을 보이고 용기를 북돋아 준 모든 분들에게 감사드리며, 특히 S.A. 조페, A.P. 쥬스케빅, R.C. 아치볼드, K.R. 비어반과 번역자들에게 특별히 깊은 감사의 뜻을 전한다.

이 책을 읽고 의견을 보내주어 나를 안심할 수 있게 해준 여러 동료와 새로운 판을 기꺼이 출판해 준 출판사에게도 깊은 감사의 말을 전한다.

1986년 매사추세츠 공과대학(MIT)에서
더크 스트뤽

제3판 머리말

이 책의 초판은 1948년에 발간되었다. 러시아인들은 체비셰프를 소홀하게 다룬 것에 이의를 제기하였고, 스코틀랜드와 프랑스에서는 그레고리나 로베르발을 비중 있게 다루지 않았다는 이의를 제기하기도 하였으나, 국내외의 반응은 대체로 호의적이었다. 이 책의 번역본이 여러 언어로 출간되었는데, 일부의 번역자들은 독자들의 특별한 관심에 부응하기 위하여 자료를 첨가하기도 하였다. 우크라이나어 번역본(키에프, 1961)과 러시아어 번역본(모스크바, 1964)은 러시아 수학에 대한 내용을 첨가하였다. 나 자신은 네덜란드어판(유트레흐트－엔트워프, 1965)을 준비하면서 네덜란드 독자들의 관심에 따라 내용을 덧붙였다. 독일어판(베를린, 1961, 제3판은 1965년 인쇄됨)과 현재 발간하는 제3판은 각국의 특별한 관심사에 대한 저서 목록을 포함하고 있다. 번역 작업이 진행될 때 마다 내용을 수정하는 기회를 가졌으며, 판을 거듭하면서 점진적이지만 본질적이지는 않는 변화를 거쳐왔다. 이러한 과정은 새로운 영어판을 준비하는 데 도움이 되었다.

어느 날 베어징에 있는 친구가 중국어 번역본(베이징, 1956)을 발견하고 내게 보내왔다. 번역자는 서문에서 책을 칭찬하였으나, 중국의 수학을 대한 이 책의 방식에 불만을 표출하였다. 나는 이 부분에 대하여 어느 정도의 불안감이 있었기 때문에 제3판에서는 고대 중국 수학을 새롭게 진술하였고, 중국수학을 학문 발전의 주류와 거리가 먼 외적 현상이 아니라 중세와 중세 이전 수학의 핵심적인 부분을 재구성하여 다루고 있다.

제3판은 19세기까지의 수학사를 다루고 있다. 1966년 현시점에서 볼 때 이는 너무 먼 과거이다. 비록 수학의 약사(略史)일지라도 이제는 1900년부터 1950년까지의 수학사를 기술할 때이다. 20세기에 대한 단행본은 몇 권 있지만 수학사의 한 부분으로 시도한 책은 아직까지 존재하지 않는다. 20세기의 물리학 역사에 대한 자료가 풍부하기 때문에 20세기의 수학사는 더욱 주목할 만하다. 이 시기는 푸앵카레, 힐베르트, 르베그, 페아노, 하디, 레비치비타로 시작하며, 수학사 자체와 수학사를 논리학, 물리학, 기계학에 관련시킨 풍부한 자료를 제공한다. 독자 중 누가 이를 선도할 것인가?

1966년 매사추세츠 공과대학(MIT)에서
더크 스트뤽

차례

서론 ······ 01

제1장 | 수학사의 시초 ······ 09

제2장 | 고대 오리엔트 ······ 20

제3장 | 그리스 수학 ······ 36

제4장 | 그리스 사회 쇠퇴 이후의 오리엔트 ······ 68

제5장 | 서유럽에서의 새로운 시작 ······ 81

제6장 | 17세기 ······ 98

제7장 | 18세기 ······ 122

제8장 | 19세기 ······ 149

제9장 | 20세기 전반 ······ 195

서론

01 수학은 사고의 거대한 모험으로, 수학사는 수많은 세대들의 고상한 사고를 반영한다. 엄밀한 지적 내용만 엄선하고, 주요 아이디어에 대한 설명을 개략적으로 다루고, 수학 이외의 다른 발달사의 언급을 극소화함으로써, 수학사를 200－300쪽으로 압축할 수 있었다. 수학자에 대한 상세한 서술을 개요로 제한하고, 로베르발, 람베르트, 슈바르츠 같이 비교적 중요한 수많은 저자들을 생략했다. 아마도 가장 치명적인 제한은 각 시대의 수학을 번영시키거나 억제한 일반적인 문화적, 사회적 배경에 대해 충분하게 언급하지 못한 것이다. 수학은 농업, 상업, 제조업, 전쟁, 공학기술, 철학, 물리학, 천문학 등의 영향을 받았다. 유체역학이 함수론에, 칸트 철학과 측량술이 기하에, 전자기학이 미분방정식에, 데카르트 철학이 기계학에, 스콜라 철학이 미적분학에 각각 영향을 미친 영향은 몇 문장이나 단어로 나타낼 수 있다. 그러나 수학적 내용의 완전한 이해를 위해서는 그러한 모든 결정 요인을 충분히 고려해야 한다. 문헌에 대한 언급으로 역사적 분석을 대신하기도 했다. 이 책은 1945년 무렵에서 끝을 맺는데, 그 이후의 수학에는 너무도 다양한 국면이 있기 때문에 주요 경향을 이야기하는 것조차 불가능하기 때문이다.

이러한 제한에도 불구하고 수학의 발달에서 나타난 중요한 경향과 이를 뒷받침하는 사회적, 문화적 배경에 대하여 공정하게 기술하도록 심혈을 기울였다. 물론 자료의 선택이

전적으로 객관적이지만은 아니었고 저자의 호오(好惡)나 지식의 범위에 의해 영향을 받았다. 또한 모든 자료들을 직접 조사하는 것이 불가능하여 때로는 간접적인 자료를 참고하기도 하였다. 따라서 이 책뿐만 아니라 다른 모든 역사서를 접할 때 가능하면 원전을 찾아보도록 권장한다. 이는 여러 가지 이유에서 훌륭한 원칙이다. 유클리드, 디오판토스, 데카르트, 라플라스, 가우스, 리만 등 저자에 대한 지식은 그들에 대한 인용이나 역사적 기술에만 의존해서는 안 된다. 셰익스피어의 작품과 마찬가지로 유클리드나 가우스의 원전에는 강력한 힘이 있으며, 호라티우스나 에머슨의 작품과 마찬가지로 아르키메데스, 페르마, 야코비의 원전에도 아름다운 면이 있다.

저자는 다음과 같은 원칙에 따라 자료를 제시하였다.

1. 이집트, 바빌로니아, 중국, 인도, 아라비아의 문명을 기계적으로 구분하는 대신 오리엔트 문명과의 연속성과 근접성을 강조하였다.
2. 특히 그리스 수학에 대해서는 확립된 사실, 가설, 전통을 확실하게 구별하였다.
3. 르네상스 수학의 두 경향인 산술적 – 대수적인 것과 유율법을 각각 그 시대의 상업적, 공업적 관심사에 연관시켰다.
4. 19세기 수학에 대한 설명은 주제보다는 인물이나 학파 중심으로 전개했다.(이러한 전개를 위해서는 클라인이 저술한 역사책을 기본적인 지침으로 삼았다. 주제별 설명을 원할 경우 보다 상세하게 기술된 캐조리나 벨의 책을 참조하기 바란다) 20세기에 대한 것은 위의 두 가지 특징을 혼합한 방법론을 택하였다.

02 다음은 수학사를 전체적으로 다룬 가장 중요한 저서들이다. 이 목록은 서턴의 「수학사에 대한 연구」(*The Study of the History of Mathematics*, Cambridge, 1936)를 보완하는 것으로, 서턴의 책은 수학사를 흥미롭게 소개할 뿐 아니라 충분한 저서 목록도 제공한다. 그 외에 메이의 「수학사에 대한 저서 목록과 연구물」(*Bibliography and Research Material of the History of Mathematics*, Toronto, 1973; 2판은 1978)도 827쪽에 이르는 방대한 저서 목록의 정보를 제공한다.

영어로 된 수학사

Archibald, R. C. *Outline of the History of Mathematics*, 6th ed., rev. and enlarged. Math. Assoc. of America, 1949. (114쪽, 훌륭한 요약이 풍부한 저서 목록과 함께 제시됨)

Cajori, F. *A History of Mathematics*, 2nd ed. New York, 1938. (514쪽, 표준 교재)

Smith, D. E. *History of Mathematics*. 2 vols., Boston, 1923. Dover reprint, 2 vols., 1958. (내용이 주로 기초수학에 국한되기는 하나 대표적인 수학자를 망라하는 참고문헌 제공. 풍부한 삽화)

Bell, E. T. *Men of Mathematics*. Pelican Books, 1953. Also: E. T. Bell. *The Development of Mathematics*, 2nd ed. New York and London, 1945. (수학자와 그들의 연구에 대하여 풍부한 자료 제공. 두 번째 책은 현대수학에 초점을 맞춤)

Scott, J. F. *A History of Mathematics from Antiquity to the Beginning of the Nineteenth Century*. London, 1958.

Eves, H. *An Introduction to the History of Mathematics*. New York, 1953; 4th ed., enlarged, 1976. (수업 교재로 적절)

Turnbull, H. W. *The Great Mathematicians*. London, 1929; new ed., New York, 1961. (또한 Newman, J. R. *The World of Mathematics*, Vol. Ⅰ. New York, 1956.)

Hofmann, J. E. *The History of Mathematics*. New York, 1957. (독일어 책의 번역본. 1권은 다음의 참고문헌을 참고. 독일어 판 2권과 3권은 *Classical Mathematics* (1959, New York) 로 번역됨.)

Boyer, C. B. *A History of Mathematics*. New York, 1968. (xv+717쪽, 대학에서 사용할 영어 교재로 가장 훌륭함. M. J. Crowe가 작성한 Boyer의 저서 목록은 *HM*, Vol. 3 [1967], pp. 397 – 401에서 찾아볼 수 있음)

Kline, M. *Mathematical Thought from Ancient to Modern Times. New York*, 1972. (xvii+1238쪽, 미분방정식, 편미분방정식, 추상대수, 기초론 등 다양한 주제에 대한 역사를 포함)

기초수학을 주로 다룬 책

Sanford, V. *A Short History of Mathematics*. London, 1930.

Cajori, F. *A History of Elementary Mathematics*. New York, 1896, 1917.

Ball, W. W. Rouse. *A Short Account of the History of Mathematics*, 6th ed. London, 1915. Dover reprint, 1960. (오래된 읽을 만한 책이나 구시대적인 책으로 19세기 중반 이후는 다루지 않음)

Bunt, L. N. H.; Jones, P. S.; and Bedient, J. D. *The Historical Roots of Elementary Mathematics*. Englewood Cliffs, N.J., 1976. (학교에서 이용할 수 있도록 선택적인 주제, 토론, 연습문제를 포함)

Historical Topics for the Mathematical Classroom, 31st Yearbook, Nat. Council Teachers of Mathematics. Washington, D.C., 1969. (여러 가지 주제에 대한 논문이 각각의 전문가에 의해 집필됨)

1800년대까지의 수학사에 대해 표준이 되는 책

Cantor, M. *Vorlesungen über Geschichte der Mathematik*. 4 vols., Leipzig, 1880 – 1908.

독일어로 된 수학사

Zeuthen, H. G. *Geschichte dcr Mathematik im Altertum und Mittelalter*. 1st ed., Copenhagen, 1896; French ed., Paris, 1902; 2nd ed. revised by O. Neugebauer, Copenhagen, 1949.

_____. *Geschichte der Mathematik im XVI. und XVII. Jahrhundert*. Leipzig, 1903.

Günther, S., and Wieleitner, H. *Geschichte der Mathematik.* 2 vols., Leipzig: Vol. Ⅰ (by Günther), 1908; Vol. Ⅱ, 2 parts (by Wieleitner), 1911 – 21. Ed. by Wieleitner, Berlin, 1939.

Tropfke, J. *Geschichte der Elementar – Mathematik,* 2nd ed. 7 vols., Leipzig, 1921 – 24. (Vols. Ⅰ – Ⅳ in 3rd ed., 1930 – 40; Vol. Ⅰ in 4th ed., revised, Berlin, 1980.)

Die Kultur der Gegenwart. 3 vols., Leipzig and Berlin, 1912. (Contains: Zeuthen, H. G., *Die Mathematik im Altertum und im Mittelalter,* Voss, A., *Die Beziehungen der Mathematik zur allgemeinen Kultur;* Timerding, H. E., *Die Verbreitung mathematischen Wissens und mathematischer Auffassung.*)

Becker, O., and Hofmann, J. E. *Geschichte der Mathematik.* Bonn, 1951.

Hofmann, J. E. *Geschichte der Mathematik.* 3 vols., Berlin, 1953 – 57. English trans., New York, 1957. (Vol. Ⅰ, 2nd ed., Berlin, 1963)

▌저서 – 저자 목록이 풍부한 책

Becker, O. *Grundlagen der Mathematik in geschichtlicher Entwicklung.* Freiburg and Munich, 1954; 2nd ed., Freiburg, 1964.

Kowalewski, G. *Grosse Mathematiker.* Munich and Berlin, 1938.

Meschkowski, H. *Preblemgeschichte der Mathematik.* 2 vols., Mannheim, 1979, 1980.

_____. *Ways of Thought of Great Mathematicians.* San Francisco, 1964.

[Wussing, H.; Arnold, W., ed.] *Biographien bedeutender Mathematiker.* 2nd ed., Berlin, 1978. (Forty – one biographies from Pythagoras to Emmy Noether.)

Wussing, H. *Vorlesungen zur Geschichte der Mathematik.* Berlin, 1979. (이 책은 컴퓨터 등 선택된 주제에 대하여 최근까지 다루고 있음. 강력한 사회적 배경 포함)

▌가장 오래 된 수학사 교재로, 목록 이상의 가치를 지닌 책

Montucla, J. – E. *Histoire des mathématiques.* 4 vols., Paris, 1799 – 1802. New reprint, 1960. (응용수학도 다룸. 1758년에 2권이 처음 출판되었으나 아직까지도 읽히고 있음)

▌프랑스어로 된 수학사

d'Ocagne, M. *Histoire abrégée des sciences mathématiques, ouvrage recueille et achevé par F. Dugas.* Paris, 1952. (인물들에 대한 간략한 소개)

Dedron, J., and Itard, J. *Mathématiques et mathématiciens.* Paris, 1959. (풍부한 삽화)

Bourbaki, N. *Eléments d'histoire des mathématiques.* Paris, 1960. (1939년에 파리에서 출판된 원론 시리즈에서부터 현재까지의 수학적인 기록을 수집한 것)

[Dieudonné, J., ed.] *Abrégé d'histoire des mathématiques 1700 – 1900.* 2 vols., Paris, 1970. (여러 저자의 에세이 모음집)

다음의 J. Daumas와 R. Taton도 참조

Collette, J. P. *Histoire des mathematiche.* Montreal, 1973.

▌이탈리아어로 된 수학사

Loria, G. *Storia delle matematiche.* 3 vols., Turin, 1929 – 33.

Maracchia, S. *La matematica come sistema ipotetico - deduttivo, profile storico*. Florence, 1975.
Frajese, A. *Attraverso la storia della matematica*. Florence, 1973.

▌러시아어로 된 수학사

Rybnikov, K. A. *Istoriya matematiki.* 2 vols., Moscow, 1960 - 63.
[Juškevič, A. P., ed.] *Istoriya matematiki.* 3 vols., Moscow, 1970 - 72. (여러 저자의 에세이 모음집)

▌수학적 연구에 대해 인류학적인 해석을 한 책

Midonick, H. *A Treasury of Mathematics.* New York, 1965.
Smith, D. E. *A Source Book in Mathematics.* London, 1929.
Wieleitner, H. *Mathematische Quellenbücher.* 4 vols., Berlin, 1927 - 29.
Speiser, A. *Klassische Stücke der Mathematik.* Zurich and Leipzig, 1925.
Newman, J. R. *The World of Mathematics.* 4 vols., New York, 1956. (수학자가 수학에 대하여 쓴 인류학적인 에세이)
Struik, D. J. *A Source Book in Mathematics 1200 - 1800.* Cambridge, Mass., 1969.

위의 "Source Book"의 시리즈에는 J. van Heijenoort 와 G. Birkhoff가 편집했고, 18세기와 19세기를 다룬 책도 있다. 다음 책도 유용하다.

Callandrier, E. *Célèbres problèmes mathématiques.* Paris, 1949.

▌수학의 특정한 주제에 대한 역사를 기록한 책

Dickson, L. E. *History of the Theory of Numbers.* 3 vols., Washington, 1919 - 27.
Muir, T. *The Theory of Determinants in the Historical Order of Development*. 4 vols., London, 1906 - 23. Supplement, *Contributions to the History of Determinants 1900 - 20,* London, 1930.
von Braunmühl, *A. Vorlesungen über Geschichte der Trigonometrie.* 2 vols., Leipzig, 1900 - 03.
Dantzig, T. *Number: The Language of Science,* 3rd ed. New York, 1943; also, London, 1940.
Coolidge, J. L. *A History of Geometrical Methods.* Oxford, 1940.
Loria, G. *Il passato e il presente delle principali teorie geometriche,* 4th ed. Turin, 1931.
_____. *Storia della geometria descrittiva dalle origini sino ai giorni nostri.* Milan, 1921.
_____. *Curve piani speciali algebreche e trascendenti.* 2 vols., Milan, 1930. German ed., previously published, 2 vols., Leipzig, 1910 - 11.
Cajori, F. *A History of Mathematical Notations.* 2 vols., Chicago, 1928 - 29.
Karpinski, L. C. *The History of Arithmetic.* Chicago, 1925. (P. S. Jones가 작성한 Karpinski: *HM,* Vol. 3 [1976], pp. 193 - 202.)
Walker, H. M. *Studies in the History of Statistical Methods.* Baltimore, 1929.
Reiff, R. *Geschichte der unendlichen Reihen.* Tübingen, 1889.
Todhunter, I. *History of the Progress of the Calculus of Variations During the Nineteenth Century.* Cambridge, 1861.
_____. *History of the Mathematical Theory of Probability from the Time of Pascal to That of Laplace.* Cambridge, 1865.
_____. *A History of the Mathematical Theories of Attraction and the Figure of the Earth from the Time of*

Newton to That of Laplace. 2 vols., London, 1873.
Coolidge, J. L. *The Mathematics of Great Amateurs.* New York, 1948.
Archibald, R. C. *Mathematical Table Makers.* New York, 1948.
Dugas, R. *Histoire de la mécanique. Neuchâtel, 1950. Also see Mathematical Reviews,* Vol. 14 (1953), pp. 341 - 43.
Boyer, C. *History of Analytic Geometry.* New York, 1950.
_____. *History of the Calculus and Its Conceptual Development.* New York, 1949. Dover reprint, 1959.
Beth, E. W. *Geschiedenis der logica.* The Hague, 1944.
Markuschewitz (Markuševic), A. I. *Skizzen zur Geschichte der analytischen Funktionen.* Berlin, 1955. (러시아어를 번역한 책)
Goldstine, H. H. A *History of the Calculus of Variations from the 17th Throught the 19th Century.* New York, etc., 1980.
Dobrovolskiĭ, V. A. *Essays on the Development of the Analytical Theory of Differential Equation.s* (러시아어 판) Kiev, before 1976. (See *HM,* Vol. 3 [1976], pp. 221 - 23.)
Caruccio, E. *Matematica e logica nella storia e nel pensiero contemporaneo.* Turin, 1958. English translation: London, 1964.
Styazhkin, N. I. *History of Mathematical Logic from Leibniz to Peano.* 러시아어를 번역한 책: Cambridge, Mass., 1969. (See HM, Vol. 2 [1975], pp. 361 - 65.)
Tietze, H. *Gelöste und ungelöste mathematische Probleme aus alter und neuer Zeit.* Munich, 1949; 2nd ed., Zurich, 1959. English translation: New York, 1965.
Dieudonné, J. *Cours de géométrie analytique.* Paris, 1974. (1권은 역사적인 것)
Lebesgue, H. *Notices d'histoire des mathématiques.* Geneva, 1959. (A. T. Vandermonde와 C. Jordan, 그 이외의 사람들에 대한 저서 목록)
Struik, D. J. *The Historiography of Mathematics from Proklos to Cantor, NTM* (Leipzig), Vol. 17 (1980), pp. 1 - 22.
Maistrov, L. E. *Probability Theory, a Historical Sketch.* New York and London, 1974. (러시아 판은 1967년)
[Grattan - Guinness, 1st ed.] *From the Calculus to Set Theory 1630 - 1910.* London, 1980. (여러 저자의 에세이 모음집)
Biggs, N. C. *Graph theory 1736 - 1936.* Oxford, 1976.
Glaser, A. *History of Binary and Other Non - Decimal Numeration.* Southampton, Pa., 1971.

▌수학사를 과학사의 한 부분으로 논의한 책

Sarton, G. *Introduction to the History of Science.* 3 vols., Washington and Baltimore, 1927 - 48. (이 책은 14세기까지만 다루고 있으며, Sarton의 에세이 *The Study of the History of Science, with an Introductory Bibliography,* Cambridge(1936)로 보충될 수 있음. 위에서 언급된 Sarton의 책과 *History of Science: Ancient Science through the Golden Age of Greece.* (Cambridge, Mass., 1952) 참조)

이외에

[Daumas, M., ed.] *Histoire de la science.* Encyclopédie de la Pléiade. Paris, 1957.
[Taton, R., ed.] *Histoire généralel des sciences.* Vols. I, II, III1, III2, Paris, 1957 - 64.

학교에서 이용하기에 적당한 책

Sedgwick, W. T., and Tyler, H. W. *A Short History of Science,* 3ed ed. New York, 1948.
Singer, C. *A Short History of Science to the Nineteenth Century.* Oxford, 1941, 1946.

수학이 문화의 상호 영향력에 대해 기술한 책

Kline, M. *Mathematics in Western Culture.* New York, 1953.
Bochner, S. *The Role of Mathematics in the Rise of Science.* Princeton, N.J., 1966.
Wilder, R. L. *Evolution of Mathematical Concepts.* New York, 1968. *HM,* Vol. 1 (1979), pp. 29 – 46; Vol. 6 (1979), pp. 57 – 62 도 참조.
_____. *Mathematics as a Cultural System.* Oxford, etc., 1981.

철학과 수학사를 겸비한 책

[Worrall, J.; Zahar, E., ed.] *Imre Lakatos. Proofs and Refutation. The Logic of Mathematical Discovery.* Cambridge, 1976.

수학적 발견에 대한 책

Hadamard, J. *The Psychology of Invention in the Mathematical Field.* Princeton, N.J., 1945, 1949. (불어판은 1939) Cover reprint, 1954.

이외의 유용한 책

Miller, G. A., "A First Lesson in the History of Mathematics," "A Second Lesson," etc. A series of ten articles in *Nat. Math. Mag.*, Vols. 13 – 19 (1939 – 45)
[Poggendorff, J. C., ed.] *Biographisch – literarisches Handwörterbuch zur Geschichte der exakten Wissenschaften.* 1863년 2권의 책이 출판. 해가 가면서 책이 계속되고 증보판이 나옴. 1974년에는 18권의 책으로 이루어짐 *Supplement – Band to Band VIIa* (Berlin, 1971) 참조)
Nass, J.; Schmidt, H. L. Mathematisches Wörterbuch. 2 vols., Berlin and Leipzig, 1961.
Meschkowski, H. *Mathematiker Lexikon,* 3e Auflage, Zurich, etc. 1980. (1판은 1968년. 수학자에 대한 간단한 전기 포함, 수집된 연구의 목록, 수학자의 전기에 대한 목록 포함)

독자들이 즐길 수 있는 책

Struik, D. J. "Why Study History of Mathematics?" *UMAP Journal,* Vol. 1 (1980), pp. 3 – 28.

수학사를 다룬 정기간행물

Archiv für die Geschichte der Mathematik, 1909 – 31.
Bibliotheca mathematica, Ser. 1 – 3, 1884 – 1914.
Quellen und Studien zur Geschichte der Mathematik, 1931 – 38.
Scripta mathematica, 1932 – 현재.
Isis, 1913 – 현재.

Revue d'histoire des sciences, 1947 – 현재.
Archives internationales d'histoire des sciences, 1947 – 현재.
Annals of Science, 1936 – 현재.
Scientia, 1907 – 현재.
Centaurus, 1950 – 현재.
Istoriko – matematičeskie Issledovaniya, 1948 – 현재.
Boethius, 1962 – 현재.
Physis, 1959 – 현재.
NTM (Zeitschrift für Geschichte der Naturwissenschaften, Technik und Medizin), 1960 – 현재.
AHES (Archive for History of Exact Sciences), 1960 – 현재.
Biometrika, 1901 – 현재.
HM (Historia Mathematica), 1974 – 현재.
Indian Journal of History of Science.
Bollettino di Storia delle Scienze Matematiche, 1981 – 현재.
Journal of the History of Arabic Science.
Annals of the History of Computers, 1970 – 현재.

위의 정기간행물 중 *AHES*와 *HM*은 수학을 전적으로 다루고 있으며, *HM*은 최근에 이르기까지의 저서와 저자 목록을 제공한다. *Isis*는 전반적인 과학사를 다룬다. 1940년부터 현재까지의 *Mathematical Reviews* 중 독일어와 러시아어로 된 역사에 관련된 부분도 참고할 수 있다.

이미 고인이 되었지만 뛰어난 업적을 남긴 수학자에 대한 목록은 1970년과 1980년 사이의 15권의 *Dictionary of Scientific Biograph*(*DSB*)에서 찾아볼 수 있다.

「수학의 역사가에 대한 세계 인명부」(*A World Directory of Historians of Mathematics*) 2판은 캐나다에 있는 토론토 대학에 설치된 '과학사와 과학철학 연구소'에서 1981년에 출판되었다. 이 책은 후에 프라하에 있는 '체코슬로바키아 과학 아카데미'의 노비(Nový) 교수가 개정하였다.

제1장 수학사의 시초

01 수와 형태에 대한 최초의 개념은 구석기 시대부터 시작되었다. 수백 년, 수천 년 동안 인간은 동물과 거의 다를 바 없는 소규모의 집단생활을 했는데, 기본적인 먹이를 찾는 데 대부분의 힘을 쏟으며 살았다. 사냥과 고기잡이를 위한 무기를 만들었고, 의사소통을 위한 언어를 개발했으며, 후기 구석기 시대에는 작은 조상(彫像)이나 그림을 비롯한 창조적인 예술 작품을 통해 생활을 풍요롭게 만들어 갔다. 프랑스와 스페인에 있는 (15,000년도 넘은) 동굴의 벽화들은 어느 정도의 의식적(儀式的) 중요성을 띠고 있다. 이 벽화들은 도형에 대해 이해, 수학적으로 표현하면, 대상을 공간에서 2차원 함수로 사상(寫像)하는 것에 대한 이해를 나타낸다.

먹이를 **모으는** 것에서 실제적인 **생산**으로, 사냥이나 고기잡이에서 농사로의 전이가 일어나기 전까지 수의 가치나 공간적 관계에 대해 거의 이해하지 못했다. 이러한 기본적인 변화로 인해 자연에 대해 수동적이던 인간은 능동적으로 자연에 대응하는 의식의 변화를 거쳐 비로소 신석기 시대로 접어들었다.

인류의 역사에서 커다란 사건은 유럽과 아시아를 뒤덮었던 빙하가 녹아내려 숲과 사막을 형성하기 시작하던 1만 년 전 무렵에 일어났다. 이때 먹이를 찾아 떠돌던 유목 생활은 막을 내리게 되었다. 고기잡이와 사냥을 하던 사람들은 대부분 농사를 짓게 되었다. 토양이 기름진 동안 같은 곳에 머물게 된 농사꾼들은 좀 더 영구적인 주거 공간을 마련했고 기후와 포식 동물에 대항하기 위한 집단 거주, 즉 마을을 형성했다. 지금까지 신석기 시대의 주거 공간들이 많이 발견되었는데, 그 유적인 토기, 목공, 직조 등 기초적인 공예품을 통해 어떻게 점진적으로 발전해 왔는지 짐작할 수 있다. 거주자들은 겨울이나 어려운 시기에 대비하기 위하여 남은 곡식을 저장할 곡창을 마련했다. 빵을 굽고 맥주를 양조했으며, 후기 신석기 시대에는 구리와 청동을 제련하고 조제하게 되었다. 발명품도 많이 등장했는데 두드러진 것은 도공(陶工)의 물레와 마차의 바퀴였으며 보트와 오두막집도 개선되었다. 이러한 모든 혁신적인 것들은 제한된 지역에서만 일어났으며, 항상 다른 지역으로 확산된 것은 아니다. 예를 들어 북미의 인디언들은 유럽인들이 마차 바퀴를 이용하는 법을 전파하기 전까지는 이를 알지 못했다. 그럼에도 불구하고 구석기 시대에 비추어 볼 때 기술의 향상 속도는 엄청나게 빨라졌다.

마을과 마을 사이에 상당한 교역이 이루어졌는데 때로는 수백 마일 떨어진 마을 사이에서도 교류가 형성될 만큼 확대되었다. 제련술과 제조술이 개발됨에 따라 초기에는 구리, 후기에는 청동으로 만든 도구와 무기를 이용하는 것이 가능해졌고, 이로 인해 상업적 교역이 활성화되었으며 더 나아가 언어의 형성도 촉진되었다. 당시의 언어는 매우 구체적이어서 추상적인 단어는 드물었으나 다소간의 단순한 수(數) 용어와 관계의 형식을 나타내는 단어가 서서히 나타나기 시작하였다. 많은 호주인, 북미인, 아프리카 부족들은 유럽인들과 처음 접할 때까지도 이러한 단계에 머물러 있었으며, 지금까지도 몇몇 부족은 이러한 수준에서 벗어나지 못하고 있다. 따라서 그들의 표현 습관과 형식을 연구하고 선입견에서 벗어난다면 그 부족들에 대한 이해가 어느 정도까지는 가능할 것이다.

02 수를 나타내는 용어 – 애덤 스미스가 표현했듯이 "인간이 형성할 수 있는 가장 추상적인 아이디어" – 는 서서히 사용되기 시작했다. 수량을 나타내는 용어가 처음 등장했을 때는 하나와 둘 이상을 구별하는 것과 같이 양적이기보다는 질적인 성격을 띤다. 피지 섬의 오래 된 언어에서는 보트 열 대를 볼라(bola), 코코넛 열 개를 코로(koro), 코코넛 천 개를 살로로(saloro)라고 불렀다. 수 개념의 질적인 기원은 그리스어나 켈트어의 특수한 이중 용어에서 찾아볼 수 있다. 수 개념이 확대되면서 큰 수는 덧셈에 의해 표현했는데, 예를 들면 2와 1을 더해서 3, 2와 2를 더해서 4를, 2와 3을 더해서 5를 표현하는 식이다. 다음은 호주 언어의 예이다.

머레이 강 유역 : 1 = 에니아, 2 = 페치벌, 3 = 페치벌 − 에니마, 4 = 페치벌 − 페치벌
케밀라로이 지역 : 1 = 말, 2 = 불란, 3 = 굴리바, 4 = 불란 불란, 5 = 불란 굴리바, 6 = 굴리바 굴리바

상업의 발달은 수 개념의 구체화를 촉진하였다. 한 손이나 양 손의 손가락을 사용함으로써 수는 큰 단위로 묶였는데, 이는 교역의 자연스러운 과정이었다. 숫자를 세는 법은 처음에는 5를 단위로, 뒤에는 10을 단위로 하는 덧셈이나 뺄셈으로 이루어졌는데, 예를 들어 12는 10 + 2로, 9는 10 − 1로 표현되었다. 때로는 손가락과 발가락을 모두 동원한 20이 기본수로 선택되기도 했다. 엘스(W. C. Eels)에 의하면 원시 아메리카인들이 사용하던 307가지 기수법 중 146개는 십진법, 106개는 5진법과 20진법이었다. 20진법의 가장 특징적인 형태는 멕시코의 마야인과 유럽의 켈트인[1]의 언어에서 나타났다.

수에 대한 기록은 나무 막대기에 그은 획, 줄 매듭, 다섯 개씩 쌓아 놓은 돌멩이나 조개껍질 등의 묶음으로 표현되어 있는데, 이는 옛날에 여인숙 주인이 사용하던 부신(符信)[2]과 비슷한 장치이다. 이와 같은 원시적 방법으로부터 5, 10, 20 등 특정한 기호의 도입으로 발전한 것은 단지 하나의 시작 단계일 뿐으로, 이러한 기호는 문명의 태동 단계인 기록 역사의 초창기에서 쉽게 찾아볼 수 있다.

부신이 사용된 가장 오래 된 예는 1937년 모라비아[3]에서 발견된 구석기 시대 유적에서 찾아볼 수 있다. 이 유적에는 길이 7인치의 어린 늑대의 뼈에 55개의 눈금이 새겨져 있고 처음 25개는 5개씩 묶여 있다. 그 다음 30개의 눈금은 각각 이전 눈금의 두 배가 되도록 새겨져 있다.

그러므로 "수를 세는 것은 손가락 사용에서 시작되었다"는 그림(Jakob Grimm)의 오래 되고도 자주 인용되는 언급은 옳지 않다. 손가락을 이용해 수를 세는 것, 다시 말해 5나 10을 단위로 세는 것은 사회적 발전이 어느 정도 진전된 후에야 가능해졌다. 일단 이 단계에 이른 후에는 수가 기본수에 의해 표현되어 큰 숫자들이 형성되었으며, 원시적인 산술도 시작되었다. 14는 10 + 4 또는 15 − 1로 표현되었다. 곱셈은 20이 10 + 10이 아닌

1) 현재는 아일랜드인, 게일인, 웨일스인, 브르타뉴인이 속하는 인종 − 옮긴이
2) 옛날에 대차(貸借) 관계자가 막대기에 금액을 나타내는 눈금을 새기고 이것을 둘로 쪼개어 뒷날의 증거로 절반씩 가졌다. − 옮긴이
3) 체코의 중부 지방. − 옮긴이

10×2로 표현되면서 시작되었다. 이러한 두 가지 연산은 덧셈과 곱셈을 연결하는 방법으로 수천 년 간 이용되었는데, 이집트와 인더스 강가에 있는 모헨조다로 문명에서 두드러지게 나타났다. 분수의 의식적인 형성은 아주 드물었으나, 10을 "한 몸체의 절반"으로 표현하면서 나눗셈을 인식하기 시작했다. 예를 들어 북미의 몇몇 부족에게 분수의 형성이 가능했지만 대부분의 경우는 $\frac{1}{2}$까지만, 몇몇 부족은 $\frac{1}{3}$과 $\frac{1}{4}$까지만 알고 있었다.[4)] 신기한 현상은 아주 큰 수에 대한 애착이었는데 이는 성경이나 다른 성스러운 기록, 혹은 세속의 기록에 나타난 바와 같이 살해한 적의 숫자를 과장하려는 인간의 보편적인 속성에서 비롯되었을 것이다.

03 대상의 길이나 무게를 측정하는 것도 필요해졌다. 측정의 기준은 대략적이었고 손가락, 발가락, 손과 같이 신체의 일부를 단위로 이용하기도 했다. 엘(ell),[5)] 길(fathom),[6)] 큐빗(cubit)[7)]과 같은 단위에서 이러한 관습을 찾아볼 수 있다. 집을 지을 때 농경 지대의 인디언이나 중유럽의 막대기로 만든 집에 사는 사람들은 수평이나 수직으로 건축을 지었다. '일직선의(straight)'라는 단어는 로프의 조작을 나타내는 '팽팽하게 펴다(stretch)'라는 의미와 연관되어 있고 '선(line)'이라는 단어는 '린넨(linen)'이라는 의미와 연관되어 있으므로, 직조술과 기하의 태동은 밀접하게 관련되어 있음을 알 수 있다. 이는 측정에서 찾아볼 수 있는 흥미로운 예이다.

신석기 시대의 사람들은 기하적 패턴에 대해 예리한 감각을 발달시켰다. 도기를 굽고 색깔을 칠하는 것, 골풀을 땋는 것, 바구니와 직물을 짜는 것, 그리고 후에는 금속으로 작업을 하는 것 등을 통해 평면과 공간의 관계에 대하여 탐구했다. 춤의 패턴 역시 중요한 역할을 했다. 신석기 시대의 장식은 합동, 대칭, 닮음의 관계를 드러내는 데 일조했는데,

4) 밀러(G.A. Miller)는 '반'에 해당하는 one－half는 1/3의 one－third나 1/4의 one－fourth와 달리 2를 뜻하는 two, duo 등과 직접적인 관련이 없다는 점을 지적하고, 1/2의 개념은 정수와 무관하게 형성되었을 것이라고 추측하였다.

5) 영국에서 쓰던 길이의 단위로 45인치에 해당. － 옮긴이

6) 본래는 두 팔을 벌린 6피트 정도의 길이로 주로 수심을 재는 데 쓰는 단위. － 옮긴이

7) 팔꿈치에서 가운데 손가락 끝까지의 길이로, 대략 46－56cm 정도를 말함. － 옮긴이

삼각수나 성스러운 수를 표현하는 선사시대의 패턴에서 보듯이 이 형태에는 수 사이의 관계가 내재되어 있었다.

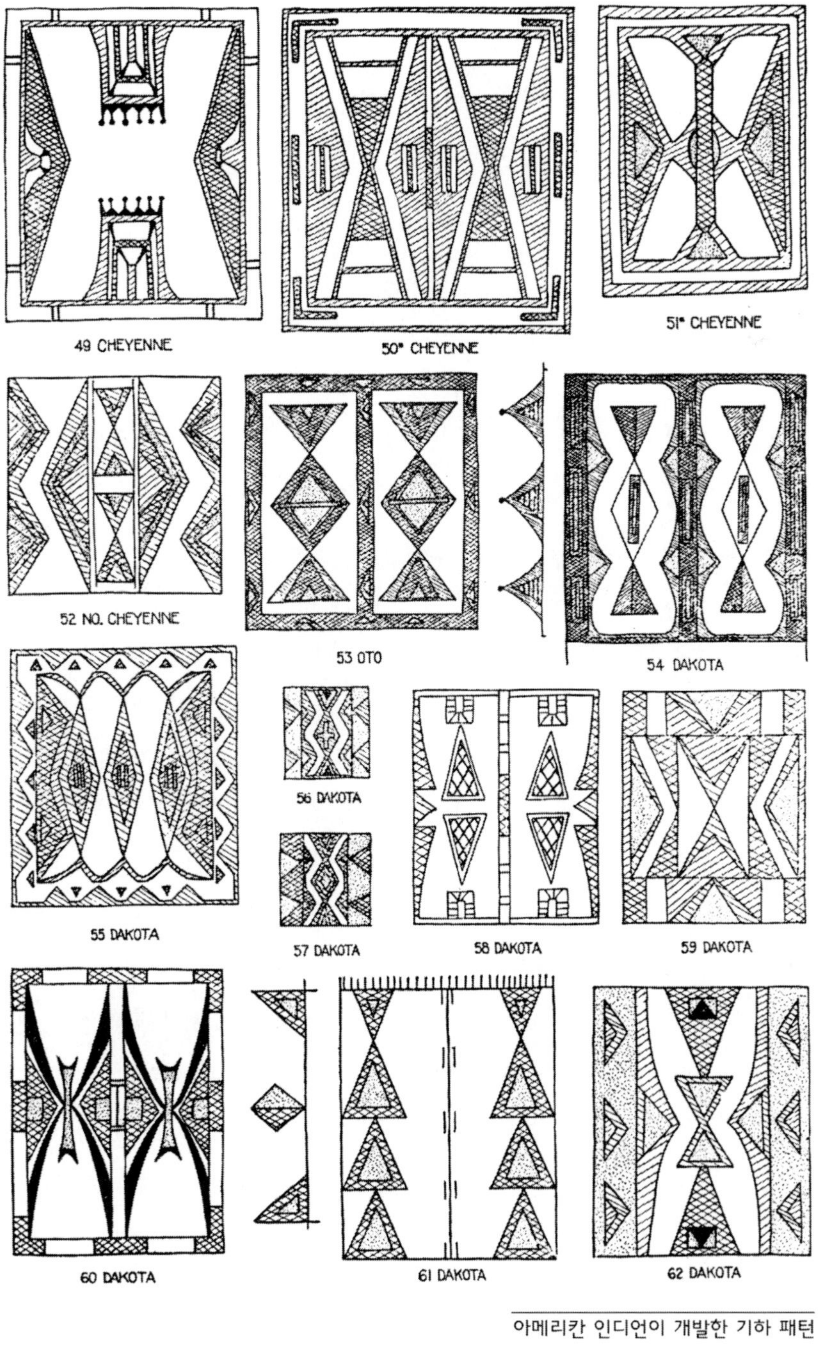

아메리칸 인디언이 개발한 기하 패턴

그림 1

그림 2

그림 3

그림 4

[그림 1~4]는 도기류나 직물류, 바구니 공예에서 볼 수 있는 흥미로운 기하학적 무늬의 예이다. [그림 1]은 보스니아에서 발견된 신석기 시대의 도기와 메소포타미아 우르 시대의 예술품에서 찾아볼 수 있는 무늬이다. [그림 2]의 주제는 기원전 4000−3500년경 이전 왕조 시대의 이집트 도기에 나타난 무늬이다. [그림 3]은 기원전 1000−500년경 중유럽 할슈타트 시대에 유고슬라비아 근처의 막대기로 만든 집에 거주하던 사람들이 사용하던 패턴이다. [그림 4]는 삼각형으로 채워진 정사각형, 원으로 채워진 삼각형으로 헝가리 쇼프론 근처의 무덤에서 발견된 유골 단지에 있는 무늬이다. 이 모든 것들은 뒷날 피타고라스 수학에서 중요한 역할을 한 삼각수의 형성에 대한 시도로 볼 수 있다.

이러한 종류의 패턴은 역사적으로 널리 퍼져 있었다. 아름다운 패턴의 예는 크레타 문명과 초기 그리스 문명의 디플론 항아리, 후에는 비잔틴과 아라비아의 모자이크, 페르시아와 중국의 색실로 짠 주단에서 찾아볼 수 있다. 원래 초기의 패턴에는 종교적이거나 마술적 의미가 깃들여 있었지만 점차 심미적 매력이 우세해졌다. 석기 시대의 종교에서 자연의 힘이나 사회적 구조, 또 개인의 경험에 순응하고자 하는 시도를 읽을 수 있다. 종교적 의식에는 우리가 마술로 생각하는 것들이 스며있으며, 마술적 요소는 조각, 음악, 그림뿐만 아니라 수와 형태에 대한 개념과도 관련되어 있다. 3, 4, 7과 같은 신비로운 수나 펜탈파[8]와 스와스티카[9]와 같은 신비로운 도형도 존재했다. 몇몇 저자들은 수학의 이러한 측면이 수학 발전에 결정적인 요소가 되었다고 간주한다. 수학의 사회적

8) Pentalpha, 펜타그램의 다른 이름이다. 펜타그램은 별 모양의 도형으로, 중세에는 부적으로 사용하였음. − 옮긴이

9) Swastika, 나치스의 상징으로 사용되던 갈고리 십자 기장. 그리스의 만자. − 옮긴이

기원이 현대에 이르러서는 모호해졌지만 인류 역사의 초기에는 상당히 명백했다. '현대'의 수비학(數秘學, numerology)은 신석기 시대, 더 나아가서 구석기 시대부터 내려온 주술적 의식의 잔재라고 볼 수 있다.

04 기술 문명으로부터 소외된 사회 구조에 사는 사람들 가운데도 시간이나 이와 관련된 태양, 달, 별의 운행에 대하여 계산이 가능한 경우도 있었다. 이러한 지식은 농사와 교역이 확대됨에 따라 좀 더 과학적인 성격을 띠게 되었다. 인류는 역사의 초창기부터 태음력을 이용하였는데, 식물 식생의 변화는 달의 변화와 관련되어 있다. 초창기의 사람들은 지점(至點)[10]이나 새벽에 플레이아데스 성단이 나타나는 것에 대해서도 관심을 기울였다. 역사 기록을 시작한 초창기 사람들은 천문학에 대한 지식이 역사 이전의 먼 과거에서부터 시작된 것으로 생각했다. 또한 별자리를 항해의 길잡이로 이용한 사람도 있었다. 이러한 천문학은 결과적으로 구, 각의 방향, 원, 복잡한 도형의 성질에 대한 지식을 가져왔다.

최근에 이르러 천문학적, 역술적 중요성이라는 면에서 기원전 2000년 무렵으로 추정되는 영국의 스톤헨지 같은 선사시대의 석조 기념물에 대해 커다란 관심을 기울이기 시작하였다. 만약에 그러한 석조 기념물이 중요하다면 또 다시 갖게 되는 의문은 거기에 필요한 천문학적, 수학적 지식이 메소포타미아와 같이 문명의 중심으로부터 전파된 것인지(확산주의), 아니면 그 지역에서 발전된 것인지(이 견해는 후에 많은 지지를 얻었다) 하는 점이다. 아메리카의 문명은 유라시아나 아프리카와 무관하게 발전했으며, 영향력이 있었더라도 아주 미미하다고 볼 수 있다.

05 수학 발달의 시작에 대한 몇 가지 예를 통해 알 수 있는 것은 학문의 역사적 발달은 우리가 수업에서 전개하는 것과 동일한 단계를 밟아 전개되지는 않았다는 사실이다. 매듭이나 패턴과 같은 몇 가지의 오래 된 기하적 형태는 최근에 이르러서야 학문적 관심의 대상이 되었다. 수학의 보다 기본적인 분야인 그래프 표현과

10) 태양이 적도로부터 북쪽(하지점)이나 남쪽(동지점)으로 가장 치우쳤을 때를 말함. – 옮긴이

기초통계학은 비교적 현대에 이르러서야 발달했다. 스파이저(Speiser)는 다음과 같이 다소 거칠고 과장되게 표현했다.

> 창조적인 수학자는 흥미롭고 아름다운 문제에 대하여 큰 관심을 기울이므로 기초수학에 내재된, 이미 공인된 지루한 속성은 수학의 늦은 기원에 대해 변명한다.[11]

06 이제 크레타-미케네, 마야, 잉카라는 세 고대 문명의 수학에 대해 논의할 차례이다. 이 문명의 수학은 그 자체로는 흥미롭지만 한층 높은 차원의 수학에 대해서는 영향을 주지 못하거나 아주 미약한 영향력만을 미쳤다. 이 세 문명의 학문은 수학사의 '시초'에 해당하는 1장이 아니라 '고대 오리엔트'라는 다음 장의 범주에 속한다.

행정 목적으로 사용되었던 수학 기호는 크레타 섬과 그리스 본토의 크레타-미케네 문명의 유적에서 발견되었다. 수학 기호들은 기원전 1800-1200년쯤에 만들어진, 선형 A와 B라고 불리는 판본에서 찾아볼 수 있다. 기호는 다르지만 이집트와 같이 숫자를 표현했는데 1, 10, 100, 1000이라는 특수한 기호들이 덧셈의 방식으로 표기되어 있다. 또한 모든 단위 분수는 아니었지만 간단한 분수 기호도 있었다. 기록을 담당한 사람이 의도적으로 진흙 서판(書板)을 굽지는 않았지만 도시의 마지막 대화재 때에 구워진 서판이 보존되어 있다. 따라서 크레타-미케네 문명의 수학적 지식의 범위에 대해 충분한 지식은 없지만 이집트의 문명과 필적할 만하다고 추측할 수 있다. 아무튼 호머의 영웅은 서판에 다소간의 산술을 기록할 수 있는 사람을 거느리고 있었음을 알 수 있다.

중미의 마야는 현재의 유카탄과 과테말라 지역인데 이 문명은 1500년 동안 지속되었고 고전 시기라고 불리는 번성기는 서기 200-900년에 해당한다. 마야의 산술은 주로 석조기념물, 성서의 사본, 스페인의 연대기에 새겨진 내용을 해독한 것인데 이는 천문학, 그중에서도 달력 체계와 밀접하게 관련된다. 마야의 산술은 20진법으로 4까지는 점으로, 5부터 15까지는 막대기로 표현하였다. 큰 수에 대해서는 20을 단위로 하는 자리 체계를 사용하였고, 20의 거듭제곱은 20과 같은 기호로 나타냈다. 달력으로 이용하기 위해 약간 변경하기도 했다. 자릿값 체계는 0이라는 기호를 필요로 하였는데, 이는 조개

---

11) 이는 재치 있는 표현이다. 그러나 기초수학(elementary mathematics)을 훌륭한 교사가 지도할 경우, 이에 대해 지루해 할 이유가 없다. 다면체와 황금비는 플라톤에서부터 현재에 이르기까지 많은 사람들을 열광시켰지만 기초수학에 포함된다.

껍질이나 반쯤 뜬 눈으로 나타냈다. 달력과 연관되어 있는 이러한 자리 체계는 중미의 다른 지역에까지 전파되었다. 멕시코시티에서 발견된 유명한 달력이 새겨진 돌은 아즈테크 시대인 11세기 말 이 지역에 살던 사람에 의해 만들어진 것이다.

잉카는 13세기 중반, 남미의 안데스 산맥과 그 서쪽에 세워진 대규모 왕국으로 수도는 쿠스코였다. 방대한 관료 조직과 강력한 행정 조직, 공예품, 공학기술은 의사소통과 정보 교환을 위해 이용되었는데, 남겨진 기록은 없지만 퀴포스(quipos)라는 것으로 알 수 있다. 가장 단순한 퀴포스에는 색깔 있는 솜이나 울로 된 코드가 있는데, 그 코드에는 매듭이 적당한 거리를 두고 매달려 있고, 그 매듭들이 합쳐져서 덩어리를 이룬다. 각각의 덩어리는 1부터 9까지를 나타내는 매듭이 있는데, 예를 들어 4 2 8이라는 매듭이 있는 덩어리는 428을 나타낸다. 따라서 이는 자리 체계로 볼 수 있으며 매듭 사이에 긴 거리를 둠으로써 0을 나타냈다. 코드의 색깔은 양, 군사와 같은 대상을 나타내며, 코드에 매달린 부가 코드와 코드의 위치는 퀴포스를 읽는 사람에게 아주 복잡한 통계적 설명을 제공한다.

퀴포스는 수백 개의 매듭진 코드로 이루어진 경우도 있는데, 가장 큰 것은 코드가 1,800개 매달린 것으로 군대나 작업장의 구성을 나타낸 것으로 추측된다. 스페인 사람들이 퀴포스를 모두 말살했기 때문에 남아 있는 것은 겨우 400개로 모두 무덤에서 발견되었다.

이러한 퀴포스들은 문자로 기록하지 않고도 복잡한 관료제의 문명을 남길 수 있다는 사실을 입증한다. 이에 비추어 볼 때 스톤헨지 같은 문명에서도 정보를 교환하고 저장하는 유사한 수단이 있었지만 모두 소멸되었을 수도 있다. 현존하는 퀴포스는 태평양을 따라 형성된 사막 지대에 묻혀 있는데 덜 건조한 지대의 것은 모두 유실되었다.

이집트 이전 왕조 시대의 항아리

참고문헌

Menninger, K. *Zahlwort und Ziffer, Eine Kulturgeschichte der Zahlen,* 2nd ed. 2 vols., Göttingen, 1957 – 58.

Struik, D. J. "Stone Age Mathematics." *Scientific American,* Vol. 179 (December, 1948), pp. 44 – 49.

Smith, D. E., and Ginsburg, J. *Numbers and Numerals.* New York Teachers' College, 1937.

Childe, Gordon. *What Happened in History.* Pelican Books, 1942.

▌재미있는 패턴을 찾아볼 수 있는 문헌

Spier, L. "Plains Indian Parfleche Designs." *Univ. of Washington Publ. in Anthropology,* Vol. 4 (1931), pp. 293 – 322.

Deacon, A. B. "Geometrical Drawings from Malekula and Other Islands of the New Hebrides," *J. Roy. Anthrop. Institute,* Vol. 64 (1934), pp. 129 – 75.

Popova, M. "La géométrie dans la broderie bulgare." *Comptes Rendus, Premier Congrès des Mathématiciens des pays slaves* (Warsaw, 1929), 367 – 69.

▌아메리카 인디언 수학

Thompson, J. E. S. "Maya Arithmetic." *Contributions to Amer. Anthrop. and History,* Vol. 36, Carnegie Inst. of Washington Publ. No. 528 (1941), pp. 37 – 62.

Smith, D. E. *History of Mathematics.* Boston, 1923. Dover reprint, 2 vols. in 1, 1958. (14쪽의 목록 참조)

Lounsbury, F. C. *Maya Numeration, Computation, and Calendrical Astronomy,* DSB, Vol. 15 (1978), pp. 759 – 818. (풍부한 목록과 함께 상세한 연구를 제시함)

Ascher, M. and D. *Code of the Quipos: A Study in Media, Mathematics and Culture.* Ann Arbor, Mich., 1981. *AHES*, Vol. 8 (1972), pp. 288 – 320, and *Visible Language* (Cleveland, Ohio, 1975), pp. 329 – 56 참조.

▌아프리카의 수학

Zaslavsky, C. *Africa Counts.* Boston, 1973.

Crowe, D. W. "The Geometry of African Art." I, *Journal of Geometry,* Vol. 1 (1971) pp. 169 – 82; II, *HM,* Vol. 2 (1975), pp. 253 – 71.

▌스톤헨지 같이 유사 이전의 거석(巨石)에 나타난 수학과 천문학

Hawkins, G. S. *Beyond Stonehenge.* London, 1973.

Haggie, D. C. *Megalithic Science.* London, 1981.

▌수학과 의식(儀式)의 관계

Seidenberg, A. "The Ritual Origin of Geometry," *AHES,* Vol. 1 (1960 – 61), 480 – 527.

_____. "The Ritual Origin of Counting," *AHES,* Vol. 2 (1962), pp. 1 – 40.

_____. "The Origin of Mathematics," *AHES,* Vol. 18 (1970), pp. 301 – 42.

▌아동의 수학적 개념의 발달

Riess, A. *Number Readiness in Research.* Chicago, 1947.

Piaget, J. *La gnèse des nombre chez l'enfant.* Neuchâtel, 1941.

_____. *Le développement des quantités chez l'enfant.* Neuchâtel, 1941.

Bunt, L. N. H. *The Development of the Ideas of Numbers and Quantity According to Piaget.* Groningen, 1951.

Freudenthal, H. *Mathematics as an Educational Task.* Dordrecht, 1973.

제2장 고대 오리엔트

01 기원전 5 ~ 3천 년 사이에, 아열대나 아열대 근처 지역에 있는 아프리카와 아시아의 큰 강둑을 따라 신석기 시대의 공동체로부터 더욱 새롭고 기술이 매우 발달된 사회가 형성되었다. 나일 강, 티그리스와 유프라테스 강, 인더스와 갠지스 강, 황하, 그 후의 양쯔 강이 바로 그런 강이다. 아메리카의 몇몇 사회 역시 이 시기로 거슬러갈 수 있다.

이런 강 유역에 있는 땅은 일단 홍수를 통제하고 습지에서 물을 빼기만 하면 농작물을 풍부하게 생산할 수 있었다. 건조한 사막과 산악 지역이나 평원과 달리 강 유역은 매우 기름진 땅으로 만들 수 있었다. 수 세기 동안 둑과 댐을 건설하고, 수로를 파고, 저수지를 만들어서 가능해진 것이다. 물 공급을 조절하기 위해서 이전에는 상상할 수 없을 정도로 멀리 떨어진 여러 지역 사이의 활동을 조정해야 했다. 이 때문에 행정의 중심 기관이 만들어졌는데, 이는 이전 시대의 야만인 마을과 달리 도시 중심에 위치했다. 상당히 개선되고 집약적인 농업으로 상대적으로 많은 잉여 농산물이 생산되고, 주민의 생활 수준이 향상되었으며, 강력한 족장이 거느리는 도시 귀족 정치가 탄생했다. 장인, 군인, 사무원, 성직자 등 많은 전문 직업이 생겼다. 천체의 운행, 토지 분배, 식량 저장, 세금 인상과 같은 공공 업무의 관리는 종신 관리가 맡았다. 행정에 필요한 조건과 족장의 활동이 기록되었다. 장인은 물론 관리도 야금술과 의학을 포함한 상당한 전문 지식을 가지고 있었다. 그러한 지식에는 계산과 측량 기술도 포함되었다.

이 무렵에는 사회 계급이 견고하게 확립되어, 족장, 자작농, 장인, 서기, 공무원, 농노, 노예가 있었다. 지방 영주들은 권력이 제한된 봉건 영주였으나 점차 부와 힘을 쌓아 절대적 통치권을 갖는 지방의 군주가 되었다. 전제 군주들 사이의 전쟁으로 영토가 넓어지고, 한 제왕 밑으로 통합되었다. 이런 식으로 해서 관개와 집약적 농업에 기반을 둔 사회가 '오리엔트' 형식의 전제정치이다. 그러한 전제 제도는 수 세기 동안 유지될 수 있었으며, 때때로 계곡의 부에 매혹된 산과 사막에 거주하는 부족의 공격으로, 혹은 거대하고 복잡하고 매우 중요한 관개 체계를 방치하여 붕괴되기도 했다. 그러한 환경에서 다른 부족에게 권력이 옮겨지기도 하고, 더 작은 영지의 단위로 사회가 해체되고, 다시 통합되기도 했다. 그러나 이 모든 왕조적 혁명과 봉건제도에서 전제주의로 반복되는 이행에서도 사회의 기본이 되는 마을은 본질적으로 변하지 않았고, 기본적인 경제적, 사회적 구조도 변하지 않았다. 동양 사회는 주기적으로 순환했다. 오늘날에도 아시아와 아프리카에는 동일한 생활 패턴으로 수천 년 간 지속된 많은 공동 사회가 존재한다. 그러한 조건에서의 진보는 느리고 산만하였으며, 문화적 성장 단계는 수백 년 동안의 정체와 쇠퇴에 의해 구분된다.

오리엔트 사회의 특성을 전적으로 관개와 집약적인 농업에 기반을 둔 것으로만 보지 않도록 주의할 필요가 있다. 땅의 소유, 봉건 관계, 오래 지속되는 가족적 전통 등의 문제는 아시아, 아프리카, 아메리카의 각기 다른 나라에서 각기 다른 방식으로 역할을 했다. 그럼에도 이들 다양한 사회 사이에 유사성이 존재하며, 수학의 한 유형, 곧 산술적-대수적인 수학이 아시아, 아프리카, 아메리카에서 모두 확립되어 왔다는 것을 볼 수 있는데, 이것이 유사성을 이해하는 실마리가 된다.

'오리엔트'(초기 아메리카 사회를 포함해서)의 정적인 성격 때문에 종교를 국가 기관과 동일시하는 기본적인 신성함이 그 제도에 부과되었다. 관료정치는 종종 이러한 국가의 종교적 특성을 공유했다. 오리엔트의 많은 국가에서 성직자들은 영지의 관리자였다. 과학의 발달이 관료정치의 과제이므로, 오리엔트의 여러 나라에서 성직자들은 과학적 지식의 탁월한 전달자였다는 것을 알 수 있다.

02 '오리엔트' 수학은 달력 계산, 수확물의 관리, 공공 근로의 조직과 세금 징수를 쉽게 하기 위한 실용적인 과학으로부터 시작되었다. 자연스럽게 실용 산

술과 측량을 우선적으로 강조했다. 그러나 수학을 적용하고 수학적 비밀을 보호해야 하는 특별한 재주꾼들에 의해 수세기 동안 성장해 온 수학은 추상화라는 경향을 띠게 되었다. 수학은 점차 수학 자체의 목적을 위해 연구되게 마련이다. 산술은 대수로 발전하였는데, 대수가 더 나은 실제적인 계산을 할 뿐만 아니라 저술가들에 의해 배양되고 발전된 학문의 자연스런 결과이기 때문이다. 같은 이유로 측량은 이론적인 기하학으로 발전하기 시작했다.

이들 고대 사회에서 무역과 상업도 이루어졌지만, 경제의 중심은 농업이었으며 마을 중심적이고 고립과 전통주의라는 특징이 있다. 그 결과 경제 구조와 과학 지식의 본질에서는 유사성이 있음에도 불구하고 문화가 다른 곳에서는 두드러지게 다른 점들이 있었다. 중국과 이집트에서 있었던 쇄국정책은 유명하다. 이집트와 메소포타미아, 중국, 인도의 예술과 필사본을 구별하는 것은 쉬운 일이다. 이집트, 메소포타미아, 중국, 인도의 수학이 일반적인 산술적-대수적 본질이 매우 유사할지라도 동일한 방식으로 그들의 수학을 구별할 수 있다. 비록 한 나라의 학문이 특정 기간 동안 다른 나라의 학문보다 진보했을지라도 그 학문에는 특징적인 접근 방법과 기호 체계가 보존되어 있다.

동양에서 새로운 발견의 연대를 기산(起算)하기는 어렵다. 동양 사회 구조의 정적인 특성으로 수 세기 이상 과학 지식을 보존하는 경향이 있다. 격리된 한 마을에서 발견된 것이 다른 지방으로 전혀 전파되지 않기도 했다. 축적된 과학 기술 지식이 왕조의 교체나 전쟁, 홍수 등으로 파괴되었다. 기원전 221년, 전제군주인 진시황이 중국을 통일하고서 책을 모두 불태워 없애도록 명령했다. 그 책 가운데 많은 것들이 주로 기억에 의해 다시 씌어졌으나, 그 사건 때문에 발견의 연대를 기산하기가 아주 어려워졌다.

오리엔트의 과학을 기산하기 어려운 또 하나의 이유는 보존 재료에 기인한다. 메소포타미아인은 사실상 파괴될 수 없는 진흙판을 구웠다.[1] 이집트인은 파피루스를 사용했고, 상당량의 파피루스가 건조한 곳에서 보존되었다. 중국인과 인도인은 나무껍질이나 대나무 같이 부서지기 쉬운 것을 사용했다. 중국인은 기원전 1 세기경 종이를 사용하기 시작했으나, 서기 700 ~ 1000년까지 거슬러 올라가는 것은 거의 보존되어 있지 않다. 그러므로 오리엔트 수학에 대한 우리의 지식은 아주 개략적인 것뿐이다. 헬레니즘 시대 이전의 수학에 대하여는 메소포타미아와 이집트의 재료에 거의 전적으로 국한된다. 그러

1) 발굴 후 취급 부주의로 분실된 점토판이 많이 있다.

나 새로운 것이 발견되면 오리엔트 수학의 상대적 장점에 대한 완전한 재평가가 가능해질 것이다. 1858년에 발견된 이른바 **린드 파피루스**는 기원전 1650년경에 씌어졌지만 그보다 더 오래된 자료를 담고 있다. 그 때문에 오랫동안 역사 분야의 연구는 이집트에 초점을 맞추고 있었다.[2)] 많은 진흙판을 해독한 노이게바우어(O. Neugebauer)와 단진(F. Thureau − Dangin)의 놀라운 발견으로 최근 수십 년 동안에 바빌로니아 수학에 대한 지식이 매우 증가했다. 바빌로니아 수학이 오리엔트의 다른 나라보다 훨씬 더 발달했다는 것은 이제 명백해졌다. 수세기 동안의 바빌로니아와 이집트 문헌의 사실적 특성에 일관성이 있기 때문에 이러한 판단은 확실할 것이다. 더욱이 메소포타미아의 경제 성장은 메소포타미아에서 이집트에 이르는 이른바 근동의 비옥한 터키 근방에 있는 다른 나라의 경제 발달보다 훨씬 앞섰다. 메소포타미아가 수많은 여행길의 교차로인 반면 이집트는 비교적 고립되어 있었다. 게다가 변덕스러운 티그리스 강과 유프라테스 강을 이용하려면 "여러 강 중에서 가장 신사적"[3)]이라는 나일 강을 이용하는 것보다 고도의 공학적 기술과 행정이 필요했다. 고대 인도 수학에 대해 더 많이 연구하면 예기치 않은 사실이 드러날 지도 모르지만 이러한 주장은 지금까지 그리 설득력은 없다.

03

이집트 수학에 대한 대부분의 지식은 85 문항이 들어 있는 **린드 파피루스**와 그 보다 약 2 세기 정도 오래 된, 25 문항이 들어 있는 이른바 **모스크바 파피루스**에서 비롯되었다. 이 문제들은 필사본을 수집했을 때는 이미 알려진 지식이었다. 로마 시대의 파피루스처럼 훨씬 더 최근의 파피루스도 있는데, 접근 방법에는 차이점이 없다. 이집트의 수학은 보다 높은 십진 단위로 새로운 기호를 사용하는 십진 기수법에 기초하였는데, 유럽의 수학은 MDCCCLXXVIII = 1878과 같이, 이집트와 같은 원리를 따르는 로마 수 체계를 통하여 알고 있는 체계이다. 이 체계를 기초로 하여 이집트인은 주로 덧셈적 특성이 있는 산술을 발전시켰는데, 그들은 곱셈을 모두 동수누가로 환원했다. 예를

2) 스코틀랜드의 은행가이자 골동품 수집가인 헨리 린드(A. Henry Rhind, 1833 − 1863)가 나일 강의 룩소르에서 그것을 산 후에 이름이 붙여졌다. 린드 파피루스는 아메스(Ahmes) 파피루스라고도 하는데, 수학사에서 최초로 알려진 개인 이름이다.

3) W. Willcocks, *Irrigation of Mesopatamia*, 2d. ed. (London, 1917), p. xi.

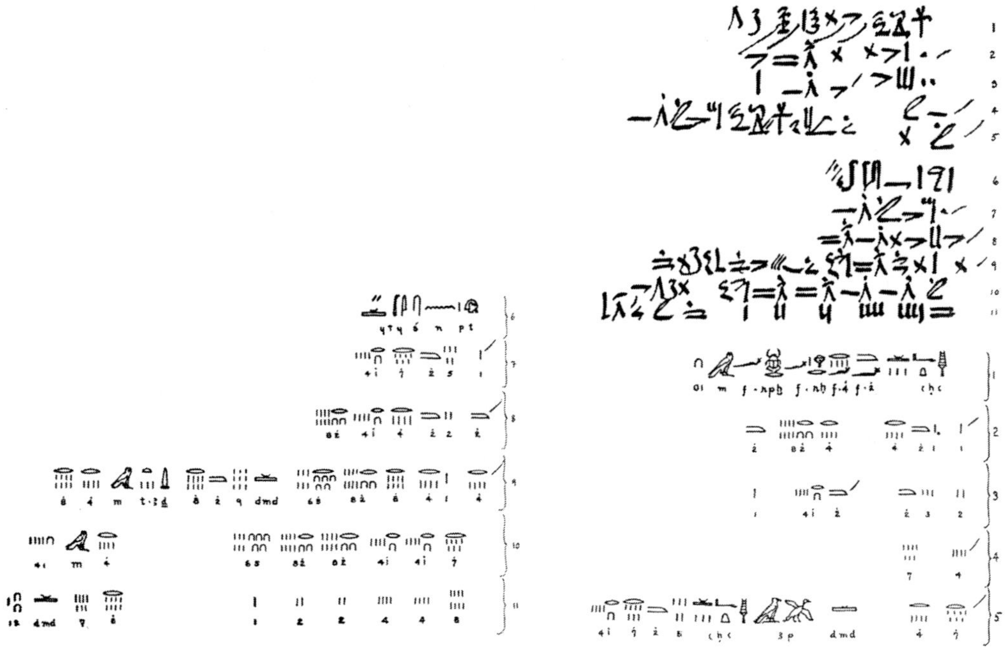

린드 파피루스의 한 쪽(chace, Vol II, p.56)

들어, 어떤 수에 13을 곱하는 것은 먼저 그 수에 1을 곱하고, 이어서 계속 두 배를 해 나감으로써, 즉 2를 곱하고, 4를 곱하고, 8을 곱하여, 마지막으로 1, 4, 8을 곱한 결과를 더함으로써 얻는다.

즉, 11×13의 계산은

*1	11
2	22
*4	44
*8	88

과 같이 한 후, 별표(*)가 붙은 수들을 더하여, 143을 얻는다.

이집트 산술의 가장 놀라운 점은 분수의 계산에 있다. 모든 분수는 이른바 단위분수의 합으로 표현되었다. 분수는 분모를 의미하는 수 위에 기호를 붙여 나타내었는데, 여기서는 예를 들어, $\frac{1}{10} = \overline{10}$와 같이 (—)로 나타내기로 한다. 1/2과 2/3는 예외적으로 특별한 기호를 사용했다.[4] 단위분수의 합으로 고치기 위해 $2/n$ 형태의 분수의 분해표를 사용했다. 이는 2의 곱셈 때문에 필요한 유일한 분해이다. **린드 파피루스**에는 5에서 101까지의 모든

홀수 n에 대해 단위분수의 합의 표가 있다. 예를 들어,

n	
$n=5$	$\overline{3}\,\overline{15}\ \left(\frac{2}{5}=\frac{1}{3}+\frac{1}{15}\right)$
7	$\overline{4}\,\overline{28}$
9	$\overline{6}\,\overline{18}$
59	$\overline{36}\,\overline{236}\,\overline{531}$
97	$\overline{56}\,\overline{679}\,\overline{776}$

특별한 단위분수의 합으로 나타내는 원리가 무엇인지는 분명하지 않다.(예를 들어, $n=19$일 때 $\overline{12}\,\overline{76}\,\overline{114}$로 나타내었는데, 왜 $\overline{12}\,\overline{57}\,\overline{228}$은 아닌가?) 이러한 분수 계산으로 이집트 수학은 정교하고 장황한 특성을 띠게 되었다. 그러나, 단위분수를 이와 같이 다루는 것이 곤란함에도 불구하고 그리스 시대는 물론 중세 시대까지 수천 년 동안 실행되었다. 분해는 어떤 수학적 기능을 전제하며, 이집트 전문가들이 그러한 결과를 얻었을 것이라고 생각되는 방법을 설명하는 흥미 있는 이론이 있다. 많은 문제들은 매우 간단하고, 미지수가 한 개인 일차방정식이었다.

> 어떤 양, 그 $\frac{2}{3}$, 그 $\frac{1}{2}$, 그 $\frac{1}{7}$, 모두 합하면 33이다. 이 양은 얼마인가?
>
> 답은 $14\frac{28}{97}$인데, 단위분수로 $14\ \overline{4}\ \overline{97}\ \overline{56}\ \overline{679}\ \overline{776}\ \overline{194}\ \overline{388}$과 같이 쓴다.

더미(heap)를 의미하는 상형문자인 하우(hau)나 아하(aha)가 방정식의 미지수로 사용되었다. 그래서 이집트의 대수는 "아하 계산"(aha−calculus)이라고도 한다.

여러 가지 문제가 빵과 맥주, 동물에게 먹이 주는 것과 곡식의 저장을 다루고 있는데, 이는 이러한 번거로운 산술과 원시 대수의 실용적인 기원을 보여 준다. 100개의 빵을 5 명이 나눠 가지는데, 몫이 등차수열을 이루고 가장 많은 세 몫의 합의 1/7이 나머지 두 몫의 합과 같게 나누는 문제와 같이 이론적으로 흥미로운 문제도 있다. 집이 일곱 채 있는데 각각의 집에는 고양이가 일곱 마리 있고, 각각의 고양이가 쥐를 일곱 마리 잡는 등비수열 문제도

4) (옮긴 이) 단위분수를 나타낼 때 숫자 위에 기호 를 사용했다. 이것을 로(ro)라고 읽었다. 그리고 $\frac{1}{2}$은 , $\frac{2}{3}$은 로 표현했다.

있는데, 여기에서는 등비수열의 합을 구하는 공식에 관한 지식도 엿보인다.[5)]

어떤 문제는 기하학적인데 주로 측량을 다룬다. 삼각형의 넓이는 밑변과 높이의 곱의 반이라는 공식이 발견되었다. 지름이 d인 원의 넓이는 $(d-\frac{d}{9})^2$로 주어졌는데, 그 결과 π의 값은 $\frac{256}{81}=3.1605$이다. 정육면체, 평행육면체, 원기둥과 같이 곡물을 담는 입체의 부피를 구하는 공식도 있다. 이집트 측량술의 가장 주목할 만한 결과는 정사각뿔대의 부피 공식 $V=\frac{h}{3}(a^2+ab+b^2)$이다.($a$와 b는 각각 윗면과 밑면의 한 변의 길이이고, h는 높이이다) 아직까지 다른 고대 수학에서 발견되지 않은 이 결과는, $3+4+5=12$의 매듭의 끈으로 직각 삼각형을 만들어 내었다는 하페도납타이(harpedonaptai)에 대한 근거 없는 이야기에도 불구하고 이집트인들이 피타고라스 정리에 대한 어떤 개념을 가지고 있다는 증거가 거의 없기 때문에 더욱더 주목할 만하다.

여기서 이집트의 수학 지식이 오래 되었다고 과장해서는 안 된다. 모든 종류의 진보된 과학에의 공헌은 기원전 3000년경과 그 이전의 피라미드 건설자에게 돌아갔다. 기원전 4212년의 이집트인들은 달력을 만들기 위해 이른바 시리우스 주기라는 것을 채택했다는 이야기는 널리 알려져 있다. 그러한 정확한 수학적, 천문학적 연구는 신석기 시대의 상태에서 천천히 진화해 온 사람들의 공로로 돌릴 수 없다. 이 이야기의 원천은 그리스인들에 의해서 전해 내려 온 후기 이집트의 전통으로 더듬어 올라갈 수 있다. 근본 지식을 아주 이른 시대로 거슬러 올라가는 것은 고대 문명의 공통적인 특징이다. 입수 가능한 모든 문헌들은 다소 제한된 범위의 이집트 수학을 보여 준다. 이 범위 안에서 아주 기교적이기는 하지만 천문학은 수학과 동일한 일반적인 수준이었다. 그러나 석기 시대 상태에서 살던 또는 그로부터 진화되어 온 사람들의 천문학적 지식에 대한 관점의 증가 때문에 이 문제에 대한 우리의 견해가 변할 수도 있다.

---

5) 다음과 같은 동요가 있다.
"내가 세인트 이브에 가면서 일곱 아내를 거느린 남자를 만났다.
아내들은 각각 자루를 일곱 개 갖고 있으며, 각각의 자루에는 고양이가 일곱 마리 있다.
고양이는 각각 일곱 마리의 새끼를 갖고 있다
새끼와 고양이, 부대, 아내, 모두 몇 개가 세인트 이브로 갔는가?"
이런 종류의 문제가 어떻게 오래도록 살아남을 수 있는지를 보게 된다.

04 메소포타미아 수학은 이집트 수학보다 훨씬 더 높은 수준에 달했다. 여기서 우리는 수세기에 걸친 진보를 발견할 수 있다. 3000년부터 후기 수메르 시대(기원전 2100년 우르의 세 번째 왕조)까지로 추정되는 가장 오래 된 문헌에서 상당한 계산 능력을 볼 수 있다. 이 문헌들은 잘 발달된 60진법이 원래의 십진법에 첨가된 곱셈표를 포함하고 있으며, 1, 60, 3600, 60^{-1}, 60^{-2}을 나타내는 쐐기 형의 기호가 있다. 그러나 이것이 가장 특징적인 것은 아니다. 이집트인들은 더 높은 단위를 새로운 기호로 나타내었지만, 수메르인들은 같은 기호를 사용하되 그 값을 그 **위치**로 나타내었다. 그래서 1과 그 다음에 1이 잇따르면 61을 의미하고, 5와 6과 3이 잇따르는 것은(그것을 5, 6, 3으로 쓸 수 있다) $5 \times 60^2 + 6 \times 60 + 3 = 18363$을 의미한다. 이 위치 또는 자릿값 체계는 우리가 343이라고 써서 $3 \times 10^2 + 4 \times 10 + 3$을 의미하는 수 체계와 본질적으로 다를 게 없다. 그러한 수 체계는, 우리의 수 체계에서 그리고 로마 수 체계에서 곱셈을 하려고 할 때 쉽게 알 수 있는 것처럼 계산할 때 상당한 장점이 있다. 위치적 기수법은 또한 분수 계산의 많은 어려움을 해소시켰는데, 그것은 마치 우리가 십진 기수법으로 분수를 쓰는 것과 같다. 같은 시기로 거슬러 올라가는, 가축이나 곡물 등의 배급을 다루고 이러한 거래에 기초하여 산술 연구를 다루는 수천 개의 문헌에서 알 수 있는 바와 같이, 이러한 수 체계는 행정 기술의 직접적인 결과로써 발달된 것 같다.

기호의 정확한 의미가 그 위치에서 항상 명확한 것은 아니어서 약간의 모호한 점들이 이 계산 방식에 존재했다. 그래서 (5, 6, 3)은 $5 \times 60^1 + 6 \times 60^0 + 3 \times 60^{-1} = 306\frac{1}{20}$을 의미할 수도 있다. 정확하게 해석하려면 문맥을 잘 보아야만 했다. 또 다른 불확실성은 빈 칸이 0을 의미했다는 사실이며, 따라서 (11, 5)가 $11 \times 60^2 + 5 = 39605$을 의미할 수도 있었다. 결국, 0을 위한 특별한 기호가 필요하게 되고, 이 기호는 페르시아 시대 이후에 나타나게 된다. 그러므로 이른바 "0의 발명"은 위치적 기수법을 도입한 데 따른 논리적 결과였다. 그러나 계산 기술이 상당히 완성된 후의 일이다.

60진법과 자릿값 체계는 인류의 영원한 자산으로 남아 있다. 시간을 60분, 3600초로 나누는 것이나 원을 360°로 나누고 1°를 60분, 1분을 60초로 나누는 것은 수메르인에서부터 비롯되었다. 단위를 10 대신 60으로 택한 까닭은 60의 약수가 많다는 사실에 기인한 것이기도 하지만, 측정 체계를 통합하려는 시도에서 발생한 것이라는 설명도 설득력이 있다. 알파벳의 중요성에 견줄 정도로 중요한 자릿값 체계의 역사는 분명하지 않다.

(이 두 가지 발명으로 많은 사람들이 복잡한 기호 체계를 쉽게 이해하게 되었다) 바빌론을 통하는 대상 길에서 인도인과 그리스인들이 그것을 알게 되었다고 보는 것이 합리적이다. 우리는 모슬렘의 학자들이 그것을 인도의 발명이라고 기술하고 있음을 알고 있다. 그러나 바빌론의 전통은 후에 위치적 기수법을 승인하게 하는 데 영향을 주었을 것이다.

05 그 다음의 쐐기 문자 문헌은 함무라비 왕이 바빌로니아를 지배하고(기원전 1750년경) 셈족이 원주민 스메르인을 정복했던 초기 바빌로니아 왕조 시대로 거슬러 올라간다. 이 문헌을 통해 산술이 잘 확립된 대수로 발전하였음을 알 수 있다. 이 시기의 이집트인들이 간단한 일차방정식만을 풀 수 있던 데 반해 함무라비 시대의 바빌로니아인들은 2차 방정식을 풀 수 있는 충분한 기능을 가지고 있었다. 바빌로니아인은 미지수가 두 개인 1, 2차 방정식, 심지어 3, 4차 방정식도 풀 수 있었다. 바빌로니아인들은 그러한 문제를 계수가 특별한 수치를 가진 문제만으로 공식화하였지만, 그들의 방법을 보면 일반적인 법칙을 알고 있었음이 분명하다.

다음 예는 이 시기의 서판에서 취하여, 현대 언어로 번역한 것이다.

> 두 정사각형의 합으로 이루어진 어떤 넓이 A가 1000이다. 정사각형의 한 변의 길이는 다른 정사각형의 한 변의 길이의 $\frac{2}{3}$ 보다 10이 작다. 각 정사각형의 변의 길이는 얼마인가?
>
> 여기서 방정식 $x^2+y^2=1000$, $y=\frac{2}{3}x-10$이 나오는데, 답은 다음 2차 방정식의 풀이로 얻을 수 있다.
>
> $$\frac{13}{9}x^2-\frac{40}{3}x-900=0$$
>
> 이 방정식은 하나의 양의 해 $x=30$을 갖는다.
>
> 쐐기 문자 문헌에서의 실제 풀이는, 모든 동양의 문제에서처럼, 이차방정식을 풀기 위해서 밟아야 할 수치적 단계를 단순히 열거하는 데 한정한다. 즉,
>
> 10을 제곱하라. 그러면 100이 된다, 1000에서 100을 빼어라. 그러면 900이다, ... 수 1000은 (16, 40)으로, 900은 (15, 0)으로 쓴다....[6]

---

6) (옮긴 이) 이는 바빌로니아의 60진법에 근거한 설명이다. 즉, (16, 40)은 16×60+40=1000, (15, 0)은 15×60+0=900이다.

이러한 바빌로니아 수학의 강한 산술적－대수적 특징은 기하학에서도 분명하다. 이집트에서처럼, 기하학은 측량을 다루는 실용적인 문제로부터 발달했다. 그러나 문제의 기하학적 형식은 대수 문제를 표현하는 하나의 수단일 뿐이었다. 앞의 예는 정사각형의 넓이에 관한 문제가 어떻게 자명하지 않은 대수 문제로 바뀌는지를 보여주는데, 이 예는 전혀 예외적인 것이 아니다. 문헌에 의하면 셈족 시대의 바빌로니아 기하학은 아직 사각뿔대의 부피를 구하는 공식을 알지는 못하였지만 간단한 직사각형의 넓이와 입체의 부피를 구하는 공식을 알고 있었다. 이른바 피타고라스 정리는 특별한 경우뿐만 아니라, 직각삼각형의 변 사이의 수치적 관계로서 일반성도 충분히 알고 있었다. 그리하여 (3, 4, 5), (5, 12, 13) 등과 같은 "피타고라스의 세 수"(Pythagorean triples)가 발견되었다. 그러나 이 기하학은 대수학을 지원한다는 주요한 특징이 있다. 이런 특징은 그 다음의 모든 문헌, 특히 우리가 상당히 많은 문헌을 가지고 있는 3기 시대, 즉 신바빌로니아, 페르시아, 셀류키드 시대(기원전 600년경－서기 300년경)의 문헌에서도 마찬가지이다.

이 나중 시대의 문헌들은 바빌로니아 천문학의 발달에 많은 영향을 받았으며 천문학적 목적에 유용하였는데, 당시의 천문학은 진실로 과학적인 특성이 있다. 수학은 계산기술에서 더욱 완벽해졌으며, 대수는 현재의 수준으로도 상당한 수치적 기능이 요구되는 방정식 문제를 다루었다. 셀류키드 시대에는 60진법에서 17자리까지 가는 계산도 있었다. 그러한 복잡한 수치 계산은 더 이상 세금이나 측량 문제에 관련되는 것이 아니라, 천문학 문제나 계산에 대한 순수 열정에 자극받은 것이다. "오리엔트 수학"은 분명 실용적인 것만은 아니었다.

이런 계산술의 많은 것은 표로 행해졌고, 단순한 곱셈표에서부터 역수와 제곱과 세제곱근까지 다양하다. n^3+n^2 형태의 목록은 $x^3+x^2=a$와 같은 3차 방정식을 푸는 데 사용된 것으로 추정된다. $\sqrt{2}$는 $1\frac{5}{12}$($\sqrt{2}=1.4142\ldots$, $1\frac{5}{12}=1.4167$)로 나타내며, $\frac{1}{\sqrt{2}}=0.7071$은 $\frac{17}{24}=0.7083$으로 나타내었다. 제곱근은 다음과 같은 공식으로 구한 것 같다.

$$\sqrt{A}=\sqrt{a^2+h}=a+\frac{h}{2a}=\frac{1}{2}\left(a+\frac{A}{a}\right)$$

대부분의 바빌로니아 수학에서 π의 근삿값으로 성경에 나와 있는 $\pi=3$(열왕기상 7장 23절), 즉 원의 넓이를 원주의 제곱의 $\frac{1}{12}$로 구하는 것보다 더 나은 것은 발견되지 않았다. 그러나 $\pi=3\frac{1}{8}$와 같은 근삿값이 발견되었다.

방정식 $x^3+x^2=a$은 연립방정식 $xyz+xy=1+\frac{1}{6}$, $y=\frac{2}{3}x$, $z=12x$을 해결하다 보면 나오는데, 이 연립방정식은 $(12x)^3+(12x)^2=252$ 또는 $12x=6$이 된다.

또 다른 쐐기 문자 문헌에는 이율이 20%일 때 원리합계가 두 배가 되려면 얼마나 걸리는가와 같은 복리 문제를 다루고 있다. 이 문제에서 방정식 $(1\frac{1}{5})^x=2$이 나오는데, $3<x<4$라는 단서와 오늘날 표기 방법으로 하면 선형 보간

$$4-x=\frac{(1.2)^4-2}{(1.2)^4-(1.2)^3}$$

에 의해 x는 (2, 33, 20) 달이 모자란 4년이 됨을 알 수 있다.

기원전 2000년경 대수학이 발달하게 된 특별한 이유 중의 하나는 새로운 셈족의 통치자, 곧 바빌로니아인이 고대 수메르의 문자를 사용했기 때문인 것으로 보인다. 상형 문자와 같은 고대 문자는 각각의 기호가 하나의 개념을 나타내는 표의문자였다. 셈족은 그것을 사용하여 그들의 언어를 음성적으로 번역하였고 또 과거의 의미에서 어떤 기호를 취했다. 이 기호는 이제는 개념을 표현하지만 다른 방식으로 발음되었다. 그러한 표의문자들은 마찬가지로 표의문자인 현재 우리가 사용하는 기호 +, −, : 등과 같은 대수 언어에 매우 적합했다. 바빌론의 행정관 학교에서 이 대수 언어는 수세대 동안 교육과정의 한 부분이었으며, 제국의 통치자(카시트인, 아시리아인, 메디아인, 페르시아인)는 많이 바뀌었지만 그 전통은 유지되었다.

더욱 복잡한 문제는 고대 문명사에서의 후반부, 특히 페르시아와 셀류키드 시대로 거슬러 올라간다. 그 시대의 바빌론은 더 이상 정치의 중심지가 아니었다. 그러나 바빌로니아인과 페르시아인, 그리스인, 유대인, 인도인 등 많은 다른 민족들이 융합된 대제국의 문화적 중심지로 수세기 동안 유지되었다. 모든 쐐기문자의 문헌에는 연속적인 지역적 발전을 가리키는 것 같은 전통의 연속성이 있다. 이러한 지역적 발전이 또한 다른 문명과의 접촉에 의해 자극받았으며, 이러한 자극이 양 방향으로 작용했다는 것은 거의 의심의 여지가 없다. 이 시기의 바빌로니아 천문학이 그리스 천문학에 영향을 주었으며, 바빌로니아 수학이 계산술에 영향을 주었음은 분명하다. 바빌로니아 학자를 매개로 하여 그리스 과학과 인도의 과학이 만났다는 추측은 그럴듯하다. 고대의 천문학과 수학의 보급에서

대영박물관에 있는 쐐기문자 문헌의 한 면

페르시아인과 셀류키드 메소포타미안인들의 역할이 잘 알려지지 않았으나, 모든 이용 가능한 증거에 의하면 상당히 중요한 역할을 했음이 틀림없다. 중세 아라비아와 인도의 과학은 알렉산드리아의 전통뿐만 아니라 바빌론의 전통에도 근거했다.

06 고대 오리엔트 수학은 우리가 증명이라고 하는 것에 대해서 아무런 시도도 하지 않는다. 어떠한 논의도 제시되어 있지 않으며, "이렇게 해라, 저렇게 해라"와 같은 절차만 제시되어 있다. 예를 들어 우리는 바빌로니아인들이 어떻게 피타고라스의 정리를 알게 되었는지, 정리가 어떻게 발견되었는지를 모른다. 이집트인과 바빌로니아인들이 어떤 결과를 얻어낸 방법을 설명하기 위해 몇 가지 시도를 하기는 했지만, 그것들은 모두 가설적인 것이다. 유클리드의 엄밀한 논증으로 교육받은 사람들에게 완전한 오리엔트적인 추리 방법은 처음에는 이상하고 매우 불만족스러워 보인다. 그러나 우리가 현재 공학자나 기술자들에게 가르치는 대부분의 수학이 엄밀한 증명을 시도하지 않고 "이렇게 해라, 저렇게 해라"와 같은 식이라는 것을 안다면 그런 이상한 시각은 차츰 사라질 것이다. 대수는 많은 고등학교에서 추론 과학이라기보다 규칙의 집합으로

가르쳐지고 있다. 이런 점에서 오리엔트 수학은 사용되기 위하여 발명된 공학과 관리의 문제라는 수천 년 영향에서 결코 해방된 것 같지 않다.

07

고대 인도 수학의 연구에는 그리스, 중국, 바빌로니아가 어느 정도 영향을 미쳤는가의 문제가 아주 중요하다. 후세의 인도와 중국 학자들은 그들의 수학이 오래 되었다고 강조하곤 했다. 그러나 기원전까지 명백히 거슬러 올라갈 수 있는 수학 문헌은 존재하지 않는다. 현존하는 가장 오래 된 인도의 문헌은 아마 서기 1세기로 추정되며, 가장 오래 된 중국 문헌도 같은 시대이거나 조금 앞서는 정도이다. 고대 인도인들은 자릿값 표기 없이 십진 기수법을 사용했다. 그와 같은 체계는 1, 2, 3, ..., 9, 10; 20, 30, 40, ..., 100; 200, 300, ..., 1000; 2000, ...과 같은 수 각각에 대해 특별한 기호가 있는 이른바 브라미(Brāhmī) 숫자에 의해 형성되었다. 이런 기호들은 적어도 아쇼카 왕 시대(기원전 300년경)로 거슬러 올라간다.

그리고 소위 술바수트라스(Śulvasūtras)가 존재하는데, 그 일부는 기원전 500년 또는 그 이전까지 거슬러 올라가는데, 여기에는 고대 토착적 기원을 갖는 수학적 규칙이 포함되어 있다. 이러한 규칙은 제단을 만드는 종교 의식적인 규정에서 발견된다. 여기에 정사각형과 직사각형의 작도 방법, 정사각형의 변과 대각선의 관계의 표현, 원과 정사각형의 동치 관계에 대한 표현이 포함되어 있다. 피타고라스의 정리의 특수한 경우와 다음과 같은 단위 분수에 의한 신기한 근삿값도 있었다.

$$\sqrt{2}=1+\frac{1}{3}+\frac{1}{3\cdot4}-\frac{1}{3\cdot4\cdot34}\ (=1.4142156)$$

$$\pi=4\left(1-\frac{1}{8}+\frac{1}{8\cdot29}-\frac{1}{8\cdot29\cdot6}+\frac{1}{8\cdot29\cdot6\cdot8}\right)^2=18(3-2\sqrt{2})$$

이러한 술바수트라스의 결과가 후세의 인도 연구에서 나타나지 않았다는 점이 이상한데, 이 때문에 이집트와 바빌로니아의 수학에서는 아주 전형적인 전통의 연속성을 인도 수학에서는 아직 말할 수 없다. 인도가 넓기 때문에 이러한 연속성은 실제로 없는지도 모른다. 다양한 학파가 있고 다양한 전통이 있었는지도 모른다. 예를 들어, 불교(기원전 500년경)만큼 오래 된 자이나교가 수학 연구를 권장했다. 자이나교의 성전에는 $\pi=\sqrt{10}$ 이 주어져 있다.

08 고대 중국 수학에 대한 연구는 번역 자료가 부족하여 오래도록 제대로 이루어지지 않았으며, 중국의 학자나 중국 태생이 아닌 사람들은 미카미(Mikami, 1913)와 니덤(Needham, 1959)의 책이나 몇 편의 특별한 논문에서 얻는 정보에 만족해야만 했다. 오늘날 이용할 수 있는 번역서 중에 독일어와 러시아어로 번역된 수학의 고전인 「구장산술」이 있다. 이 책과 「**주비산경**」은 한 나라(기원전 206년~서기 220년)로 거슬러 올라가는데, 훨씬 더 오래 된 내용을 포함하고 있다. 「주비산경」은 그 일부만 수학 내용을 다루고 있는데 피타고라스 정리에 대한 논의가 있어서 흥미롭다. 그러나 「**구장산술**」은 전적으로 수학책이며 그 후 천 년 이상 고대 중국 수학의 특징을 이루고 있다.

「역경」과 같은 한 나라의 것으로 추정되는 책에서 볼 수 있는 그림도 아주 오래된 것이다. 이런 그림 중의 하나가 다음과 같은 마방진인데, 마방진에는 많은 전설이 관련되어 있다.

4	9	2
3	5	7
8	1	6

중국의 수 체계는 항상 십진법적이며, 기원전 2000년경에도 9개의 기호와 자릿값으로 수를 표현했다. 이러한 체계는 한 나라 때부터 확립되었고 어쩌면 더 일찍 확립되었을지도 모른다. 9개의 숫자는 대나무 막대기의 배열로 표현되었는데, 예를 들어 𝍮 𝍦 𝍪 𝍨은 6729를 의미하며 이러한 방식으로 기록되었다. 기본적인 계산은 산판 위에서 행해졌으며, 산판에는 0을 넣어야 할 곳을 공백으로 처리했다.(0을 나타내는 특별한 기호는 13세기 혹은 그 이후에야 나타났다) 달력 계산에서는 60진법이 사용되었다.

이 60진법은 한 쪽에는 10개의 날이 있고 다른 한 쪽에는 12개의 날이 있는 두 톱니바퀴가 연결되어, 60이 더 높은 단위인 '주기'가 되는 것과 어느 정도 유사하다.

「**구장산술**」의 수학은 문제와 풀이에 대한 일반 규칙으로 되어 있다. 그것들은 계산술적 특성이 있으며 수치 계수를 가지는 대수 방정식이 된다. 제곱근과 세제곱근을 구하게 되는데, 예를 들면 $751\frac{1}{2}$은 $564752\frac{1}{4}$의 제곱근이다. 원을 측량할 때 $\pi = 3$의 값을 이용한다. 어떤 문제들은 연립일차방정식, 예를 들면

$$3x + 2y + z = 39$$
$$2x + 3y + z = 34$$
$$x + 2y + 3z = 26$$

이 되는데, 이는 그 계수들의 행렬의 형태로 쓰여지며, 오늘날 행렬 변환이라고 하는 방법으로 해를 얻는다. 이러한 행렬에서 음수가 발견되는데, 음수는 역사상 처음으로 여기에 나타난다.

중국 수학은 현재까지 전통이 단절되지 않고 유지되는 특별한 위치에 있으므로, 사라진 문명에 속하는 이집트나 바빌로니아 공동체 사회에서의 수학의 위치보다는 중국 수학의 사회에서의 위치를 조금은 더 잘 연구할 수 있다. 우리는 예를 들어 과거 지망생은 정확히 한정된 고전 지식을 드러내야 하며, 이 시험이 주로 기억으로부터 정확하게 문헌을 암송하는 능력에 근거함을 안다. 그러므로 전통적인 학문은 고통스러울 정도의 꼼꼼함을 지니고 대대로 이어져 내려왔다. 그러한 정체된 문화 분위기에서 새로운 발견은 상당한 예외이고, 이것은 다시 수학적 전통의 불변성을 보증했다. 그러한 전통이 수천 년 이상을 이어져 내려왔고, 가끔씩 상당한 역사적 변화에 의해서만 흔들렸을 것이다. 인도에서 비슷한 조건이 존재했다. 여기서 우리는 기억을 촉진시키기 위하여 운율 시구로 쓰인 수학 문헌의 예를 보기도 한다. 고대 이집트와 바빌로니아에서의 실제가 인도나 중국의 것과 아주 다를 것이라고 믿을만한 특별한 이유는 없다. 전적으로 새로운 문명의 출현은 수학의 상대적인 경직화를 중단시키는 데 필요하다. 그리스 문명의 삶의 특성에 관한 다른 전망은 마침내 수학을 새로운 형태의 과학의 기준으로 끌어올렸다.

참고문헌

Archibald, R. C. "Mathematics Before the Greeks." *Science*, Vol. 71 (1930). pp. 109 – 21, 342. 같은 책 Vol. 72 (1930), p. 36도 참조.

Datta, B., and Singh, A. N. *History of Hindu Mathematics*. 2 vol., Lahore, 1935 – 38. [O. Neugebauer가 *Quellen und Studien*, Vol. 3B (1936), pp. 263 – 71에서 재검토했다]

Gandz, S. "Conflicting Interpretations of Babylonian Mathematics," *Isis*, Vol. 31 (1940), pp. 405 – 25.

Gillings, R. J. *Mathematics in the Time of the Pharaohs*. Cambridge, Mass., 1972 (Dover reprint, 1982) (*HM*, Vol. 4 (1977), pp. 445 – 52에 수록되어 있는 M. Bruckheimer and Y. Salomon의 논문 참조.)

Gillon, B. S. "Introduction, Translation and Discussion of Chao Chun – ch'ing's Notes to the Diagram of Short Legs and Long Legs and of Squares and Circles." *HM*, Vol. 4 (1977), pp. 253 – 93.

Gurjar, L. V. *Ancient Indian Mathematics and Vedha*. Poona, 1947. [*Math, Rev*., Vol. 9 91948), p. 73 참고]

Kaye, G. R. "Indian Mathematics." *Isis*, Vol. 2 (1919), pp. 326 – 56.

Lam, L. Y. *A Critical Study of the Yang Hui Suan Fa. A Thirteenth Century Chinese Mathematical Treatise.* Singapore, 1977.

Libbrecht, U. *Chinese Mathematics in the Thirteenth Century: The Shu – Shu Chiuchang of Ch'in Chiu – shao*. Cambridge, Mass., 1973.

Needham, J. *Science and Civilization in China.* Cambridge, 1959. (Vol. Ⅲ, pp.1 – 168 참조.) 이 책은 우리의 주요 정보원이다.

Neugrbauer, O. *Vorlesungen über Geschichte der antiken mathematischen Wissenschaften, I: Vorgriechische Mathematik*. Berlin, 1934.

Neugrbauer, O. *Mathematische Keilschift – Texte*. 3 vols., Berlin, 1935 – 37

Neugrbauer, O. *The Exact Sciences in Antiquity*. Princeton, 1952; 2nd ed., 1957; Dover reprint, 1969.

Seidenberg, A. "The Ritual Origin of Geometry." *AHES*, Vol. 1 (1962), pp. 488 – 527.

Struik, D. J. "On Ancient Chinese Mathematics." *Mathematics Teacher*, Vol. 56 (1963), pp. 424 – 31; also *Euclides*, Vol. 40 (1964), pp. 65 – 79.

The I Ching or *Book of Changes*. Trans. by R. Wilhelm, New York, 1950: and by J. Legge, London, 1899. (Dover reprint, 1963)

The Rhind Mathematical Papyrus, T. E. Peet, ed. London, 1923.

The Rhind Mathematical Papyrus, A. B. Chase *et al.*, eds. 2 vols., Ohio, 1927 – 29. (이집트와 바빌로니아 수학에 대한 광범위한 목록을 포함하고 있다. Neugebauer, *Exact Science in Antiquity*, Philadelphia, 1941, p.18에 있는 고대 천문학에 관한 목록도 참조하여라.)

Mathmatischer Papyrus des staatlichen Museums der schönen Künste in Moskau, W. W. Struve and B. A. Turajeff, eds. Berlin, 1930.

제3장 그리스 수학

01

기원전 2000년의 마지막 1세기 동안 지중해와 그 연안에서는 정치·경제적으로 엄청난 변화가 일어났다. 이민과 전쟁의 혼란스러운 분위기 속에서 청동기 시대는 철기 시대로 바뀌었다. 이 변혁의 시기에 대해 자세히 알려진 바는 거의 없으나, 기원전 900년경으로 추정되는 이 시기의 말에 크레타, 미케네, 히타이트족의 세계가 사라지고 이집트와 바빌로니아의 세력이 크게 감퇴하였으며, 새로운 민족이 역사의 무대에 등장하였다. 이 중에 가장 두드러진 민족은 히브리, 아시리아, 페니키아, 그리스 민족이다. 청동을 철로 대체함으로 인하여 무기의 변화 뿐 아니라 도구의 생산 단가가 낮아지고 사회적으로 과잉 생산물의 증가로 무역이 증가하고, 보통 사람들도 정치·경제적인 일에 관심을 갖게 되었다. 그 결과 두 가지 면에서 큰 변혁이 나타났다. 그 하나는 고대 오리엔트의 쓰기 불편한 사본을 쉽게 배울 수 있는 알파벳으로 대체한 것이며, 다른 하나는 무역을 자극할 수 있었던 동전 모양의 돈이 출현이다. 종교적이고 과학적인 의식에도 오리엔트적 요소가 많이 사라지게 되었다.

이주민들의 일부가 이집트 문서에 동화되면서, "해양인"들의 활동은 최초부터 많은 문화적인 손실을 수반하였다. 크레타와 미케네 문명이 사라졌고, 이집트 예술은 쇠잔하고 바빌로니아와 이집트 과학은 수 세기 동안 침체되었다. 이 과도기 동안의 수학 책은 지금까지 한 권도 전해지지 않는다. 과도기가 지나고 안정된 관계가 재정립되었을 때,

전통의 맥을 따라 고대 오리엔트가 회복되었으나 완전히 새로운 상태의 문명, 호머의 시 속에 과거 미케네의 언어적 기억만을 간직한 그리스 문명이 생겨났다.

소아시아 해안을 따라 일어났던 도시와 그리스 본토의 도시는 더 이상 오리엔트 전제 정치의 행정 중심이 아니었다. 이들은 상업 도시였으며, 옛날부터 본토의 지주들은 자유롭고 정치적인 의식이 있는 상인 계급과 승산 없는 싸움을 벌여야 했다. 기원전 7세기와 6세기 동안에는 이 상인 계급이 주도권을 잡고 소규모 상인들과 장인, 즉 **시민**에 대항하여 싸워야 했다. 그 결과 그 이전 수메르나 동양의 기타 도시국가와는 완전히 다른, 새로운 사회적 실험이라고 할 수 있는 자치 도시국가인 그리스 **폴리스**가 탄생하게 되었다. 가장 중요한 이 도시국가들이 아나톨리아 해안의 이오니아에서 발달하였다. 도시국가들은 무역이 성장하면서 지중해 연안 전체와 메소포타미아, 이집트, 스키타이[1], 그 너머의 나라와도 교역하였다. 밀레투스는 오랫동안 무역을 주도하는 장소였다. 다른 해안의 도시 – 그리스 본토에서는 코린트와 아테네 순으로, 이탈리아 해안에는 크로톤과 타렌툼, 시실리에는 시라쿠사 – 역시 부(富)와 명성을 얻게 되었다.

이 새로운 사회적 질서는 무역 상인이라는 새로운 형태의 인간을 창조해 냈다. 무역상인이 누릴 수 있는 독립의 수준은 그리 상당한 것은 아니었으나 무역상인들의 독립이 끊임없는 피나는 투쟁의 결과임을 그들은 잘 알고 있었다. 무역상인은 오리엔트를 정적(靜的)으로 조망하지 않았다. 무역상인은 16세기 서유럽에 비견할 수 있는 지리적 발견의 시기에 살고 있었다. 왜냐하면 무역상인은 절대 군주도 없으며 정적인 신에게 부여된 권능이 결코 없다는 것을 인식하고 있었다. 게다가 부(富)와 부분적으로나마 노예의 노동력으로 인하여 어느 정도 여가를 즐길 수 있었다. 종교가 제대로 정립되어 있지 않았으므로 이 해안 도시의 서민들은 미신에 빠지게 되었다. 그러나 반대로 종교의 부재는 합리주의와 과학적 조망의 발달을 자극하기도 하였다.

02 현대 수학은 이오니아의 합리주의 분위기에서 탄생하였다. 수학은 오리엔트의 "어떻게?" 뿐 아니라 "왜?"라는 현대 과학적 질문을 제기하는 것이다. 전통

1) 흑해 북부의 옛 지방 (옮긴이)

적으로 그리스 수학은 밀레투스의 상인 탈레스(Thales)로부터 시작된 것으로 본다. 탈레스는 기원전 6세기의 전반부에 바빌로니아와 이집트를 방문하였다. 그리고 탈레스의 전체적인 생애는 전설적이긴 해도 매우 현실적이며, 현대 수학 뿐 아니라 현대 과학과 철학의 기초가 설립되었던 환경을 상징한다.

초기 그리스 수학 연구의 주요 목표는 합리적인 도식에 따라서 우주에서 인간의 위치를 이해하는 것이었다. 수학은 혼돈에서 질서를 찾게 하고, 생각을 논리적인 사슬로 재배열하고, 근본 원리를 발견하도록 하였다. 수학은 모든 과학 중에서 가장 합리적인 것이었다. 그리스 상인들은 무역로를 통해 동양 수학을 알게 되었음은 거의 의심의 여지가 없다. 그러나 그리스 상인들은 동양인들이 합리화의 대부분을 미완성으로 남겨 두었다는 것을 발견했다. 왜 이등변 삼각형의 두 각이 같을까? 왜 삼각형의 넓이는 같은 밑변과 높이를 가진 직사각형의 넓이의 반과 같을까? 이러한 의문들은 우주학, 생물학, 물리학에 관해 유사한 질문을 하던 사람들에게 자연스럽게 일어나게 되었다.

불행하게도 그리스 수학의 초기 발달을 보여 줄 수 있는 일차 자료는 남아 있지 않다. 현존하는 사본들은 기독교와 이슬람 시대의 것이며, 이 사본들은 이보다 약간 먼저 시기의 이집트 파피루스 기록에 의해 약간 보완이 가능할 뿐이다. 그러나 고전에 대한 연구 결과 우리는 현존하는 기원전 4세기 이후의 문서를 복원할 수 있게 되어, 유클리드, 아르키메데스, 아폴로니우스 , 기타 유명한 학자들의 믿을만한 저서를 가지고 있다. 그러나 이 문서들은 후대의 주석서의 도움을 받는다고 해도 역사적 발달을 추적하기 어려울 만큼 이미 충분히 발달한 수학을 담고 있다. 그리스 수학이 형성되는 시기에 관한 정보를 얻기 위해서 우리는 후의 저자들이 기록한 단편적인 자료들과, 철학자들과 엄격한 의미에서 수학자가 아닌 다른 저자들이 산발적으로 기록해 놓은 비평들에 전적으로 의존해야 한다. 고도의 세련되고 집요한 원문 비평으로 초기 역사에 존재하는 많은 모호한 점들을 밝혀 낼 수 있다. 어느 정도 가상적이긴 하지만 형성기의 그리스 수학의 그림을 어느 정도 일관성 있게 제시할 수 있는 것도 이러한 작업 덕택이다. 탠너리(Paul Tannery), 히스(T. L. Heath), 조이텐(H. G. Zenthen), 프랭크(E. Frank)와 같은 학자들이 연구한 결과이며 이 작업은 지금도 계속 이루어지고 있다)

03 기원전 6세기에 아시리아 제국이 몰락하고 새로운 거대한 오리엔트 제국, 페르시아가 등장했다. 페르시아는 아나톨리인의 도시를 정복했으나 그리스 본토의 사회적인 구조는 너무나 견고하여서 무너뜨릴 수 없었다. 마라돈, 살라미스, 플라타이아의 역사적 전투에서 페르시아의 침공은 격퇴되었다. 그리스의 승리로 아테네가 확장되고 주도권을 잡게 되었다. 여기에서 기원전 5세기 후반부에 페리클레스의 통치 아래 민주적 요소들이 점차 세력을 얻게 되었다. 바로 이런 민주적 요소들이 경제·군사적 팽창의 추진력이 되었으며 기원전 430년에는 아테네를 그리스 제국의 주역일 뿐 아니라 새롭고 놀라운 문명인 그리스 황금기의 중심이 되게 만들었다.

사회적 정치적 투쟁의 틀 안에서 철학자와 교사들은 자신의 이론과 함께 새로운 수학을 제시했다. 역사에서 최초로 비평적인 사람들의 집단인 '소피스트'들이 자연적이고 도덕적인 세계의 철학적 탐구의 일부로 수학적 본질의 문제들을 접근했다. 소피스트들은 그 이전의 어떤 지식인 집단보다도 전통에서 자유로웠다. 그래서 실용성보다는 이해를 중시하고 탐구된 수학으로 발전하였다. 이런 정신적인 태도는 소피스트들로 하여금 바로 사고 자체의 기초로 향해 가도록 했으므로, 그들의 논의를 이해하는 것이 매우 유익하다. 불행히도 이 시기의 완전한 수학적인 단편으로 남아있는 것은 이오니아의 철학자 히포크라테스[2](Hippocrates of Chios)의 것뿐이다. 히포크라테스의 단편은 수학적 추론에서 고도의 완전성을 보이고 있으며, 매우 "비실용적"이지만 이론적으로는 가치 있는 "궁형(*lunulae*)", 즉 두개 이상의 원 호로 둘러싸인 작은 달 또는 초승달 모양의 도형을 충분하게 다루고 있다.

궁형의 넓이를 구하는 주제는 그리스 수학에서 핵심 문제였던 원과 같은 넓이의 정사각형을 구하는 원적문제에 직접적인 영향을 끼쳤다. 히포크라테스는 그의 문제 분석에서 그리스 황금기의 수학자들이 평면 기하의 질서 체계를 가지고 있으며, 그 안에서 하나의 명제로부터 다른 명제를 논리적으로 추론해 내는 연역의 원리를 충분히 수용하고 있음을 보여준다. 제목이 보여주는 것 같이 히포크라테스의 저서로 추정되는 책, 곧 유클리드의 「원론」을 포함하여 그리스의 모든 공리적 논문들의 제목인 **원론**(*stoicheia*)에서 공리학이 시작되었다. 히포크라테스는 원의 호 뿐 아니라 직선으로 둘러싸인 평면도형의 넓이를 구하는 것도 연구하였다. 히포크라테스는 닮은 활꼴들의 넓이의 비는 각 현의

2) 거의 동시대에 살았던 의사, 코스의 히포크라테스(Hippocrates of Cos)와 혼동하지 말 것.

제곱비와 같다고 가르쳤다. 또 그는 피타고라스의 정리와 직각삼각형이 아닌 경우에 성립하는 부등식을 알고 있었다. 전체 논문은 이른바 유클리드의 전통에 모두 속해있으나, 유클리드보다 1세기 이상이나 앞선 것이다. 원과 같은 넓이의 정사각형을 찾는 문제는 "고대의 유명한 세 가지 문제" 중의 하나이다. 이 시기에 연구의 대상이 되기 시작한 세 가지 문제는 다음과 같다.

1. 각의 3등분; 임의의 각을 3등분하기.
2. 정육면체의 배적(倍積); 주어진 정육면체 부피의 두 배의 부피를 갖는 정육면체의 한 모서리 길이 구하기.(일명, 델리아 문제, *Delian problem*)
3. 원적(圓積); 주어진 원과 같은 넓이를 갖는 정사각형 찾기.

이 문제들의 중요성은 근삿값을 사용하지 않고서 기하학적으로 자와 컴퍼스만을 유한 번 사용하여 결코 작도할 수 없다는 사실과 수학의 새로운 영역이 생겨나는 통로로 공헌했다는 있다. 각의 삼등분 문제와 정육면체의 배적 문제는 주어진 선분 a와 b에 대하여, $a : x = x : y = y : b$를 만족시키는 두 수 x와 y를 구하는 문제로 생각할 수 있다. 이 문제는 기하적 비 $a : x = x : b$ 에서 x를 구하는 문제를 확장한 것이지만 이중적인 기하적 비는 자와 컴퍼스만으로는 풀 수 없다. 이것으로부터 다시 원뿔곡선과 이차와 삼차곡선, 할선곡선(quadratrix)라는 초월곡선을 발견하게 되었다. 문제들이 때때로 일화의 형태로 전해졌다는 이유 때문에 그 근본적인 중요성에 편견을 가져서는 안 된다. 근본적인 문제들은 뉴턴의 사과, 카르단의 깨어진 약속, 또는 케플러의 포도주통과 같이, 종종 일화나 수수께끼의 형태로 나타난다. 현재도 마찬가지지만 모든 시대의 수학자들은 이 그리스의 문제들을 유리수, 대수적인 수, 군론의 영역에 관한 고려 등, 현대 방정식 이론과 연결시키고 있다.

04 어느 정도 민주 운동과 관련시켜 생각할 수 있는 소피스트 무리와 달리, 수학적 성향을 가진 귀족 철학자 부류가 존재했다. 이들은 학파의 신화적인 창시자의 이름을 따라 피타고라스 학파라고 불렸다. 전해오는 얘기로 피타고라스는 신비주의자이며 과학자였으며 귀족 의원이었다고 한다. 대부분의 소피스트들, 특히 레우시푸스와 데모크리토스의 추종자들인 원자론자들이 변화의 실재를 강조한 반면, 피타고라

스 학파는 자연과 사회의 변하지 않는 요소의 연구를 강조하였다. 그들은 우주의 영원한 법칙을 찾는 가운데서 기하, 산술, 천문, 음악(후에 4과)을 연구하였다. 피타고라스 학파의 가장 뛰어난 지도자는 기원전 400년경에 살았던 타렌툼의 아르키타스(Archytas)였다. 프랭크의 가설에 의하면 피타고라스 학파 수학의 대부분이 아르키타스 학파의 것이었다. 피타고라스 학파의 산술은 동시대의 바빌로니아의 계산기법과는 거의 공통점이 없는 매우 명상적인 과학이었다. 수(즉 정수)를 홀수, 짝수, 짝수의 짝수 배, 홀수의 홀수 배, 소수와 합성수, 완전수, 친애수, 삼각수, 사각수, 오각수 등으로 분류하였다. 흥미 있는 결과들 중 삼각수에 관한 것이 있는데 이는 기하와 산술을 연결하는 것이다.

. 1, ∴ 3, ⋰⋱ 6, ⋰⋱ 10, ... 등

오늘날 제곱수[3]라는 이름은 피타고라스 학파의 사색에 그 기원을 두고 있다.

. 1, ∷ 4, ⁞⁞⁞ 9, ... 등

모양 자체는 신석기시대의 토기에서도 찾아볼 수 있는 것으로 훨씬 오랜 된 것이다. 피타고라스 학파는 수를 신비한 것으로 간주하고 우주론적 철학의 중심에 수를 가져다 놓음으로써 모든 관계를 수의 관계로 환원하여 모양의 성질을 탐구하였다. 중요한 것은 "위치의 통합(unity of position)"이다. 특별히 중요한 것은 수의 비(比)였다. 비의 동등성은 비율을 형성했다. 피타고라스 학파는 산술적 비율($2b = a + c$), 기하적 비율($b^2 = ac$), 조화비율($\frac{2}{b} = \frac{1}{a} + \frac{1}{c}$)을 구분하고, 이 비율을 철학적이고 사회적으로 해석했다.

피타고라스 학파는 정다각형과 정다면체의 성질을 알고 있었다. 그들은 평면을 어떻게 정삼각형이나 정사각형 또는 정육각형으로 채울 수 있는지, 또 공간을 어떻게 정육면체로 채울 수 있는 지를 보였다. 후에 아리스토텔레스는 공간을 정사면체로 채울 수 있다는 것을 추가하려고 하였는데 이는 오류였다.[4] 피타고라스 학파는 정팔면체와 정십

---

3) 제곱수(square number)에서 '제곱'을 나타내는 'square'는 도형 정사각형을 의미한다.(옮긴이)

4) D. J. Struik, Nieuw Arch. v. Wiskunde, Vol. 15 (1925), pp. 121－37; M. Senechal, "*Which Tetrahedra Fill Space*?" Mathematics Magazine, Vol. 54 (1981), pp. 227－43.

이면체를 알고 있었던 것 같다. 그 이유는 이탈리아에서 발견된 황철광의 결정 모양이 정십이면체이며, 장식품이나 매직심볼 같은 모양의 모델이 에투루리아 시대까지 거슬러 올라가기 때문이다. 정팔면체와 정십이면체의 모양의 기원은 기원전 900년경, 철기 시대의 초기에 중앙 유럽의 셀틱 민족과 그 이후로 거슬러 올라간다.(황철광은 철의 원료이다)

피타고라스의 정리에 관해서, 피타고라스인들은 그 발견의 공을 자신의 스승에게 돌렸다. 그는 신에게 감사의 표시로 암소 100마리를 제물로 바친 것으로 전해진다. 우리는 그 정리가 함무라비의 바빌론에서 이미 알려졌다는 사실을 이미 살펴보았다. 그러나 일반적인 증명이 주어진 것은 피타고라스 학파에 의해서이다. 바빌로니아인들은 일차적으로 이 정리를 측량을 위한 것으로 보았고, 피타고라스 학파는 그것을 추상적인 기하적 정리로 인식했던 것이다.

피타고라스에서 비롯된 가장 중요한 발견은 선분의 통약불가(incommensurable)를 통한 "무리수"의 발견이다. 이 발견은 귀족사회의 상징이었던 기하평균 $a : b = b : c$에 관한 그들의 관심의 결과일 수 있다. 1과 2의 기하평균이 무엇일까? 이를 통해 정사각형의 변과 대각선의 비를 연구하게 되었고, 그 비는 "수" 즉, 우리가 유리수(정수 또는 분수)라고 부르는 것으로 표현될 수 없다는 것을 발견하였다. 아리스토텔레스는 이것을 다음과 같이 나타내고 있다.

> 이 비를 서로 소인 두 수 p와 q에 대하여 $p : q$라 하자. 그러면 $p^2 = 2q$이므로 p^2은 짝수이고, 따라서 p도 짝수이다. 이 때 $p = 2r$이라 하자. 그러면 q는 홀수이어야 한다. 그러나 $q^2 = 2r^2$이므로 q는 짝수가 되기 때문에 모순이다. 이 모순은 오리엔트나 르네상스 유럽에서와 같이 수 개념의 확장으로 해결되지 않았으며, 오히려 이런 경우에 수론을 부정하고 기하학에서의 통합을 찾으려 하였다.

기하와 산술 사이의 조화를 깨는 이 발견은 기원전 5세기의 마지막 10년 동안 이루어진 것으로 보인다. 이는 그때부터 오늘날까지 철학자들을 사로잡은 변화의 실재에 관한 논쟁에서 비롯된 또 다른 어려움 위에 놓이게 되었다. 이 어려움은 파르메니데스의 문하생으로서 이성은 오로지 절대적인 것만을 인식하며 변화하는 것은 단지 그렇게 보일 뿐이라고 가르친 엘리아의 제논(기원전 45년경)으로부터 비롯되었다. 이는 피라미드의 부피를 결정하는 것과 같은 문제에서 무한한 과정을 연구할 때 수학적으로 중요하다. 제논의 역설은 무한소와 무한대에 관한 고대의 직관적 개념들과 대립된다. 사람들은 어떤 양을 무한 번 더하면 그 양이 아무리 작을 지라도 합이 무한하다($\epsilon \times \infty = \infty$)는 것과 0을 유한 또는 무한 번 더해도 그 합은 0($0 \times n = 0,\ 0 \times \infty = 0$)이라는 것을 믿었다. 제논의 비평은 이들 개념에 도전을 하였으며, 그의 네 개의 역설은 혼란을 가져왔다. 이러한 파문은 오늘날에도 찾아볼 수 있다. 이 역설들은 아리스토텔레스에 의해 보존되어 왔으며 **아킬레스, 화살, 이분법**(Dichotomy), **육상경기장** 등으로 알려져 있다. 운동과 시간의 개념에서 모순을 강조하기 위해 명명된 이 역설에 대해 현재까지도 명쾌한 설명은 없다.

그 추론의 핵심을 명백하게 드러내기 위하여 **아킬레스**와 **이분법**을 우리의 말로 설명하면 다음과 같다.

아킬레스. 아킬레스와 거북이가 직선 위에서 같은 방향으로 움직인다. 아킬레스는 거북이보다 훨씬 빠르다. 그러나 아킬레스가 거북이 있는 곳 까지 가려면 거북이가 출발한 위치 P를 지나야만 한다. 만일 아킬레스가 P에 도달하면 거북이는 그보다 앞의 지점 P_1에 간다. 아킬레스는 P_1을 지나기 까지는 거북이를 따를 수 없다. 만일 아킬레스가 P_1에 도달하면 거북이는 그보다 앞의 지점 P_2에 간다. 아킬레스가 P_2에 도달하면 거북이는 새로운 지점 P_3에 간다. 그러므로 아킬레스는 거북이가 있는 곳까지 갈 수 없다.

이분법. 내가 직선을 따라 A에서 B로 간다고 하자. B에 이르기 위해서는 AB 거리의 반 AB_1를 가야 한다. B_1에 이르기 위해서는 A와 B_1 사이에 있는 B_2에 가 있어야 한다. 이렇게 무한히 계속하면 운동이란 결코 시작조차 할 수 없다.

제논의 주장은 유한의 선분은 각기 길이가 유한인 무한개의 작은 선분들로 나뉠 수 있다는 것을 보였다. 제논의 주장은 우리가 직선이 점으로 이루어졌다고 할 때 그것을 설명하는 것이 얼마나 어려운 것인지를 역시 보여주었다. 제논 자신은 그 주장의 수학적인 의미에 관하여 특별한 생각이 없었던 것 같다. 제논의 역설로 이끌고 가는 문제들이 철학적이고 이론적인 논쟁에 규칙적으로 등장했다. 우리는 그것을 잠재적 무한과 실무한의 관계에 관한 문제로 인식하고 있다. 그러나 탠너리에 의하면, 제논의 주장은 공간을 점들의 합(점은 위치의 단위)으로 보는 피타고라스의 아이디어에 상반되는 것이다. 진실이 무엇이든 간에 제논의 추론은 여러 세대 동안 수학적인 사고에 확실히 영향을 주었다. 제논의 역설은 1734년,미적분 원리의 빈약한 공식들이 논리적으로 잘못되었다는 것을 보였으나 더 나은 기초를 제공하지는 못했던 버클리 주교(Bishop Berkeley)의 역설과 비교될 수 있을 것이다.

제논의 주장은 무리수가 발견된 이후에까지 수학자들을 불안하게 만들었다. 수학이 정확한 과학일 수 있는가? 탠너리[5]는 이를 그리스 수학에서 "위기" 가운데 있는 "진정한 논리적 스캔들"이라 부를 수 있을 것이라고 제의하였다. 이것이 사실이라면 이 위기는 아테네의 몰락(기원전 404년)으로 끝난 펠로폰네소스 전쟁 후기에 시작되었다. 그렇다면 우리는 수학의 위기와 사회적 체제의 위기 사이의 연결성을 찾아낼 수 있을 것이다. 그 이유는 아테네의 몰락은 노예를 소유한 민주주의의 죽음을 의미하는 것이며 귀족 우위의 새로운 시대를 가져왔다. 위기는 새 시대 정신으로 해결되었다.

05 그리스 역사에서 아테네의 몰락이라는 새로운 시기의 특징은 지배계급 중 특정 부류의 부가 증대되었다는 것과 가난한 자들의 비참함과 불안도 같이 증가하였다는 것이다. 지배계급은 노예제도 위에 물질적인 부를 더욱 쌓았고, 예술과 과학을 할 수 있는 여가를 가지게 되었으나 손으로 하는 일을 모두 멀리하게 하였다. 여가가 생긴 신사들은 노예들과 장인들의 작업을 경시하였고 철학과 인간윤리를 탐구하는데 몰두하며 위안을 찾았다. 플라톤과 아리스토텔레스가 이런 태도를 보였으며 노예를 소유한 지배계급의 생각을 우리는 플라톤의 「공화국」(기원전 300년경 기록된 것으로 추정됨)에서 분명하게 찾아볼 수 있다. 플라톤의 공화국의 "군인(guards)"은 우주의 법칙을 이해하기 위하여 기하, 산술, 음악, 천문의 4학을 공부해야 한다. 이러한 지적인 분위기는 (초기에는 어느 정도) 수학의 기초에 대한 논의와 사색적인 우주론에 도움이 되었다. 이 시기에 적어도 세 명의 위대한 수학자가 플라톤의 아카데미와 관련이 있었다. 바로 아키타스(Archytas), 테아이테투스(Theaetetus, 기원전 369년), 에우독소스(Eudoxsus, 기원전 408－355년경)이다. 디에테투스는 유클리드「원론」 제 10권에 나오는 무리수 이론을 정립한 인물이다. 에우독소스의 이름은 유클리드가 다섯 번째 책에서 다룬 비율이론과 관련이 있고, 또 넓이와 부피를 계산할 수 있게 해 주는, 이른바 "실진법(悉盡法)"과

---

5) 위의 책, 탠너리는 여기서 통약불가한 선분의 발견 결과로서 고대 비율이론의 몰락을 다루고 있을 뿐이다.

Preclarissimus liber elementorum Euclidis perspi/
cacissimi: in artem Geometrie incipit quã foelicissime:
Punctus est cuius ps nõ est. ¶ Linea est
lõgitudo sine latitudine cui⁹ quidẽ ex/
tremitates sũt duo pũcta. ¶ Linea recta
ẽ ab vno pũcto ad aliũ breuissima extẽ/
sio i extremitates suas vtrũqz eorũ reci
piens. ¶ Supficies ẽ q̃ lõgitudinẽ ⁊ lati
tudinẽ tm̃ hz: cui⁹ termi quidẽ sũt linee.
¶ Supficies plana ẽ ab vna linea ad a/
liã extẽsio i extremitates suas recipiẽs
¶ Angulus planus ẽ duarũ linearũ al/
ternus ɔtactus: quarũ expãsio ẽ sup sup/
ficiẽ applicatioqz nõ directa. ¶ Quãdo aũt angulum ɔtinet due
linee recte rectiline⁹ angulus noiat. ¶ Qñ recta linea sup rectã
steterit duoqz anguli vtrobiqz fuerit eqles: eorũ vterqz rect⁹ erit
¶ Lineaqz linee supstãs ei cui supstat ppendicularis vocat. ¶ An
gulus võ qui recto maior ẽ obtusus dicit. ¶ Angul⁹ võ minor re
cto acut⁹ appellat. ¶ Termin⁹ ẽ qd vniuscuiusqz finis ẽ. ¶ Figura
ẽ q̃ tmino vl terminis ɔtinet. ¶ Circul⁹ ẽ figura plana vna q̃dem li/

De principijs p se notis: ⁊ pmo de diffini/
tionibus earundem.

유클리드 '원본'(1482) 초판의 한 페이지 일부

관계가 있다. 이것은 그리스 수학의 "위기"를 해결한 사람이 에우독소스였다는 것을 의미한다. 그의 엄밀한 공식화는 그리스 공리와 어느 정도 까지는 그리스 수학의 전체의 방향을 결정하는데 기여하였다.

에우독소스의 비율 이론은 유리수(commensurable)만을 다루는 피타고라스의 산술이론을 피해갔다. 에우독소스의 비율이론은 엄격한 공리 형식 안에서 모든 것들을 유리수가 아닌 양 또는 유리수 양으로 만들어 주는 순수한 기하이론이었다.

전형적인 것이 유클리드「원론」제 5권에 있는 정의이다.

> 처음 양과 두 번째 양의 비가 세 번째 양과 네 번째 양의 비와 같다고 말하는 것은, 첫 번째와 세 번째 양에 임의의 같은 수를 곱하고, 두 번째와 네 번째 양에 임의의 같은 수를 곱했을 때 전자에서 앞의 곱이 크거나, 같거나, 작은 경우에 각각 후자에서도 앞이 크거나, 같거나, 작을 때이다[6].

이것을 오늘날 표현으로 바꾸면, 정수 m, n에 대하여, $ma > nb$ 이면 $mc > nd$ 이고,

---

6) T. L. Heath, *The Thirteen Books of Euclid's Elements* (Cambridge, 1912), Vol. 2, p. 114. (Dover reprint, 1956.)

$ma = nb$이면 $mc = nd$ 이고 $ma < nb$이면 $mc < nd$ 가 될 때 $a : b = c : d$이다. 그런 정의가 가능하려면 「원론」에서 앞서 정의 4의 형태로 주어진 아르키메데스의 공리가 먼저 정립되어 있어야 한다.

양들 사이에 비(比)가 성립한다는 것은, 곱했을 때 서로 다른 것 보다 커진다는 것이다.[7)]

이 정의는 에우독소스의 공리라고 하는 것이 더 나을 것이다. 데데킨트나 바이어스트라스에 의해 발달한 현재의 무리수 이론은 에우독소스의 사고양식을 거의 문자적으로 따르고 있으나, 현대의 산술방법을 사용하여 훨씬 넓은 관점을 전개한 것이다.

"실진법"(실진(짜내기)란 용어는 1647년 성 빈센트 그레고리가 처음 사용함)은 제논에 대한 플라톤 학파의 해답이다. 그것은 무한소를 간단히 폐기하고, 무한소를 형식 논리만 있는 문제로 가져가 무한소의 함정을 피하고 있는 것이다. 예를 들면 사면체의 부피 V가 밑면과 높이가 같은 삼각기둥의 부피 P의 삼분의 일이라는 것을 증명하려고 할 때, $V > \frac{1}{3}P$와 $V < \frac{1}{3}P$가 모두 성립하지 않음을 보이면 되는 것이다. 이 증명을 위하여 아르키메데스(또는 에우독소스)의 공리와 동치인 하나의 공리를 소개하였는데 아르키메데스는 이것을 다음과 같이 설명하였다: **크기가 다른 두 양(量)의 공리**. "큰 양과 작은 양의 차이를 그 자신(차이)에 더해서 서로 비교하는 양 중에서 임의의 어느 한 양 보다 크게 할 수 있다." 여기에서 "자신에게 더하는" 것은 몇 번이고 되풀이될 수 있는 것이다. 그러면 사면체의 경우에 이렇게 추론할 수 있다. 사면체를 n개의 외접 계단-피라미드(step-pyramid)로 둘러싸도록 함으로써 $V = A$, $A > \frac{1}{3}P$이 성립할 수 없음을 알 수 있다. 이때 h를 사면체의 높이라 하면 계단-피라미드들의 높이는 h/n가 되게 하고 n을 충분히 크게 선택함으로써 계단-피라미드의 부피가 A보다 작게 되도록 할 수 있다. 이 부피는 확실히 A보다 크므로 있을 수 없는 일이 된다. 유사한 방법으로 내접하는 계단-피라미드에 의해 $V < \frac{1}{3}P$가 될 수 없음을 보인다. 유클리드는 이와 같은 방법으로 몇 가지 명제들을 증명하였다. 예를 들어 두 원의 넓이의 비는 지름의 제곱의 비와 같다는 정리이다.

7) 위의 책, p.114.

이 간접적 방법은 그리스와 르네상스 시대에 넓이와 부피를 계산할 때 엄밀한 증명의 표준 양식이 되었다. 이는 매우 엄밀한 것이며 현대 해석학의 조건을 만족시키는 증명으로 쉽게 번역될 수 있다. 그러나 증명을 위해서는 반드시 결과를 미리 알고 있어야 한다는 단점이 있기 때문에 수학자들은 덜 엄밀하면서도 잠정적인 다른 방식을 먼저 발견하였다.

별도의 그런 방법들이 실제로 사용되었다는 증거가 있다. 우리는 1906년 발견된 아르키메데스가 에라토스테네스(Eratosthenes, B.C. 250년경)에게 보낸 편지를 입수하였는데, 거기서 아르키메데스는 엄밀하지는 않지만 해를 구하는 유용한 방법을 묘사하고 있다. 이 편지는 그 「방법」(*Method*)으로 알려져 있다. 루리아(S. Luria)는 그것은 에우독소스학파에 필적하는 수학적인 추론학파를 나타내는 것으로 역시 "위기"의 시대로 거슬러 올라가 원자론의 창시자인 데모크리투스의 이름과 관련이 있다고 하였다. 루리아의 이론에 의하면 데모크리투스 학파에서는 "기하적 원자"가 소개되었다고 한다. 선분, 넓이, 또는 부피는 수 많은 그러나 유한한 보이지 않는 "원자들"로 이루어졌다. 부피를 계산한다는 것은 그 몸체를 이루고 있는 모든 "원자"의 부피를 합하는 것이다. 이 이론은 우리가 뉴턴 이전에 몇몇 수학자들－특히 케플러－이 원의 둘레를 아주 작은 수많은 선분의 합으로 구함으로써 이와 본질적으로 같은 개념을 사용했다는 사실을 깨닫기 전 까지는 아마 어리석게 생각될 것이다. 고대에 이 기초에 관한 엄밀한 방법을 개발하였다는 증거는 없다. 그러나 현대적인 극한 개념은 이 "원자론적 방법"을 "실진법"같이 엄밀한 이론으로 세울 수 있다. 오늘날에도 우리는 물리학 또는 화학에서 탄성 이론에 수학 문제를 설계하는데 전문적인 수학자들에게 엄밀한 "극한"이론을 보존하면서 이 "원자"의 개념을 매우 자주 사용한다.[8)]

"원자론적 방법"은 "실진법" 보다 더 쉽게 새로운 결과를 발견할 수 있다는 이점이 있다. 고대인들은 엄밀하지만 생산성이 없는 방법과 기초가 빈약하지만 효율적인 방법 중 선택의 여지가 있었다. 실제로 모든 고전적인 교재에서 첫 번째 방법(실진법)을 사용하고 있다는 것은 교훈적이다. 이것은 수학이 발명에는 관심이 없고 명상에 흥미를 가지고

---

8) "그러므로 첫 번째 차분(differentials)을 고려하는 한, 한 점 가까이 있어서 선분의 작은 부분은 직선과 표면 평면으로 간주될 수 있다. 짧은 시간동안 입자는 등속 운동을 하는 것으로, 어떠한 물리적 과정도 일정 비율로 일어나는 것으로 간주될 수 있다." [H. B. Phillips, *Differential Equations* (New york, 1922), p.7]

있던, 노예에 기반을 둔 여유 계층의 취미였다는 사실과도 연관이 있을지 모른다. 이것 또한 수리 철학의 영역에서 데모크리토스의 물질주의에 대한 플라톤의 이상주의의 승리를 반영하고 있는지 모른다.

06 기원전 334년에 알렉산더 대제는 페르시아 정벌을 시작했다. 그가 기원전 323년 바빌로니아에서 세상을 떠났을 때 근동 전체는 그리스에 속해 있었다. 알렉산더의 정복은 그의 장군들에 의해 세 왕국으로 분할되었다. 즉 톨레미 통치하의 이집트, 셀류키드 통치하의 메소포타미아와 시리아, 안티고누와 그의 계승자가 통치하는 마케도니아였다. 인더스 계곡마저도 그리스의 왕자가 차지하였다. 헬레니즘 시대가 시작된 것이다.

알렉산더 진영의 즉각적인 승리는 그리스 문명이 동방의 넓은 세계로 진출하는 것을 가속화하였다. 이집트와 메소포타미아, 인도의 일부도 헬레니즘에 물들었다. 그리스인들은 무역인, 상인, 의사, 탐험가, 여행객, 용병으로 근동지방에 몰려들었다. 헬레니즘적인 이름을 가진 많은 도시들이 새로 건설되었으며, 도시들은 그리스 군대와 행정 통제 아래 있었고 도시 인구는 그리스인과 동양인이 섞여 있었다. 그러나 헬레니즘은 필연적으로 도시 문명이었으며 시골은 원시적으로 남아 전통적 방식대로 존재하고 있었다. 도시에서 고대 오리엔트 문명은 이입된 그리스 문명과 만났고, 두 세계 사이에 깊은 분리가 항상 존재하고 있었음에도 불구하고, 부분적으로 이 둘은 혼합되었다. 헬레니즘적인 군주들은 오리엔트적인 방식들을 받아들였으며 행정의 오리엔트적인 문제들을 다루어야 했다. 그러나 그들은 그리스 예술, 문자, 과학을 장려하였다.

그렇게 새로운 환경에 이식된 그리스 수학은 전통적인 측면을 많이 고수하였으나, 동방 세계가 해결해야 했던 통치와 천문학 문제의 영향을 받게 되었다. 그리스 과학과 동방세계의 이 같은 친밀한 만남은 특히 처음 1세기 동안에 매우 풍성한 결실을 가져왔다. 실질적으로 우리가 "그리스 수학"이라 부르는 매우 생산적인 업적들은 기원전 350년에서 200년까지, 에우독소스에서 아폴로니우스에 이르는 상대적으로 짧은 시기에 모두 이루어졌으며, 에우독소스의 업적조차도 유클리드와 아르키메데스의 해석을 통해서만 우리에게 알려져 있다. 바빌로니아 수학이 훨씬 발달했었음에도 불구하고, 이 헬레니즘적인 수학이 위대한 꽃을 피운 곳은 메소포타미아가 아니고 톨레미 통치하에 있던 이집트였다는 것은 주목할 만하다.

이 같은 발달의 이유는 이집트는 그때 마침 지중해에서 중심적인 위치를 차지하고 있었다는 사실에서 찾아 볼 수 있을 것 같다. 새로운 수도인 알렉산드리아는 해변에 건설되었고 헬레니즘 세계의 지적, 상업적 중심이 되었다. 그러나 바빌론은 셀류키드(Seleucids)의 대상로(caravan road)에서 멀리 떨어져 있다가 결국 사라져 버리고 말았으며, 새로운 수도는 스테시폰－셀류키아로 바뀌었다. 우리가 알고 있는 한, 위대한 그리스 수학자들 중 바빌론과 연결된 사람은 아무도 없다. 셀류키아 제국의 도시로서 지중해 연안에 있던 안티옥과 페르가뭄에는 중요한 그리스 학파가 있었다. 바빌로니아 본토의 천문학과 수학의 발달은 셀류키드 아래에서 그 고조에 달하였고, 그리스 천문학은 추진력을 받았으며 그 중요성이 더 잘 이해되기 시작하였다. 알렉산더 이외에도 수학학습의 중심지로 주목할 만한 곳은 아테네와 시라쿠사였다. 아테네는 학문의 중심지였으며 시라쿠사는 가장 위대한 그리스 수학자 아르키메데스를 배출하였다.

07 일생을 지식 추구에 헌신하고 지식을 추구하며 봉급을 받는 전문적인 과학자가 이 시기에 출현하였다. 이 부류의 탁월한 대표적인 인물 몇 사람이 알렉산드리아에 살고 있었다. 알렉산드리아는 톨레미가 유명한 도서관과 함께 뮤지엄(Museum)이라는 학원을 세운 곳이다. 여기에서 그리스 과학과 문학의 유산들이 보존 발전되었다. 이 사업은 상당히 성공적이었다. 알렉산드리아와 관련된 첫 번째 학자 중 한 사람이 수학자 유클리드이다. 유클리드는 모든 시대에 걸쳐 가장 강력한 영향을 끼쳤다.

유클리드의 생애에 관해서 확실하게 알려져 있는 바는 아무 것도 없다. 유클리드는 "기하학에는 왕도가 없다"라는 말을 한 것으로 전해지는 톨레미 1세(기원전 306－283년) 시대에 활약했던 것 같다. 유클리드의 가장 유명하고 가장 뛰어난 책은 13권의 「원론(*Elements*; *Stoicheia*)」이다. 유클리드는 이외에 다른 책도 몇 권 쓴 것으로 알려져 있는데, 그 중 하나가 「자료(Data)」이다. 이 책은 대수를 기하에 적용하는 내용을 엄격한 기하적 용어를 사용하여 기술하고 있다. 우리는 이 책의 내용 중에 얼마만큼이 유클리드 자신의 것이고 얼마만큼이 그의 추종자들의 것인지 알 길이 없으나 책의 여러 곳에서 놀라운 통찰력을 발견할 수 있다. 이 책들은 지금까지 보존되어 온 최초의 완전한 수학책이다.

「원론」은 성경 다음으로 가장 많이 출판되고 서양세계의 역사에서 가장 많이 연구된 책일 것이다. 인쇄술의 발명 이래 1000판 이상이 발간되었고 인쇄술의 발명 이전에는 기하를 가르치기 위해 필사본이 주류를 이루었다. 학교 기하의 대부분이 8권 또는 9권부터 13권까지의 내용을 다루고 있다. 그리고 유클리드 전통은 아직도 우리의 기초적인 교육에서 큰 비중을 차지하고 있다. 전문적인 수학자들에게 이러한 책들은 벗어날 수 없는 매력이 있으며, 이 책의 논리적인 구조는 세상의 다른 어떤 책보다도 과학적 사고에 더 영향을 미치고 있는 것으로 보인다.

유클리드는 일련의 정의, 공준, 공리에서 출발하여 엄격하게 논리적 연역에 기초하여 전개하고 있다. 처음 네 권은 평면기하를 다루고 있으나 비율 이론은 다루지 않고 있으며, 직선과 각의 기본 성질로부터 삼각형의 합동, 넓이의 동등성, 피타고라스의 정리(제I권, 명제 47), 주어진 직사각형과 같은 넓이의 정사각형 작도, 황금비, 원, 정다각형으로 전개된다. 여기에서 피타고라스의 정리와 황금비는 넓이의 성질로서 도입되고 있다. 제V권은 에우독소스의 비율정리를 순수한 기하 형태로 제시하고 있으며, 제 VI권에서는 닮은 평면도형에 이를 적용하고 있다. 그리고 피타고라스의 정리와 황금비(제 IV권, 명제 31, 30)로 되돌아가는데, 여기서는 비율에 관한 정리로 다룬다. 닮음을 그렇게 후반부에 소개한 것이 유클리드의 평면기하가 오늘날 평면기하와 구별되는 중요한 차이이며, 유클리드가 에우독소스의 고매한 통약불가(incommensurable) 이론을 매우 강조했기 때문임이 분명하다. 기하적인 논의는 유클리드의 가장 난해한 것으로 여겨지는 제X권에서 재개된다. 제X권에는 이차무리수와 그 제곱근, 즉 $a \pm \sqrt{b}$ 나 $\sqrt{a \pm \sqrt{b}}$ 형태로 표현되는 수를 기하적으로 분류하고 있다. 마지막 세 권은 공간기하를 다루고 있으며 입체각, 평행육면체, 각기둥과 각뿔을 거쳐서 구(sphere)와 유클리드가 절정으로 생각한 다섯 종류의 정다면체(플라톤의 입체)에 관한 논의와 오직 다섯 가지의 정다면체만이 존재한다는 사실을 증명하고 있다.

제VII~IX권에서는 수론을 계산의 기법이 아니라 정수의 나누어떨어짐, 기하급수의 합, 소수의 성질과 같은 피타고라스의 주제들을 다루고 있다. 여기에 주어진 수들의 최대공약수를 구하는 방법인 "유클리드 호제법"과 소수의 개수는 무한하다고 하는 "유클리드의 정리"(IX권, 명제 20)가 나와 있다. 특히 흥미를 끄는 것은 지금까지 우리에게 전해지는 최초의 최댓값 문제로서 둘레의 길이가 일정한 직사각형 중 넓이가 최대인 것은 정사각형이라는 정리(제VI권, 명제 27)를 그 증명을 함께 싣고 있다. 제1권의 다섯 번째 공준(유클리드에게 있어서 "공리"와 "공준"의 관계는 명백하지 않다)은 한 점을 지나 주어진 직선에 평행인 직선은 오직 하나 그을 수 있다는 이른바 "평행선 공준"과 동치이다. 이 공준을 정리로 만들려는 여러 시도가 있었으나 19세기에 이르러 이것을 공리로 받아들인 유클리드의 지혜를 완전히 이해하게 되었고, 이른바 비유클리드 기하학이라 불리는 다른 기하학들을 발견하게 되었다. 유사한 방법으로 아르키메데스의 공리를 기각하여, 비아르키메데스 기하학을 발견하였다.

유클리드에서 대수적 추론은 완전히 기하적 형태를 띠고 있다. $\sqrt{A}$ 라는 표현은 넓이가 A 인 정사각형의 한 변의 길이로, 곱 ab 는 변의 길이가 a와 b 인 직사각형의 넓이로 소개되고 있다. 1, 2차 방정식은 기하적인 작도로 해결하여 이른바 "넓이의 적용"으로 이끌고 있다. 이 표현 양식은 일차적으로, 선분의 수치적인 표현을 의식적으로 기각하고 이런 방식으로 통약불가성을 순수하게 기하적 방법으로 다루며 산술은 "수"(정수)와 그 비율로 국한시킨, 에우독소스의 비율정리 때문이다.

유클리드가 「원론」을 쓴 목적은 무엇이었을까? 우리가 어느 정도 확신을 가지고 가정할 수 있는 것은 그 당시 최근의 세 가지 위대한 발견 – 비율에 관한 에우독소스의 정리, 무리수에 관한 디에테투스의 정리, 플라톤의 우주론에서 괄목할 만한 지위를 차지하였던 다섯 종류의 정다면체의 이론 – 을 한 권의 책에 포함시키기를 원했다는 점이다. 이 세 가지는 모두 전형적으로 그리스의 업적이다.

08 헬레니즘 시대 – 전체적으로 고대 – 의 가장 위대한 수학자는 히에로 왕의 고문이며 시라쿠사에 살던 아르키메데스(Archimedes, 기원전 287 – 212년)이다. 아르키메데스는 이름 이외의 것이 알려져 있는 고대의 몇 안되는 과학적 인물로, 그의 생애와 사람됨에 관한 몇 가지 자료가 보존되어 있다. 아르키메데스는 로마가 시라쿠사를 침공했을 때, 죽임을 당한 것으로 알려져 있다. 실질적인 적용에 관한 이 같은 관심은 플라톤 학파나 동시대에 있었던 관심과 비교해 본다면 이상하게 보일지 모른다. 그러나 플루타르코스의 「영웅전」(*Vita Marcelli*, 17권, 4)에 자주 인용되는 문장에서

그 설명을 찾을 수 있다.

> .....이 발명이 그에게 인간의 총명보다 더 큰 명성을 얻게 하였음에도 불구하고 그런 주제들에 관한 어떤 기록도 후대에 남겨두지 않았다. 그는 역학에 관한 일들과 사용하고 유용한 방향으로 가는 모든 부류의 기술을 하찮고 더러운 것으로 여겼다. 그는 그의 전 야망을 미의 사색과, 생활의 공동의 필요에 의해, 오염되지 않은 미묘함에 두었다.

그러나 이것은 아르키메데스가 죽은 지 3세기 후에 플라톤주의자에 의해 기록된 것이다. 그와 더 가까운 시대에 살았던 폴리비우스(Polybius)나 비트루비우스(Vitruvius) 같은 사람들은 이러한 의식의 번민을 언급하고 있지 않으며, 아르키메데스에게서 역학의 위대한 스승만을 보고 있다.

아르키메데스가 역학에 기여한 가장 큰 공헌은 적분－평면도형의 넓이와 입체도형의 부피에 관한 정리－의 영역이다. 「원의 측정(*Measurement of the Circle*)」에서 아르키메데스는 정다각형에 내접, 외접하는 다각형을 이용하여 원 둘레의 근삿값을 발견하였다. 그는 근사계산을 96각형으로 확장하여 (우리의 기호로 쓰면) 다음을 발견하였다:

$$3\frac{10}{71} < 3\frac{284\frac{1}{4}}{2018\frac{7}{40}} < 3\frac{184\frac{1}{4}}{2017\frac{1}{4}} < \pi < 3\frac{667\frac{1}{2}}{4673\frac{1}{2}} < 3\frac{667\frac{1}{2}}{4672\frac{1}{2}} = 3\frac{1}{7}$$ [9)]

이 식은 주로 π의 근삿값이 $3\frac{1}{7}$이라는 것을 나타내는 것으로 해석된다. 아르키메데스의 「구와 원기둥에 관하여(*On the Sphere and Cylinder*)」라는 책에 구의 표면적(대원의 4배)과 체적(구에 외접하는 원기둥의 ⅔)을 구하는 식이 제시되어 있다. 포물선분(parabolic segment)에 관한 아르키메데스의 식(선분과 밑변이 같고 밑변에 평행인 접선을 가지는 점을 꼭지점으로 하는 내접 삼각형 넓이의 $\frac{4}{3}$)은 그의 책, 「포물선의 구적(*Quadrature of the Parabola*)」에 나타나 있다. 그의 책, 「나선형에 관하여」에 넓이 계산과 함께 "아르키메데스의 나선"이, 「의사원뿔과 회전타원체(*On Conoids and*

---

17) 3.1409 < π < 3.1429. 상한과 하한의 산술평균에서 $\pi = 3.1419$ 가 된다. 정확한 값은 3.14159...이다. 고대에 π기호는 현대와 같은 의미로 사용되지 않았다. (고대 그리스에서 π는 80을 의미했다) 오늘날과 같은 의미로 π가 처음 사용된 것은, 뉴턴의 친구이자 대 산스크리트(Sanscritist)의 아버지인 존스(William Jones, 1706)에 의해서이다. 그러나 일반적으로 사용하게 된 것은 오일러가 1748년 그의 책 『서론』에서 사용한 이후부터이다.

Spheroids)」에서 이차곡면의 회전에 의한 부피가 나와 있다. 아르키메데스의 이름은 액체에 잠긴 몸체가 가벼워 지는 것에 관한 정리와 관련이 되는데, 이는 유체역학을 다룬 그의 책 「부체(浮體)에 관하여(*On Floating Bodies*)」 에 나오고 있다.

아르키메데스의 이 모든 작업에 계산기법의 숙달의 놀라운 독창성과 논증의 엄밀성이 결합되어 있다. 이 엄밀성의 전형적인 것은 이미 인용했던(앞의 5절을 보라) “아르키메데스의 공리”와 그의 적분 결과를 증명하기 위하여 일관성 있게 실진법을 사용한 것에서 볼 수 있다. 우리는 그가 실질적으로 어떻게 이러한 결과들을(무한소를 고찰함으로써) 보다 발견적인 방법으로 찾아냈는지 살펴보았다. 그러나 아르키메데스는 그 다음에 가장 엄격한 엄밀성을 가지고 이를 공개했다. 아르키메데스는 계산적인 유창성에서 대부분의 생산적인 그리스 수학자들과 구별된다. 이것이 전형적인 그리스 특성을 지닌 그의 업적에 동양적인 분위기를 주었다. 이 분위기는, “Pell”의 방정식으로 이끄는 부정(不定) 해석의 매우 복잡한 문제인 “가축 문제”에 잘 드러나고 있다:

$$t^2 - 4729494\,u^2 = 1$$

이 문제의 해는 매우 큰 수이다.

이것은 플라톤의 전통이 헬레니즘 수학을 결코 완전히 점유한 것이 아니라는 많은 증거 중의 하나이다. 헬레니즘적인 천문학의 경우도 마찬가지이다.

09 세 번째 헬레니즘의 위대한 수학자, 페르가(Perga)의 아폴로니우스(Appolonius, 247－205년경)에게서 우리는 그리스 기하학의 전통을 다시 한 번 맛볼 수 있다. 알렉산드리아와 페르가뭄에서 가르친 것으로 보이는 아폴로니우스는 8권의 논문 「원뿔」(*Conics*)를 저술했다. 그 중 7권은 아직 남아 있으며 3권은 아라비아 번역본으로만 남아 있다. 이 논문들은 타원, 포물선, 쌍곡선에 관한 것으로, 원뿔의 단면으로 소개되고 있는데 원뿔의 축폐선(evolutes)이 논의되는 한 언제나 재론되고 있다. 우리가 알고 있는 원뿔곡선들의 이름은 아폴로니우스에 기록된 것들이다. 그들은 곡선들의 어떤 넓이의 성질을 의미하는데 오늘날 우리의 식으로 표현하면 다음과 같다.

$$y^2 = px\,;\; y^2 = px \pm \frac{p}{d}x^2 \text{(+는 쌍곡선, −는 타원)}$$

σονα ἢ ὃν ͵γιγ L′ δ′ πρὸς ψπ. δίχα ἡ ὑπὸ ΓΑΗ τῇ ΑΘ· ἡ ΑΘ ἄρα διὰ τὰ αὐτὰ πρὸς τὴν ΘΓ ἐλάσσονα λόγον ἔχει ἢ ὃν ͵εϡκδ L′ δ′ πρὸς ψπ ἢ ὃν ͵αωκγ πρὸς σμ· ἑκατέρα γὰρ ἑκατέρας δ ιγ′· ὥστε ἡ ΑΓ πρὸς τὴν ΓΘ ἢ ὃν ͵αωλη θ ια′ πρὸς σμ. ἔτι δίχα ἡ ὑπὸ ΘΑΓ τῇ ΚΑ· καὶ ἡ ΑΚ πρὸς τὴν ΚΓ ἐλάσσονα [ἄρα] λόγον ἔχει ἢ ὃν ͵αζ πρὸς ξϛ· ἑκατέρα γὰρ ἑκατέρας ια μ′· ἡ ΑΓ ἄρα πρὸς [τὴν] ΚΓ ἢ ὃν ͵αθ ϛ′ πρὸς ξϛ. ἔτι δίχα ἡ ὑπὸ ΚΑΓ τῇ ΛΑ· ἡ ΑΛ ἄρα πρὸς [τὴν] ΛΓ ἐλάσσονα λόγον ἔχει ἢ ὃν τὰ ͵βιϛ ϛ′ πρὸς ξϛ, ἡ δὲ ΑΓ πρὸς ΓΛ ἐλάσσονα ἢ τὰ ͵βιζ δ′ πρὸς ξϛ. ἀνάπαλιν ἄρα ἡ περίμετρος τοῦ πολυγώνου πρὸς τὴν διάμετρον μείζονα λόγον ἔχει ἤπερ ͵ϛτλϛ πρὸς ͵βιζ δ′, ἅπερ τῶν ͵βιζ δ′ μείζονά ἐστιν ἢ τριπλασίονα καὶ δέκα οα′· καὶ ἡ περίμετρος ἄρα τοῦ ϙϛγώνου τοῦ ἐν τῷ κύκλῳ τῆς διαμέτρου τριπλασίων ἐστὶ καὶ μείζων ἢ ι οα′· ὥστε καὶ ὁ κύκλος ἔτι μᾶλλον τριπλασίων ἐστὶ καὶ μείζων ἢ ι οα′.

ἡ ἄρα τοῦ κύκλου περίμετρος τῆς διαμέτρου τριπλασίων ἐστὶ καὶ ἐλάσσονι μὲν ἢ ἑβδόμῳ μέρει, μείζονι δὲ ἢ ι οα′ μείζων.

---

1 L′] Eutocius, γ′ AB(C). **3** ͵εϡκδ] Eutocius, e corr. B, ͵ετκδ ABC. L′] Eutocius, e corr. B, ε′ A, 3 B. **4** σμ] B²C, σν AB. ιγ′] B², ιγ′ α′ A(C); δ ιγ′ om. B. **5** ια′] B², om. AB(C). **7** ξϛ] C, e corr. B, σξϛ AB. **8** ἑκατέρας] B², εκατερα ABC. ια μ′· ἡ ΑΓ] B², *Wallis*, οιμαι AB, οιμ(·) C. πρὸς ΓΚ Eutocius. ΚΓ ἢ ὃν] B², *Wurmius*; (ΓΚ) . . (χε)ν C, καταγον A. ͵αθ ϛ′] B²C, αος A. **10** ΛΓ] *Wallis*, ΑΓ ABC; πρὸς ΑΓ Eutocius. **13** ͵ϛτλϛ] Eutocius, B², *Wallis*, ͵ϛτα ϛ′ ABC. **14** ͵βιζ (pr.)] e corr. B, ͵ζιζ AC. **15** οα′] B, corr. ex ο′ α′ C, ο′ α′ A. **16** ϙϛγώνου] C, ϙϛ πολυγωνου AB. **17** ι οα′] e corr. B, ὃν ο′ ια′ AB(C). **18** ι οα′] e corr. B, θ′ ια′ AC. **20** ἐλάσσονι] scripsi, ελασσων ABC. μείζονι—**21** μείζων] scripsi,

DIMENSIO CIRCULI.

$$A\Gamma : \Gamma H < 3013\tfrac{1}{2}\,\tfrac{1}{4} : 780 \text{ [u. Eutocius].}$$

secetur $\angle \Gamma A H$ in duas partes aequales recta $A\Theta$; propter eadem igitur erit $A\Theta : \Theta\Gamma < 5924\frac{1}{2}\,\frac{1}{4} : 780$ [u. Eutocius] siue $< 1823 : 240$; altera[1] enim alterius $\frac{4}{13}$ est [u. Eutocius]; quare $A\Gamma : \Gamma\Theta < 1838\frac{9}{11} : 240$ [u. Eutocius]. porro secetur $\angle \Theta A \Gamma$ in duas partes aequales recta KA; est igitur $AK : K\Gamma < 1007 : 66$ [u. Eutocius]; altera[1] enim alterius est $\frac{11}{40}$; itaque

$$A\Gamma : \Gamma K < 1009\tfrac{1}{6} : 66 \text{ [u. Eutocius].}$$

porro secetur $\angle K A \Gamma$ in duas partes aequales recta $A\Lambda$; erit igitur

$$A\Lambda : \Lambda\Gamma < 2016\tfrac{1}{6} : 66 \text{ [u. Eutocius],}$$

et $A\Gamma : \Gamma\Lambda < 2017\frac{1}{4} : 66$ [u. Eutocius]. et e contrario ⟨$\Gamma\Lambda : A\Gamma > 66 : 2017\frac{1}{4}$ [Pappus VII, 49 p. 688]. sed $\Gamma\Lambda$ latus est polygoni 96 latera habentis; quare⟩[2] perimetrus polygoni ad diametrum maiorem rationem habet quam $6336 : 2017\frac{1}{4}$, quae maiora sunt quam triplo et $\frac{10}{71}$ maiora quam $2017\frac{1}{4}$; itaque etiam perimetrus polygoni inscripti 96 latera habentis maior est quam triplo et $\frac{10}{71}$ maior diametro; quare etiam multo magis[3] circulus maior est quam triplo et $\frac{10}{71}$ maior diametro.

ergo ambitus circuli triplo maior est diametro et excedit spatio minore quam $\frac{1}{7}$, maiore autem quam $\frac{10}{71}$.

---

1) Exspectaueris *ἑκάτερος* (sc. *ὅρος*) *γὰρ ἑκατέρου* (*ἑκάτερα γὰρ ἑκατέρων* Wallis), sed genus femininum minus adcurate refertur ad auditum uerbum *εὐθεῖα*, quasi sit $A\Theta = 5924\frac{1}{2}\,\frac{1}{4}$, $\Theta\Gamma = 780$.

2) Ueri simile est, Archimedem ipsum haec addidisse. similes omissiones durae inueniuntur p. 240, 4, 6; 242, 5, 8, nec dubito eas transscriptori tribuere, sicut etiam p. 240, 8 *τὸ πολύγωνον* pro *ἡ περίμετρος τοῦ πολυγώνου*, p. 242, 17 *ὁ κύκλος* pro *ἡ περίμετρος τοῦ κύκλου*.

3) Quippe quae maior sit perimetro polygoni (De sph. et cyl. I p. 10, 1).

μειζων δε AC, maior B, autem quam decem septuagesimunis add. B². In fine: *Αρχιμηδους κυκλου μετρησις* A.

π 계산을 보여주는 '아르키메데스 전집'의 두 쪽(J. L. Heiberg, ed., Vol I, 1910)

*아르키메데스가 기록한 방식이 아님. 고대 그리스 시대에는 대문자만 사용

여기에서 포물선은 "응용(application)"을 의미하며, 타원은 "손실을 갖는 응용", 쌍곡선은 "지나침이 있는 응용"을 의미한다. 아폴로니우스는 대수 기호가 없었기 때문에 오늘날과 같이 좌표를 사용하는 방법을 몰랐다.(아마 에우독소스학파의 영향으로 의식적으로 이를 거부했는지도 모른다) 그러나 아폴로니우스 연구의 상당 부분은 축폐선의 성질을 포함하여 카테시안 방정식과 동일한 좌표 언어로 즉시 바꾸어 설명될 수 있다.[10] 이것은 아폴로니우스의 다른 책에서도 마찬가지이다. 이 책들 중의 일부분은 보존되어 있으며 기하적인, 따라서 동질적인 언어로 된 "대수" 기하를 포함하고 있다. 여기서 우리는 아폴로니우스의 **접선문제**를 발견하게 되는데, 이 문제는 주어진 세 원에 접하는 원을 작도하도록 요구하고 있다. 아폴로니우스에게서 최초로 기하적 작도란 컴퍼스와 자만을 사용하도록 하는 명시적 요구를 보게 된다. 그러므로 (이같은 제한적인) 작도의 의미는 때로 그리스의 요구라고 믿고 있지만 이는 사실과 다르다.

10 현대까지의 역사를 통하여 볼 때 수학은 천문학과 불가분의 관계에 있다. 일반적으로 관개와 농사의 요구는 – 그리고 어느 정도는 탐험의 요구 역시 – 오리엔트와 헬레니즘 과학에서 처음으로 천문학과 일치하였으며, 천문학 강의는 수학 강의에 상당 부분 영향을 끼쳤다. 계산적이고 종종 개념적인 수학 내용은 천문학에 의해서 크게 좌우되었으며, 천문학의 발달 역시 입수 가능한 수학 저서의 위력에 의존하였다. 행성계의 구조는 상대적으로 간단한 수학적 방법들을 통해 멀리까지 이르는 결과들을 얻어낸 것이다. 그러나 동시에 그 수학적 방법은 매우 난해하여 이 방법들과 천문학 자체 이론의 개선을 자극하였다. 오리엔트 세계에서는 헬레니즘 시대 바로 이전 시기, 특히 메소포타미아에서 아시리아 후기와 페르시아 시대에, 계산천문학에 놀랄만한 진전이 있었다. 여기에서 오랜 기간 동안 일관성있게 이루어져 온 관찰은 하루를 주기로

---

10) "그런데, 내 논문은 해석기하의 진수로 방정식을 사용한 *자취*의 연구이며, 그리스인들도 이를 알고 있었고 그것이 그리스인들의 원뿔곡선 연구의 기초였다는 것이다." J. L. Coolidge, *A History of Geometrical Methods* (Oxford, 1940), p. 119. 그러나 데카르트에 관한 우리의 비평을 보라. 쿨리지의 비평은 우리를 역사적이 아닌 것처럼 공격하다. 그러나 이 그리스인들의 수학적 사고의 전체적 방식이 우리의 것과 다르다.

하는 많은 것에 관한 탁월한 이해를 가능하게 하였다. 달의 운동은, 18세기 뿐 아니라 고대에도, 수학자들에게 가장 도전을 주는 천문학 문제였으며, 바빌로니아 천문학자들은 이 연구에 많은 노력을 쏟았다. 셀류키드 시대에 그리스와 바빌로니아 과학의 만남은 계산과 이론에 많은 진전을 가져다주었다. 거기에서 바빌로니아 과학은 고대의 역법(曆法) 전통을 고수하였고 그리스는 몇 가지 의미 있는 이론적 개가를 올렸다.

이론 천문학에 끼친 고대 그리스의 공적 중 가장 오래 된 것은 유클리드에게 영감을 주었던 에우독소스의 행성이론이었다. 행성 이론은 중심이 같은 네 개의 회전하는 구(球)를 가정함으로써 (지구 주변의) 위성의 운동을 설명하려는 시도였는데, 이 구들은 각기 자기의 회전축을 가지고 있으며 그 끝은 가장 밖의 구 위에 고정되어 있는 것으로 생각하였다. 이는 전형적으로 그리스적인 새로운 발상으로서 천체 현상의 기록이라기보다는 설명이었다. 그 특별한 형식에도 불구하고 에우독소스의 이론은 17세기까지 모든 행성이론의 중심적인 아이디어를 포함하고 있었다. 즉 달과 행성들의 겉보기 궤도에서의 불규칙성을 원운동을 겹쳐 놓은 것으로 설명하고 있다. 그것은 푸리에 급수를 도입하면서 아직까지도 현대 역학이론의 계산적 측면에 기초가 되고 있다.

에우독소스의 뒤를 이은 것이 사모스의 아리스타쿠스(Aristarchus, 기원전 280년경)였다. 그는 아르키메데스가 그의 공적으로 돌린 행성운동의 중심은 지구가 아니라 태양이라는 가설 때문에 "고대의 코페르니쿠스"로 불린다. 고대에는 지구가 그 축을 중심으로 회전한다는 믿음이 널리 수용되고 있었기 때문에 이 가설은 거의 지지를 받지 못했다. 태양 중심의 가정이 약간 성공한 것은 주로 자주 고대의 가장 위대한 천문학자로 간주되는 히파르코스의 권위 때문이었다.

니케아의 히파르코스는 기원전 141년과 121년 사이에 관찰을 하였다. 히파르코스의 작업이 알려진 것은 거의 없으며, 그의 업적에 대해 우리가 알게 된 것은 주로, 그보다 3세기 후에 살았던 톨레미를 통해서이다. 톨레미의 역작, 「알마게스트(*Almagest*)」의 내용의 상당 부분이, 특히 춘·추분점의 발견 뿐 아니라 태양, 달, 행성들의 운동을 설명하기 위하여 중심을 달리하는 원(eccentric circles)과 주전원(周轉圓, epicycles)을 사용한 것은 히파르코스의 업적이다. 천문학적 방법에 의하여 위도와 경도를 결정한 것 역시 히파르코스의 업적이다. 그러나 고대에는 고축척의 지도를 만들기에 충분한 과학적인 조직을 만들 수 없었다. (고대의 과학자들은 지역적으로 시간적으로, 매우 적은 수가 산재하고 있었다) 히파르코스의 업적은 바빌로니아 천문학과 밀접하게 연관되어 있다. 바빌로니아 천문학은 이 시기에 상당 수준에 이르렀다. 우리는 여기서 헬레니즘 시기의 그리스－오리엔트 접촉의 가장 중요한 과학적 열매를 볼 수 있다.[11)]

11 고대의 세 번째이자 마지막 시기는 로마가 지배한 시기이다. 시라쿠사는 기원전 212년, 카르타고는 기원전 146년, 그리스는 기원전 146년, 메소포타미아는 기원전 64년, 그리고 이집트는 기원전 30년에 로마에게 패하였다. 그리스를 포함하여 로마가 지배하는 오리엔트는 로마 관리가 지배하는 식민지로 전락하고 말았다. 무거운 세금과 기타 추가부담금이 꼬박꼬박 거두어지는 동안, 이러한 지배가 오리엔트 국가들의 경제 구조에 영향을 주지는 않았다. 로마제국은 대규모 노예에 적합한 조방농업을 하는 서부와 가사일과 공공 작업을 외에는 결코 노예를 사용하지 않는 집약농업을 하는 동부로 자연스럽게 나뉘었다. 몇몇 도시의 성장과 알려진 서부 세계 전체를 포용하는 상업에도 불구하고 로마제국 전체의 경제구조는 여전히 농업에 기초를 두고 있었다. 그런 사회에서 노예 경제의 보급은 독창적 과학 작업 모두에 치명적이었다. 노예의 소유주들은 기술적 발견에 거의 관심을 갖지 않았다. 그 이유는 부분적으로는 노예들이 싼 가격으로 모든 일을 할 수 있었기 때문이며, 한편으로는 노예의 소유주들은 노예들의 손에 연장을 쥐어줌으로 인해 그들의 지성이 연마될지 모른다는 두려움 때문이었다. 그러나 박식한 노예들도 있었다. 철학과 과학을 진정으로 배우기 원하는 사람들은 누구나 그리스어를 공부했다. 지배계층의 많은 사람들은 오락삼아 예술과 과학을 즐겼으나 바로 이 취미 활동이 생산적인 사고보다는 평범한 사고(mediocrity)를 증진시켰다. 노예시장의 쇠퇴와 함께 로마경제도 쇠퇴했을 때, 지난 세기의 그 평범한 과학조차 갖춘 사람이 거의 없었다.

로마제국이 안정성을 보이는 동안, 동부의 과학은 호기심을 가지고 헬레니즘과 오리엔트의 요소들을 접목시키며 계속 번성하고 있었다. 독창성과 자극은 점차 사라져갔음에도 불구하고, 여러 세기 동안 지속되어온 **팍스 로마나**(*pax Romana*: 로마의 패권－

11) O. Neugebauer, *Exact Science in antiquity*, Univ. of Pennsylvania Bicentennial Conf., Studies in civilization (Philadelphis, 1941), pp. 22－31; and the same author's *The Exact Sciences in Antiquity* (Princeton, 1952; 2nd ed., 1957; Dover reprint, 1969)

옮긴이)는 전통적인 맥을 따라서 정돈된 사색을 가능하게 하였다. 몇 세기 동안 **팍스 로마나**와 공존했던 것이 **팍스 시센시스**(*pax Sinensis*: 한나라의 패권 – 옮긴이)였다. 모든 역사에서 유럽대륙은 로마의 안토닌과 중국의 한대에서와 같이 침공이 없이 평화로운 시기는 결코 없었다. 이는 로마와 아테네로부터 메소포타미아, 중국, 인도로 그 이전의 어느 때보다도 쉽게 지식을 대륙 전체로 유포하게 만들었다. 헬레니즘 과학은 이란과 인도로 계속 흘러들었고, 이란과 인도의 과학에 의하여 차례로 영향을 받았다. 바빌로니아의 천문학과 그리스 수학의 일부가 이탈리아, 스페인과 골[12)]에 오게 되었다. 그 한 예가 로마제국에 통용되던 각도와 시간의 60진법의 보급이다. 웹케(F. Woepcke)의 이론은 전 유럽을 통해 이른바 인도 – 유럽 숫자가 후기 로마제국(1863)의 신피타고라스의 영향에까지 유포된 경로를 추적한 것이다. 그 시기의 이 유포는 사실일 수도 있고 그렇지 않을 수도 있다. 그러나 그 유포가 오래 전에 이루어진 것은 철학의 영향이기보다는 무역의 영향일 가능성이 훨씬 크다.

알렉산드리아는 고대 수학의 중심지로 남아 있었다. 편집과 주석이 보다 각광받는 과학의 형태였음에도 불구하고 독창적인 작업은 계속되었다. 고대 수학자와 천문학자들의 많은 결과는 이러한 편집 작업을 통해 전해져 오고 있다. 그러나 때때로 이런 편집물 중에서 그들이 베낀 것은 무엇이고 그들이 발견한 것은 무엇인지 확인하기가 매우 어렵다. 그리스 수학의 점진적인 쇠퇴를 이해하려면 우리는 그리스 수학의 기술적인 측면을 고려해야 한다. 즉 그리스 수학에서는 대수 기호를 일관되게 거부하고, 어설프게 기하적 표현 양식을 사용했는데 이는 원뿔곡선 이상의 발전된 어떤 것도 거의 불가능하게 만들었다. 대수와 계산은 경멸적인 오리엔트의 몫이었으며 그리스 문명의 숭배가 오리엔트의 지식을 가리고 있었다. 그러나 알렉산드리아의 수학이 전통적인 유클리드 – 플라톤적 의미에서 순수하게 "그리스적"이었다고 믿는 것은 잘못된 일이다. 왜냐하면 이집트 – 바빌로니아 유형의 계산 산술과 대수가 추상적인 기하 논증과 더불어 나란히 배양되었기 때문이다. 이러한 사실을 확신하기 위해서 톨레미, 헤론, 그리고 디오판토스를 생각하면 된다. 여러 인종과 학파들 사이의 유일한 연계는 그리스어를 공통으로 사용한 것이었다.

---

12) Gaul: 북이탈리아, 프랑스, 벨기에의 전역과 네덜란드, 독일, 스위스의 일부를 포함하는 고대 유럽의 지역

12 로마시대 최초의 알렉산드리아 수학자로 게라사의 니코마코스(Nichomacus, A.D,100년경)가 있다. 니코마코스는 피타고라스 산술의 현존하는 가장 완벽한 설명인 「산술개론(*Introduction to Arithmetic*)」의 저자이다. 이 책은 많은 부분이 유클리드의 「원론」의 산술 책과 같은 주제를 다루고 있으나, 유클리드가 수를 선분으로 표시한 반면, 니코마코스는 정해지지 않은 수를 표시할 때 대수적 기호를 보통 언어와 함께 사용하고 있다. 그의 다각수와 피라미드수의 취급은 특히 보에티우스(Boethius)를 통해 중세 산술에 영향을 주었다.

이 두 번째 알렉산드리아 시기의 가장 위대한 문서의 하나가, 아랍어 제목인 「알마게스트(*Almagest*)」로 우리에게 더 잘 알려진, 톨레미의 「대집전(*Great Collection*)」이었다. 「알마게스트」는, 그 아이디어의 상당 부분이 히파르코스나 키딘누, 또는 바빌로니아 천문학자들에서 온 것임에도 불구하고, 최상의 권위와 독창성을 지닌 천문학의 작품이었다. 또한 이 책은 0.51° 간격으로 증가하는 서로 다른 각에 속한 현의 길이를 표로 제시하고 있다. 이는 $R=60$일 때, 공식 "현 $\alpha = 2R\sin\frac{\alpha}{2}$"에 의한 사인함수표와 동일하다. 톨레미는 1°에 대한 현의 값을 $(1,2,50) = \frac{1}{60} + \frac{2}{60^2} + \frac{50}{60^3} = .017453$; π에 대한 현의 값을 $(3,8,30) = \frac{377}{120} = 3.14166$으로 하였다. 「알마게스트」에서 두 각의 합과 차에 관한 사인공식과 코사인공식, 그리고 구면 삼각법의 시초를 볼 수 있다. 그 정리들은 기하적 형태로 표현되어 있다－오늘날의 삼각함수 기호는 18세기 오일러에 와서야 사용되기 시작한 것이다. 이 책에서 우리는 한 원에 내접하는 사각형에 대한 톨레미 정리를 볼 수 있다. 톨레미의 「평면천체도(*Planisphaerium*)」에서 평화법(stereographic) 사영에 관한 논의를, 그리고 그의 「지리학(*Geographia*)」에서 지구 위의 한 점이 위도와 경도로 결정된다는 고대의 구면좌표를 볼 수 있다. 평화법 사영은, 지구 위의 위치를 결정하기 위해 사용되던 기구인 간이 천측구의 제작에 기초가 되고 있다. 이는 고대에 이미 알려져서 18세기에 팔분의, 후에 십육분의가 소개되기까지 널리 사용되었다.

톨레미보다 약간 나이가 많은 수학자로는 메넬라우스(Menelaus, 100년경)가 있다. 메넬라우스의 「구면론(*Sphaerica*)」은 유클리드에서는 찾아볼 수 없는 주제인 구면삼각형의 논의와 함께, 구면기하를 포함하고 있다. 여기에서 우리는 구면까지 확장된 삼각형에 대한 "메넬라우스의 정리"를 발견할 수 있다. 톨레미의 천문학은 60진법

분수 계산을 많이 다루고 있는데 반해, 메넬라우스의 방식은 순수한 유클리드 전통을 따라 기하적이다.

헤론 역시 메넬라우스 시대에 속한다. 어떤 방식으로든지 간에, 헤론이 62년에 월식을 정확하게 서술했다고 알려져 있다. 기하, 계산, 기계적 주제에 관한 많은 책들이 그의 이름으로 전해온다. 이 저서들은 그리스와 오리엔트의 흥미 있는 혼합을 보여 준다. 「측량」(*Metrica*)에서 그는 삼각형의 넓이에 관한 헤론의 공식

$$A = \sqrt{s(s-a)(s-b)(s-c)}$$

을 순수하게 기하적 형태로 이끌어 내고 있다. 비율 자체는 아르키메데스의 공적으로 돌려졌다. 역시 『측량(*Metrica*)』에서 $\sqrt{63}$ 의 근삿값이

$$7 + \frac{1}{2} + \frac{1}{4} + \frac{1}{8} + \frac{1}{16}$$

으로 나타난 것에서 전형적인 이집트의 단위 분수를 발견할 수 있다.

정사각뿔대의 부피를 구하는 헤론의 공식은 고대 모스크바 파피루스에서 발견된 공식으로 쉽게 환원될 수 있다. 이와는 대조적으로, 다섯 개의 정다면체의 부피를 구하는 것은 다시 유클리드의 정신과 맥을 같이 한다.

13 오리엔트적인 기법은 디오판토스(Diophantus, 250년경)의 「산학(*Arithmetica*)」에서 훨씬 강하게 발견된다. 원본 중에서 6권만이 전해져 오는데, 전체가 모두 몇 권으로 되어 있었는지는 단지 추측할 뿐이다. 부정방정식을 다루는 세련된 기법은 바빌로니아나 인도의 고대 대수가 그리스 문명의 숭배 하에서도 살아남았을 뿐 아니라, 상당수의 활동적인 사람들에 의하여 발전되었음을 보여 주는 것이다. 부정방정식이 어떻게 언제 완성되었는지 디오판토스가 누구였는지 알려져 있지 않다. 아마 헬레니즘의 영향을 받은 바빌로니아 사람일지도 모른다. 그의 책은 그리스－로마 유물들로 보존된 것 중 가장 매혹적인 논문이다.

디오판토스가 모아 놓은 문제들은 매우 다양하며 그 문제들의 풀이는 매우 교묘하다. 다음과 같은 부정방정식들 또는 연립 부정방정식들의 해를 구하는 데 "디오판토스적 해석"이 존재한다.

$$Ax^2 + Bx + C = y^2$$

$$Ax^3 + Bx^2 + Cx + D = y^2$$

디오판토스에게 있어서 전형적인 것은 그는 양의 유리해에만 관심을 가졌다는 것이다. 그는 무리해를 "불가능"이라 불렀으며, 그가 찾고 있는 양의 유리해를 얻기 위하여 계수를 선택하는 데 주의를 기울였다. 그 방정식들 중에는 "Pell" 방정식으로 알려진 것들이 발견된다.

$$x^2 - 26y^2 = 1$$

$$x^2 - 30y^2 = 1$$

또한 디오판토스는 만일 두 정수가 각각 두 개의 사각수의 합이면, 그 두 수의 곱은 두 가지 방법으로 두 사각수의 합으로 나타낼 수 있다는 정리(Ⅲ, 19)와 같은 정수론의 몇 가지 정리를 알고 있었다. 하나의 수를 세 개와 네 개의 사각수로 나누는 것에 관한 정리도 있다.

디오판토스에서 우리는 처음으로 대수기호를 체계적으로 사용하고 있음을 발견할 수 있다. 그는 미지수, 빼기, 역수에 대하여 특정한 기호를 사용했다. 그 기호들은 우리가 볼 때 대수적인 상징이라기보다는 본질적으로 축약에 불과하다. (그들은 이른바 "축약된" 대수를 형성한다) 그 이유는 미지수의 각 거듭제곱에 대하여 특별한 기호가 존재하기 때문이다.[13] 여기에서 우리는, 바빌로니아에서와 같이 명확한 대수적 본질을 산술적으로 질문할 수 있게 되었을 뿐 아니라, 대단히 복잡한 문제 풀이를 그 이전의 어떤 방법보다 잘 다룰 수 있도록 잘 개발된 대수 기호를 갖게 되었음은 의심의 여지가 없다.

14 알렉산드리아의 마지막 위대한 수학 논문은(4세기 초) 파푸스(Pappus)의 논문이다. 그의 「수학집성(*Collection*)」은 그리스 기하학의 기존의 정리와 증

13) 1921년에 얻은, 미시간 대학의 파피루스 620은 디오판투스 이전, 2세기 초기로 추정되는 시기의 그리스 대수 문제 몇 개를 포함하고 있다. 디오판투스에서 발견되는 몇몇 기호들이 이 사본에 나타난다. 수사학적 대수, 축약된 대수, (오늘날 과 같은) 상징적 대수의 구분은 G.H.F. Nesselman, *Die Algebra der Griechen* (Berlin, 1842)에 의한 것이다.

명에 역사적 주석을 붙이고, 개선하고, 다른 것으로 대체한 연구 총서와 같은 것이었다. 그것은 독자적으로 읽혀지기보다는 원본과 함께 읽혀졌다. 고대 저자들의 많은 업적은 파푸스가 보존한 형태로 전해지고 있다. 원적문제, 배적문제, 각의 삼등분 등이 그 예이다. 재미있는 것은 둘레의 길이가 같은 도형에 관한 부분으로, 우리는 여기에서 둘레가 같으면 어떠한 정다각형보다도 원이 가장 넓이가 크다는 것이다. 또한 특기할만한 것은 벌집의 구조가 특정한 최대－최소 성질을 만족시킨다는 것이다.[14] 아르키메데스의 준정다면체(semiregular solids)도 역시 파푸스를 통해 전해져 오는 것이다. 디오판토스의 「산술(*Arithmetica*)」과 같이 파푸스의 「수학집성」도 후대 연구에 영감을 주는 문제들을 포함한 도전적인 책이다.

알렉산드리아 학파는 고대 사회의 쇠퇴와 함께 점차 사라졌다. 알렉산드리아 학파는 전체적으로 기독교의 성장에 대항하여 이교사상의 보루로 남았으며 그 수학자 중 몇몇은 고대 철학사에 발자취를 남겼다. 오늘날 그리스 수학사의 주요 출처의 하나인 「유클리드 제1권의 주석(*Commentary on the First Book of Euclid*)」을 쓴 프로클로스(Proclus, 410 －485)는 아테네의 신플라톤 학파를 이끌었다. 이 학파의 또 다른 대표적인 인물은, 고전 수학자들에 관한 주석을 쓴, 알렉산드리아의 히파티아(Hypatia)였다 그녀는 415년에 성 사이릴의 추종자에 의해 살해당하는 비운을 겪었으며, 후일 킹슬리는 이에 영감을 얻어 소설을 쓰기도 하였다. 주석서가 있는 이들 철학 학파들은 여러 세기 동안 기복이 있었다. 아테네의 학당은 유스티누스 황제(529)에 의하여 "이교"로 폐쇄되었다. 그러나 이 시기 까지 콘스탄티노플과 윤디샤퓨어와 같은 장소에도 아테네 학당만한 학교들이 있었다. 주석서들이 그리스어로 씌어진 그리스 과학과 철학의 기억을 영속화시키고 있을 동안에 많은 고사본들이 콘스탄티노플에 남아 있었다. 630년에 알렉산드리아는 아라비아인들에 의해 점령당했으며, 아라비아인들은 이집트에 있는 그리스 상류계층 문명을 아라비아 상류계층의 것으로 대체했다. 아라비아가 유명한 알렉산드리아 도서관을 파괴하였다고 믿을만한 근거는 없다. 그 이유는 그 시기에 알렉산드리아의 도서관이 아직 남아 있었는지의 여부가 의심스럽기 때문이다.[15]

14) 이 문제에 관한 상세한 논의는 D'Arcy W. Thompson의 「성장과 형태」(Growth and Form), 제2판 (Cambridge, 1942)에 나타나 있다. 이들 이른바 둘레가 같은 문제들을 연구한 사람에는 Zenodorus (기원전 2세기)가 있다. 그의 논문은 분실되었으나 파푸스가 이를 요약하고 있다. Steiner와 비교하시오.(Chapter Ⅷ, Section 9, 아래 참조)

15) E. A. Parsons (*The Alexandrian Library. Glory of the Hellenistic World* [Amsterdam, etc., 1952]) 은 정반대

사실, 아라비아의 정복자들은 이집트에서 수학 연구의 특성을 실질적으로 수정하지 않았다. 이집트 수학이 재건되었을 때, 다소 퇴보가 있었을지 모르지만 이집트 수학은 아직도 고대 그리스-오리엔트 전통 (예를 들어 알하젠)을 따르고 있었다.

15 우리는 그리스의 산술과 계산에 관한 언급을 하며 이 장을 마치려 한다. 그리스 수학자들은 "산술(arithmetica)" 또는 수의 과학(*arithmoi*)를 "계산술(logistics)" 또는 실질적인 계산과 구분하였다. 수(*arithmos*)라는 용어는 "단위량들로 구성된" 자연수만을 나타냈다.(유클리드, Ⅶ권, 정의 2; 여기에서도 "one"은 수를 의미하는 것이 아니다)[16] 우리가 알고 있는 실수 개념은 알려져 있지 않았다. 그러므로 선분이 항상 길이를 갖는 것은 아니었다. 기하 추론이 우리의 작업을 실수(real numbers)로 대체하였다. 유클리드가 삼각형의 넓이가 밑변과 높이의 곱의 반과 같다는 것을 표현하고자 하였을 때, 유클리드는 밑변을 공통으로 갖고 두 개의 평행선 사이에 놓인 평행사변형의 넓이의 반이라고 표현해야 했다. 피타고라스의 정리는 세 개의 정사각형 사이의 관계이지 세 변 사이의 관계가 아니었다. 유클리드의 「원론」에는 2차 방정식에 관한 이론이 있다. 그러나 그것은 이른바 넓이의 응용이며, 근(roots)은 어떤 작도로 얻어지는 선분이기 때문에 오직 양의 근만 허용되었다. 그러나 「원론」에서는 모든 선분이 그에 대응하는 수 값을 갖는 것이 아니다. 선분과 수에 대한 이 같은 개념은 수학에 관심을 가진 그리스 지배계층의 분파들 사이에서 플라톤의 이데아론이 승리했기 때문에 비롯된 신중한 행위로 간주되어야 한다. 그 이유는 대수와 기하의 관계에 대한 당대의 오리엔트적 개념은 수 개념에 관한 어떠한 제한도 허용하고 있지 않았기 때문이다. 바빌로니아인에게 피타고라스의 정리가 변의 길이 사이의 관계이며, 이러한 종류의 수학으로 이오니아 수학자들이 알려졌다고 믿는 데에는 각기 이유가 있다.

"계산술(logistics)"로 알려진 평범한 계산 수학은 그리스 역사의 모든 시기에 매우 많이 남아 있었다. 유클리드는 계산술을 거부하였으나 아르키메데스와 헤론은 그것을 쉽게

의 주장을 하고 있다.

16) 이것은 르네상스까지 지속되었다. Stevin은 1585년 그의 Arithmétique에서 "1"을 다른 정수들 같이 인식할 것을 열정적으로 주장하고 있다,

거리낌 없이 사용하였다. 실질적으로 그것은 시간에 따라 변화되는 수 체계에 기초를 두고 있었다. 초기 그리스의 수세기 방법은 이집트와 로마와 같이 가법적 십진 원리(additive decimal principle)에 기초하고 있었다. 알렉산드리아 시대 또는 그 이전에, 1500년 동안 과학자들 뿐 아니라 상인들과 행정가들이 사용하였던 기수법이 출현하였다. 오늘날의 처음 숫자들인 1, 2, …, 9를 나타내는데, 그리고는 10에서 90까지 10씩, 마지막으로 100에서 900까지 100씩을 나타내는데 연속적인 그리스 알파벳을 사용하였다.(α=1, β=2, 등) 그리스 알파벳 24개에 3개의 특별한 고대문자를 덧붙여 필요한 27개의 문자를 만들어 냈다.[17] 이 체계덕분에 1,000 미만의 수는 많아야 3개의 문자로 나타낼 수 있었다. 예를 들어 14는 $\iota\delta$로 나타냈는데, 그 이유는 ι=10, δ=4이기 때문이다. 1,000보다 큰 수는 그 체계를 간단히 확장함으로 표현하였다. 이 체계는 아르키메데스, 헤론, 그밖에 고전적 저자들의 현존하는 사본들에 사용되고 있다.[18] 그 수체계가 학교에서 가르쳐졌다는 고고학적 증거가 있다.

그리스 십진 기수법에서 $\iota\delta$와 $\delta\iota$는 모두 14를 의미하는 것으로 자릿값의 개념이 없었다. 이 자릿값이 결여되었다는 것과 27개 이상의 기호를 사용한 것이 때때로 그리스 수 체계의 열등함을 증명하는 것으로 간주되어 왔다. 고대 수학자들이 이를 쉽게 사용하였다는 것, 오히려 복잡한 거래에서 그리스 상인들조차 이를 받아들였다는 것, 그리고－동로마 제국에서는 1453년 멸망하기까지－오랫동안 지속되어 온 것에는 어떤 장점 때문인 듯 하다. 이 체계를 약간 연습해 보면, 일단 기호의 의미를 완전히 익히게 되면 사칙연산이 매우 용이하게 수행될 수 있다는 것을 확신할 수 있다. 적당한 기호를 사용하면 분수 계산 역시 간단하게 할 수 있다. 그러나 그리스 사람들은 통일된 체계가 결핍되었기 때문에 분수에서 일관성이 없었다. 그들은 이집트의 단위분수, 바빌로니아의 60진법 분수, 그리고 오늘날의 분수를 상기시키는 부호를 사용하였다. 소수가 도입되지 않았으나 고대에 사용되던 기구를 훨씬 능가하는 계산도구의 개발 이후에 유럽 르네상스 후기에 와서 비로소 이 위대한 진전이 나타나게 되었다. 그 때에는 물론 18세기와 19세기에

---

17) (역자주) 6, 90, 900을 나타내는데 후대에 사용되지 않는 digamma, koppa, sampi를 각각 사용하였는데 그 모양은 각기 ϛ. ϙ. ϡ와 같다. (Eve, H.(1990), *An Introduction to the History of Mathematics*, p. 19.)

18) (역자주) 1,000에서 9,000은 α', β', ⋯ 등으로 나타내었고, 10,000을 나타내기 위해 M을 사용하였다. 큰 수 표현에는 곱셈원리를 사용하였는데, 예를 들면 βM과 λM은 각각 20,000(2x10,000)과 300,000 (30x10,000)을 나타내는 데 사용되었다. (Eve, H.(1990), *An Introduction to the History of Mathematics*, p. 28, Problem 1.3 참조.)

이르기까지도 학교에서 사용되고 있는 많은 책들은 소수를 받아들이지 않았다.

오늘날 우리가 대수에서와 같이, 한정된 수에 문자를 사용하는 것 때문에 수를 일반적으로 나타낼 수 없었으므로 이 알파벳을 차용한 기수체계가 그리스 대수 발전에 장애였다는 것이 지금까지의 설명이다. 적절한 기호의 가치가 크다는 것을 우리가 인정한다 할지라도, 디오판토스 이전에 그리스 수학의 결여에 관한 그 같은 형식적인 설명은 거부되어야 한다. 만일 고전 저자들이 대수에 흥미가 있었다면 실제로 디오판토스가 기호 체계를 가지고 시작했던 것처럼 그들은 적당한 기호 체계를 창조해냈을 것이다. 그리스 대수의 문제는 그리스와 오리엔트의 전체 관계의 틀을 가지고 그리스 수학과 바빌로니아 수학 사이의 연결하려는 후속 연구에 의해서만 밝혀질 수 있다.

참고문헌

그리스의 고전 저자들과 원리를 소개하는 훌륭한 영문판 책들이 입수 가능하다. 최고의 입문서들로는 다음과 같은 것들이 있다.

Health, T. L. *A History of Greek Mathematics*. 2 vols., Cambridge, 1921. Dover reprint, 1981.

_____. *A Manual of Greek Mathematics*. Oxford, 1931.

_____. *The Thirteen Books of Euclid's Elements*. 3 vol., Cambridge, 1908. Dover reprint, 1956.

Ver Eecke, P. Oeuvers complètes d' Archimède. Brussels, 1921.

_____. *Pappus d'Alexandrie. La Collection mathématique*. Paris - Bruges, 1933.

_____. *Proclus de Lycie. Les commentaires sur le premier livre des éléments d'Euslide*. Bruges, 1948.

Scriba, C. *Arichimedes*.

Dijksterhuis, E. J. *Archimedes*. Copenhagen, 1956.

Manitius, K. *Ptolemäus' Handbuch der Astronomie*, 2nd ed., O. Neugebauer, ed. 2 vols., Leipzig, 1963.(1st ed. Leipzig, 1912 - 13)

Pedersen, O. *A Survey of the Almagest*. Copenhagen, 1974.

[Toomer, G. J., ed.] *Diocles in Burning Mirrors*. Berlin, etc., 1976.

Bashmakova, I. G. *Diophantus und diophantische Gleichungen*, 1972.(form the Russian) 또한 *Ostor. - mat. Ossied*. Vol. 17(1966), pp. 185 - 204을 참조하시오.

Loria, G. *Le Scienze esatte nell'antica Grecia*, 2nd ed. Milan, 1914.

Allman, G. J. *Greek Geometry form Thales to Euclid. Dublin*, 1889.

Gow, J. *A Short History of Greek Mathematics*. Cambridge, 1884.

Reidemeister, K. *Die Arithmetik der Griechen*. Hamburg Math. Seminar Einzelschriften 26, 1939.

_____. *Das exakta Denken der Griechen*. Hamburg, 1949.

Cohen, M. R., and Drabkin, I. E. *A Source Book in Greek Science*. London, 1948.

Health, T. L. *Mathematische in Aristotle*. Oxford, 1949.

van der Waerden, B. L. Ontwakende Wetenschap. Groningen, 1950. English trans., *Science Awakening*, Oxford, 1961. (Deals with Egyption, Babylonian, and Greek mathematics)

Becker, O. *Das mathematische Denken der Antike. Göttingen*, 1957.

Hauser, G. *Geometrie der Griechen von Thales bis Euclid*. Lucerne, 1955.

Blaschke, W. *Griechische und anschauliche Geometrie*. Munich, 1953.

Dantzig, T. *The Bequest of the Greeks* New York, 1955.

Kolman, E. *History of Mathematics in Antiquity. Moscow*, 1961.(in Russian)

Wussing, H. *Mathematik in der Antike. Leipzig*, 1965. (Kolman과 Wussing 역시 이집트와 바빌로니아 수학을 다루고 있다)

Steele, A. D. "Über die Rolle von Zirkel und Lineal in der griechischen Mathematik." *Quellen und Studien*, Vol. A2 (1932), pp. 61 - 89.

제4장 그리스 사회 쇠퇴 이후의 오리엔트

01 근동의 고대 문명은 헬레니즘적인 영향에도 불구하고 결코 사라지지 않았다. 오리엔트와 그리스 모두의 영향이 알렉산드리아 학문에 분명하게 나타났으며, 콘스탄티노플과 인도 역시 동서양의 중요한 만남의 장소였다. 테오도시오스 I세는 394년에 비잔틴 제국을 건설하였으며, 그리스 지역에 있는 콘스탄티노플을 비잔틴의 수도로 정하였다. 콘스탄티노플은 광범위한 지역의 행정 중심지였으나 그리스인들은 그 도시 인구의 일부에 불과하였다. 수 천년동안 비잔틴 제국은 동, 북, 서쪽에서 쳐들어오는 세력과 대항해 싸웠으며, 그리스 문화의 안내자이며 동시에 동서양의 교량 역할을 하였다. 메소포타미아는 2세기 이전에 로마와 그리스로부터 독립하였다. 메소포타미아는 처음에는 파르티아 왕의 지배를 받았고, 그 후(266년)에는 페르시아 사산 왕조의 지배를 받았다. 인더스 지역은 몇 세기 동안 몇몇 그리스 왕조의 지배하에 있었으며 이들 그리스 왕조들은 1세기 무렵에 사라졌다. 그러나 그 뒤를 이은 인더스 원주민 왕조는 페르시아와 서양과 문화적인 관계를 유지했다.

근동 지역에 대한 그리스의 정치적인 지배권은 이슬람의 갑작스런 성장과 함께 거의 완전히 사라졌다. 헤지라 원년인 622년 이후 아라비아는 놀라울 만큼 간단히 아시아의 많은 지역을 휩쓸었으며, 1세기도 지나지 않아 시실리, 북아프리카, 스페인에 이르는 서로마제국의 영토를 점령했다. 아라비아인들은 가는 곳마다 그리스－로마 문화를 아라비아 문화로 대체하려고 노력했다. 그리스어나 라틴어 대신 아라비아어가 공식적인 언어가 되었다. 그러나 새로운 언어가 과학적 문서에 사용되고 있었음에도 불구하고, 아라비아의 지배 하에서 그리스-로마의 문화가 지속적으로 남아 있었다. 그리스인으로서 다른 문화적 신념을 가진 사람들이 지배하는 것 보다는 아라비아의 지배 하에서, 고대 토착 문명이 살아남을 가능성이 더 많았다. 예를 들면, 페르시아는 아라비아의 통치에도 불구하고 고대 사산 왕조의 특징들이 많이 남아 있었다. 그러나 다른 전통 사이에서 경쟁은 계속 되었고, 단지 경쟁의 유형만 달라졌을 뿐이었다. 이슬람의 통치 기간 전체를 통하여, 다른 토착 문화에 대항하여 고유하게 지켜오던 명확한 그리스의 전통이 존재했다.

02 로마 제국의 전성기 동안, 오리엔트와 그리스의 문명의 경쟁에 의한 가장 찬란한 수학적 결과와 이들의 융합이 이집트에서 나타났음을 살펴보았다. 수학 연구의 중심은 로마 제국의 멸망과 함께 그리스에서 인도로 옮겨지기 시작했으며, 그 후에는 메소포타미아로 되돌아갔다. 엄격한 학문을 최초의 잘 보존한 인도의 공헌이 「싯한타스(*Siddhāntās*)」이다. 이들 중 하나인 「수르야(*Sūrya*)」는 원본(300-400년경)과 유사한 형태로 현존하고 있다. 이 책들은 주로 천문학을 다루고 있으며 주전원(周轉圓 epicycles)과 60분수를 조작하고 있다. 이런 사실은 아마도 그리스 천문학의 영향이 역사적으로 「알마게스트」 이전 시기에 전달되었을 것이라는 추측을 가능하게 한다. 이런 사실들은 또한 인도가 바빌론 천문학과의 직접적인 접촉이 있었음을 보여주는 것일 수도 있다. 게다가 「싯한타스」에서 토착 인도인들의 여러 가지 특성을 발견할 수 있다. 「수르야 싯한타스」는 현(弦) 대신에 사인(juā)표를 포함하고 있다. 이 사인(sine)은 현의 반, 즉 선분이다.

「싯한타스」의 결과들은 주로(인도 중앙부에 있는) 유자인(Ujjain)과 (남부 인도에 위치한)마이소레에 중심을 둔 인도 수학자들에 의해 체계적으로 설명되고 확장되었다. 5세기부터 인도 수학자 개인의 책과 이름이 보존되었으며 일부 책은 영역본으로 입수가 가능하다.

이러한 수학자들 중 가장 잘 알려진 인물이 아리아바타(Aryabhata, "최초"의 수학자로 불린다. 500년경)와 브라마굽타(Brahamagupta, 625년경)이다. 이 두 사람의 수학이 그리스,

바빌론, 중국의 수학에 의존한다고 추측된다. 그러나 동시에 아리아바타와 브라마굽타는 놀랄만한 독창성을 보인다. 그들의 연구의 특징은 산술－대수적 영역이다. 부정방정식에 관한 그들의 관심에서 볼 때 산술－대수적 부분은 디오판투스와 매우 유사하다. 다음 세기들에는 동일한 일반 분야를 연구하는 다른 사람들이 이들 저자들의 뒤를 잇게 된다. 그들의 연구는 부분적으로는 천문학이고 부분적으로는 산술－대수적이며 측량과 삼각법을 연구하기도 하였다. 아리아바타 I세는 π의 값을 3.1416으로 계산하였다. 인기있는 문제는 유리(rational) 삼각형과 사각형을 발견하는 것으로 마이소레 학파의 마하비라(Mahāvira, 850년경)가 특별히 이 분야에서 많은 결실을 얻었다. 1150년쯤에 브라마굽타가 연구했던 유자인에 또 다른 뛰어난 수학자 바스카라(Bhāskara)가 있었다. 일차 부정방정식 $ax+by=c\,(a, b, c$는 정수$)$에 대한 첫 번째 일반 해는 브라마굽타에서 발견된다. 그러므로 엄밀히 말해서, 일차 부정방정식을 디오판투스 방정식이라 부르는 것은 잘못된 것이다. 디오판투스는 분수 해를 허용한데 반하여 인도에서는 정수 해만 받아 들였다. 인도인들은 음수 해를 허용했는데 음수해가 비록 바빌론 천문학에서 비롯된 보다 옛날의 관습이기는 하지만, 이러한 점에서 인도인들은 디오판투스를 역시 능가하고 있었다. 예를 들어, 바스카라는 $x^2-45x=250$의 해를 $x=50$, $x=-5$로 구하였다. 그러나 바스카라는 음근의 정당성에 관하여 어느 정도 회의적이었다. 바스카라의 「릴라바티(*Lilavati*)」는 동양에서 몇 세기 동안 산술과 측량에 관한 표준적인 저서였다. 아크바르(Akbar) 황제는 이를 페르시아어(1587)로 번역하도록 하였고, 1817년의 영어 번역본은 1829년 캘커타에서 다시 출판되었다. 산스크리트 원본은 종종 다시 출판되었으며 산스크리트와 힌두 주석본이 하나 존재한다.(Benares 1961)[1] 고대 인도는 그밖에도 수학적인 보물들이 많이 있다. 예를 들면, 닐라칸타(Nilakantha, 1500년경)에 의한 산스크리트 필사본에서 $\pi/4$를 나타내는 그레고리－라이프니츠 급수가 이미 발견되었다는 것은 잘 알려진 사실이다.[2]

---

1) 브라마굽타는 그의 문제들 중 일부는 "단순히 재미로" 제시했다고 그의 책에서 언급하고 있다. 이는 오리엔트의 수학이, 만일 계속적으로 다른 것들과 접촉이 없어 왔다고 한다면, 순수하게 실용적인 기능에서 부터 줄곧 발달해 왔다는 사실을 입증해 준다. 150년 후에 서양에서 알쿠인(Alcuin)은 *Problems for the Quickening of the Mind of the Young*에서 유사한 비실용적 목적을 기록하고 있다. 지적 퍼즐 형태의 수학은 새로운 분야를 열어 줌으로써 종종 과학의 진전에 핵심적으로 기여해 왔다. 아직도 어떤 퍼즐들은 수학의 주요 부분으로 통합되기를 기다리고 있다.

2) C. T. Rajagopal and Y. V. Aiyar, *Scripta math*., Vol. 17 (1951), pp.65－74; Ibid., Vol. 18 (1952), pp.25－30. 그밖에 다음을 참조하시오. C. T. Rajagopal and A. Venkatamaran, J. Roy. *Asiatic Soc. Bengali*., Vol. 15, No. 1(1949), pp. 1－13; and J. E, Hofmann, Math. Phys. *Seminar Ber*. (Geissen), Vol. 3 (1953), pp.193－206.

03 인도 수학의 가장 잘 알려진 업적는 우리가 사용하는 10진법 자리체계이다. 10진 체계는 매우 오래 된 것이며 자리체계도 마찬가지이다. 그러나 10진 체계와 자리체계, 이들의 결합이 중국에서 먼저 나타나고 나중에 인도에서 나타났다. 시간이 경과함에 따라 인도에서 그 이전의 자리 개념이 없는 체계는 점차 사라져 갔다. 인도에서 최초의 10진법 자리체계의 사용은 595년 금속 판화에서 찾아볼 수 있는데, 연대 346을 10진 자릿값으로 표기하였다. 인도에는, 이 비문 기록 오래 전에, 자릿값 방법에 따라 정렬된 단어들을 사용하여 큰 수를 표현하는 체계가 있었다. 영(0)을 뜻하는 단어 *śūnya*를 명백히 사용하는 초기 문헌이 존재한다[3]). 이른바 바크샬리(Bakshāli) 필사본은 영을 표현하기 위해 점을 사용하였다. 이 필사본은 기원과 저작연대가 불확실한(추정 범위는 3세기부터 12세기임) 70장의 자작나무 껍질로 되어 있으며 부정방정식과 2차 방정식 이외에도 근삿값에 대한 전통적인 인도 자료를 포함하고 있다. 영의 기호가 나타난 가장 오래된 비문 기록은 9세기부터이다. 이는 바빌로니아 기록에 영의 기호가 나타난 것 보다 훨씬 뒤의 일이다. 영에 대한 0의 표기는 그리스의 영향 때문일 것이다.(*ouden*은 그리스어로 '아무 것도 없다'는 의미이다) 그런데 바빌로니아의 점은 오직 각 자릿수(digit) 사이에 나타나고 있는데 반하여, 인도에서는 영이 끝에도 나타나고 있어서 0, 1, 2, 3,...., 9가 동등한 자릿수가 된다.[4])

아마도 본래 중국에서 유래한 10진 자릿값 체계는 다른 체계와 더불어 대상로를 따라서 근동의 여러 지역으로 천천히 퍼져 나갔다. 페르시아(이집트 역시)로의 전파는 페르시아, 이집트, 인도 사이의 교류가 밀접했던 사산 왕조(224－641년) 시기에 이루어 졌을 것이다. 이 시기에 고대 바빌로니아의 자릿값 체계는 아직 메소포타미아에 여전히 남아 있었을 것이다. 인도 외부에서 인도의 자릿값 체계에 관한 가장 오래된 명확한 언급은 시리아 주교, 세보크트(Severus Sēbōkht)가 662년에 기록한 글에서 발견할 수 있다. 알파자리(Al－Fazārī)가 「싯한타스」를 아라비아어로 번역함으로써 이른바 인도 체계가 이슬람의 학문세계에 알려지기 시작하였다. 비록 그리스의 수 체계가 다른 토착 체계들과 함께 남아 있기는 하였으나, 이 10진 자릿값 체계는 아라비아 세계와 그 너머에서 더 널리 사용되기 시작했다. 그리스 방법에 반하여 동양적 전통이 10진 자리체계를 선호하는

---

3) 이것은 Aristotle의 Physica IV.에 나오는 "공허"(*kenos*)의 개념에 비유될 수 있을 것이다.

4) H. Freudenthal, *5000 jaren international wetenschap*.(Groningen, 1946)) 참고.

데는 사회적 요인이 작용 하였을 것이다. 자릿값 수를 표현하기 위해 사용된 기호는 매우 다양하지만 2가지의 주요 형태가 있다. 하나는 동아라비아에서 사용된 인도 기호이고, 다른 하나는 서아라비아의 스페인에서 사용된 이른바 고바르(또는 구바르; ġobâr or ghubâr) 문자이다. 첫 번째 기호는 아직도 아라비아에서 사용하고 있다. 그러나 우리의 현재 수 체계는 고바르(ġobâr) 체계에서 비롯된 것 같다. 웹케(Woepcke)(3장 11절 참조)에 따르면, 450년 이전에 알렉산드리아의 신 피타고라스학파를 통해 서양에 전해졌으며, 아라비아인들이 스페인에 이르렀을 때 고바르 숫자가 사용되고 있었다.[5)]

04

그리스와 로마의 지배하에서 로마 제국의 전진 기지가 되었던 메소포타미아는 사산 왕조 때 무역로를 따라서 중심적인 지위를 다시 쟁취하였다. 사산 왕조는 키로스와 크세르크세스 전통 안에서 본토 페르시아인 왕으로서 페르시아를 지배하였다. 페르시아 역사에서 이 시기의 여러 가지 측면, 특히 그 학문에 관하여 알려진 바는 거의 없으나 – **천일야화**, 카얌(Omar Khayyam), 피르다우시(Firdawsī)에 반영된 바와 같은– 전설적인 역사를 통하여 사산 왕조 시기가 문화적으로 화려한 시대였다는 빈약한 역사 기록을 확인할 수 있다. 사산 왕조 페르시아는 콘스탄티노플, 알렉산드리아, 인디아, 중국 사이에 위치해 있었으므로 여러 문화들이 만나는 장소였다. 바빌론은 사라졌으나 셀류키아–크테시폰으로 바뀌었고, 641년 아라비아 정복 후에는 바그다드로 바뀌었다. 이러한 정복으로 비록 아라비아어가 펠레비 대신에 공식 언어로 바뀌었음에도 불구하고, 고대 페르시아에 큰 영향을 미치지 않았다. 이슬람까지도 수정된 형태(Shī'ism)로만 허용되었다. 기독교인들, 유대인들, 조로아스트교인들은 바그다드 칼리프의 문화적 삶에 계속 공헌했다.

이슬람 시기의 수학은 알렉산드리아와 인도의 경우처럼 여러 영향들이 고루 혼합되어 있다.[6)] 압바시드(Abbăsid) 칼리프, 특히 알만수르(Al–Mansũr, 754–775), 알라시드

---

5) S. Gsndz, "The Origin of the Ghubâr Numerals," *Isis*, Vol. 16 (1931), pp.393–424. ġobâr 형태가 주판에 사용된 고대 그리스–로마 상징에서 비롯된 것이라는 N. Bubnov의 이론도 있다. F. Cajori, *History of Mathematics* (New York, 1938), p. 90의 각주와 D. E. Smith and L. C. Karpinski, *The Hindu–Arabic Numerals* (Boston, 1911), p.71의 각주를 참조하시오.

6) 중세 동양 수학은 원자료가 번역된 것이 거의 없다는 사실 때문에 오랫동안 불리하게 평가되어 왔다. 몇몇 중요한

(Hārūn al－Rashīd, 786－809), 알마문(Al－Ma'mūn, 813－833)은 천문학과 수학을 발전시켰으며, 알마문은 바그다드에 도서관과 관측소를 갖춘 "지식의 집"을 짓기까지 했다. 알파자리(Al－Fāzarī)의 「싯한타스(*Siddhāntās*)」의 번역으로 시작된 이슬람의 진정한 학술 활동은 약 835년 경 활약하였던 키바 태생의 원주민, 무함마드 알콰리즈미(Muhammad ibn Mūsā al－Khwārizmī)에서 처음으로 절정에 달했다. 알콰리즈미는 수학과 천문학에 관한 몇 권의 책을 저술하였다. 그의 산술은 인도의 수체계를 설명했다. 비록 이 책의 아라비아 원본은 분실되었으나 12세기의 라틴어 번역본은 남아 있다. 이 책은 서유럽에 10진법의 자리체계를 알게 한 여러 경로 중의 하나이다. 번역본의 제목, 「인도의 계산 알고리즘(*Algorithmi de numero Indorum*)」에서 우리가 수학 언어에 사용하는 **알고리즘** －저자 이름을 라틴화한 것－ 이라는 용어가 유래되었다. *Hisāb al－jabr wal－muqābala* (문자적으로 "축소와 대결의 학문", 아마도 "방정식의 학문"을 의미함) 이라는 제목의 알콰리즈미의 대수(algebra) 책에서도 이와 유사한 일이 벌어졌다. 아라비아 원본이 현존하는 이 대수 또한 라틴어 번역을 통해 서양에 알려지게 되었으며, 그들은 al－jabr라는 단어를 "algebra(대수)" 전체 학문과 동의어로 만들었다. 사실 19세기 중반까지 대수는 오로지 방정식의 학문이었다.

이 "대수"는 일차 방정식과 2차 방정식의 논의를 포함하나 대수적 형식주의를 포함하지 않는다. 디오판투스의 "축약된" 기호조차 결여되어 있다. 이러한 방정식들은 $x^2+10x=39$, $x^2+21=10x$, $3x+4=x^2$의 세 가지 유형으로 나타나며, 양의 계수만이 허용되었고 각 유형들은 각기 따로 다루어져야 했다. 이런 세 가지 유형은 이후의 문헌에서 번번하게 다시 나타난다.－"결과적으로 방정식 $x^2+10x=39$는 여러 세기 동안에 대수를 통해 황금 실타래 같은 역할을 했다"고 카핀스키 교수는 기록하고 있다.[7] 이들 추론의 상당 부분이 기하적이다. 후에 라틴어로 번역된 알콰리즈미의 천문학과 (사인과 탄젠트를 포함한) 삼각함수표 또한 아라비아 연구에 속한다. 알콰리즈미의 기하학은 측량 규칙들의 단순한 목록이지만 서기 150년 유대인의 교재로 직접적으로 추적될 수 있기 때문에 무시할 수 없다. 알콰리즈미의 기하학은 유클리드 전통에 거의 따르지 않는다. 알콰리즈미의 천문학은 「싯한타스」를 발췌한 것이므로, 산스크리트 교재를 거

업적들이 아직도 러시아어로만 입수가 가능하지만, 상황은 점차 호전되고 있다.

7) L. C. Kalpinski, *Robert of Chester's Latin Translation of the Algebra of Al－Khwārizmī*(New York, 1915), p.19.

쳐 약간 간접적인 그리스의 영향을 받은 듯하다. 알콰리즈미의 연구는 전반적으로 그리스보다는 오리엔트의 영향을 더 받은 듯하며, 아마 의도적인 것일 수 있다.

알콰리즈미의 작품은, 인도의 수체계와 아라비아의 대수학이 유럽으로 전해지도록 한 주요 근원이라는 점에서 수학사에서 중요한 역할을 하고 있다. 19세기 중반까지 대수학은 공리적 기초가 결여되어 있어 그 동양적 기원을 드러냈으며, 이러한 측면에서 대수는 유클리드 기하와 예리하게 대조를 이루고 있다. 오늘날 학교 대수와 기하에서도 그 상이한 기원의 증거가 아직도 존재한다.

05 그리스의 전통은 그리스 고전－아폴로니우스, 아르키메데스, 유클리드, 톨레미, 등－을 아라비아어로 충실히 번역한 아라비아 학자들[8]에 의해 촉진되었다. 톨레미의 「수학집성」에 대한 이름을 **알마게스트**(*Almagest*)라고 대체로 수용한 것에서 유럽에서의 아라비아 번역본의 영향이 얼마 큰 가를 알 수 있다. 이 복사와 번역은 사라질 뻔하였던 많은 그리스의 고전을 보존되었다. 복사와 번역의 과정에서 자연스럽게 그리스 수학의 계산적이고 실용적인 측면이 강조되고 이론적인 측면이 소홀해지는 경향이 있었다. 아라비아 천문학은 특별히 삼각법에 흥미를 가졌다. －*sinus*라는 단어는 산스크리트어 jyā의 아라비아 철자표기를 라틴어로 번역한 것이다. 사인(*sines*)은 이중 호(double arc)의 현의 반에 해당하며(톨레미는 현 전체를 사용했다), 수가 아니라 선으로 간주되었다. 삼각법에 관한 많은 연구를 알바타니(Al－Battānī) (Albategnius, 850－929년경)에게서 찾아볼 수 있다. 그는 위대한 아라비아 천문학자로서, 구면 삼각형에 관한 코사인 법칙 뿐 아니라 매 각도에 대한 코탄젠트 표를 만들었다.

알바티니의 연구는 아라비아 작가들이 단지 복사만 했을 뿐 아니라 그리스와 동양 수학의 모두에 숙달함으로써 새로운 결과를 얻는 데 공헌하였다는 것을 보여준다. 아불－와파(Abū－l－Wafā, al－Būzjanī, 940－997/8)는 구면 삼각법의 사인정리를 이끌어 냈

---

8) 우리가 "아라비아 학자들" 혹은 "아라비아 학문"이라고 할 때, 이 학문이 오직 아라비아 사람들에 의해서 발달된 것만을 의미하지 않는다. 오히려 대부분의 "아라비아 수학자들"은 페르시아인, Tadjiks, 이집트인, 유대인, 무어인 등이었다. 마찬가지 방식으로 보에티우스에서 가우스에 이르는 많은 유럽인들을 "라틴 학자"라고 부른 이유는 그들이 라틴어로 저작을 했기 때문이다. 아라비아(Arabic)는 이슬람 세계의, 라틴은 서양의, 그리스는 동방 기독교 세계를 일컫는 프랑크 말이다.

으며, 15' 간격의 각도에 대하여 소수 8째 자리까지 정확한 사인표를 만들었다. 아불-와파는 시컨트, 코시컨트를 소개하였고, 고정된 틈을 가진 컴퍼스를 사용하여 기하 작도를 연구했다. 그는 또한 3차, 4차 방정식의 그리스 연구를 계속했다. 디오판투스의 뒤를 이어 정교한 대수학을 저술한 알카르키(Al-Karkhī, 또는 Al-Karajī, 1029년경)는 공식 $\sqrt{8}+\sqrt{18}=\sqrt{50}$, $\sqrt[3]{54}-\sqrt[3]{2}=\sqrt[3]{16}$ 을 비롯하여 무리수에 흥미를 가졌다. 알카르키는 그리스에 수학에 선호하는 경향을 분명하게 보였는데, 그가 "인도 수학을 무시한 것은 그것이 고의적이었음에 틀림없다."[9)]

06 우리는 이슬람 세계의 여러 정치적, 인종적 변화를 일일이 이해할 필요가 없다. 그러한 변화들은 천문학과 수학을 발전시키기도 하고 쇠퇴시키기도 했다. 특정 중심지들이 사라졌고, 다른 곳에서 얼마간 번성했다. 그러나 이슬람 학문의 일반적인 특성은 실제로 변함없이 남아 있었다. 이제 몇 가지 핵심 부분만 언급하기로 하자.

서기 약 1000년경 새로운 지배자들이 북 페르시아에 등장하였다. 그들은 셀쥬크 터키 제국으로 관개의 중심지인 메르프(Merv) 주변에서 번영하였다. 여기에 「루바이야(*Rubaiyat*)」의 작가로 서양에 알려진 오마르 카얌(Omar-Khayyam, 또는 al-Khayyāmī, 1038/48-1123/31)이 살고 있었다. 그는 천문학자이며 (아리스토텔레스 정신을 가진) 철학자였다.

아, 그러나 나의 계산이여, 사람들은 말하기를,
해(年)를 인간의 한계에 까지 제곱하였는가?
만일 그렇다면, 놀랍게도 달력에서
내일 태어나지 않고, 어제 죽게 되리라.

(LIX)

여기서 오마르는 자신이 고대 페르시아 달력을 개량한 것을 언급하고 있는 것인지 모른다. 오늘날 우리가 사용하는 그레고리 달력이 3330년에 하루의 오차가 있는데 반하여 옛날 페르시아 달력은 5000년(다른 해석에 따르면, 1540년이나 3770년)에 하루의 오차가 생겼다. 그의 개량은 1079년에 소개되었으나 후에 회교도의 월력으로 바뀌었다. 오

9) G. Sarton, Introduction to the History of Science (Baltimore, 1927), Vol. I, P.719.

니샤푸르에 있는 오마르 카얌의 묘

마르는 「대수학(*Algebra*)」을 저술했다. 이 책은 3차 방정식을 체계적인 탐색하고 있다는 점에서 주목할 만한 성과를 보이고 있다. 오마르는 때때로 그리스인들이 사용한 방법을 사용하여, 두 원뿔 곡선의 교점으로 이러한 방정식들의 해를 구하였다. 오마르는 수량적인 해법을 사용하지 않았으며, – 역시 그리스 형태로 – "기하학적" 풀이와 "산술적" 풀이를 구분하였다. 산술적 풀이는 오직 양의 유리해를 가질 때만 존재하였다. 그러므로 이 접근 방식은 순수하게 대수적 방법을 사용했던 16세기 볼로냐 수학자들의 해법과는 전적으로 다른 것이다.

오마르는 유클리드의 어려움을 다루고 있는 또 다른 책에서, 평행선 공리를 다른 명제들의 집합으로 대체시켰다. 여기서 그는, 지금은 비유클리드 기하에서 제자리를 찾은, 이른바 "둔각, 예각, 직각 가정"과 관련된 도형들을 접하게 되었다. 오마르는 또한 무리수 이론에 접근함으로써 유클리드의 비율 이론을 하나의 수치이론으로 그리고 일반적인 실수 개념으로 대체하였다.[10)]

1258년 바그다드가 몽고에 함락된 이후 마라그하의 관측소의 근방에 배움의 새로운 센터가 생겼다. 이 센터는 몽고의 통치자 훌라구가 나시르(Nasīr al – dīn, Nasir – eddin, 1201 – 1274)를 위해 건설한 것으로 여기에 다시 동양 학문의 전반을 모으고 그리스 학문과 연결시킬 수 있는 기관이 생겼다. 나시르는 삼각법을 천문학에서 분리시켜 중요 학문으로 취급하였다. 오마르 카얌의 방법에 따라 유클리드의 평행선 공준을 증명하기 위한 나자르의 시도는 그가 그리스의 이론적 접근을 높이 평가하고 있었음을 보여준다. 나시르의 영향은 후에 르네상스 시대에 유럽에서 널리 나타나게 되었다. 1651년과 1663년에 월리스(John Wallis)는 유클리드 공준에 대한 나시르의 연구를 사용했다. 나시르는 비(比) 이론과 무리수에 관한 새로운 수치적 접근에 있어서 오마르의 전통을 계속 이어나갔다.

또 다른 페르시아 수학자, 알카쉬(Jemshid Al – Kāshī, 1436년경)는 후에 16세기 유럽인들에 의해 이루어진 업적에 비교될 만큼 수량적 연구에서 다방면에 탁월하였다. 알카

10) D. J. Struik, "Omar Khayyam, Mathematician," *Mathematics Teacher*, Vol. 51 (1958), pp.280 – 85.

쉬는 3차 방정식을 반복과 삼각법으로 풀었다. 그리고 알카쉬는 오늘날 호너의 방법으로 알려진 고차의 일반대수방정식의 풀이 방법(중국의 영향을 받은 듯함)을 알고 있었다. 그의 연구에서 자연수 지수에 대한 이항공식을 발견할 수 있다.[11] 알카쉬는 60분수 외에 십진소수를 쉽게 사용하였으며 (예를 들면, 14.3×25.07=357.501), π값을 소수 16자리까지 알고 있었다. 이 모든 것들은 중국 송나라의 수학이 이슬람 세계에 깊이 영향을 주었음을 보여주는 증거일 수 있다. (다음의 7절을 보시오.)

이집트에서 중요한 인물 중의 하나는 위대한 회교도 물리학자 알-하이담(Ibn Al-Haitham, Alhazen, 965-1039년경)으로 그의 「광학(*Optics*)」은 서양에 큰 영향을 끼쳤다. 그는 평면상에 있는 원 위의 두 점으로부터, 원주 위에서 만나고 그 점에서 법선과 이루는 각도가 동일한 직선을 그리라는 "알하젠의 문제"를 풀었다. 알하젠의 문제는 결국 4차 방정식을 푸는 문제로서, 한 원과 만나는 쌍곡선을 이용하여 그리스적인 방법으로 해결하였다. 알하젠은 또한 포물선을 임의의 직경이나 세로축으로 회전시켜 만들어진 도형의 부피를 계산하기 위해 실진법을 사용했다. 알하젠이 활동하기 100년 전, 이집트에 대수학자 아부카밀(Abū Kāmil)이 살고 있었다. 아부카밀은 알콰리즈미를 따르고 그의 연구를 확장하였으며, 알-카르키와 피사의 레오나르도(Leonardo of Pisa)에게도 영향을 주었다.

또 다른 배움의 중심지는 스페인이었다. 코르도바에서 중요한 천문학자 중의 한 사람이 알자르칼리(Al-Zarqūli, Arzachel. 1029-1087년경)이었다. 그는 당대 최고의 관측자였으며, 이른바 톨레단 행성표(Toledan planetary table)의 편집자였다. 라틴어로 번역된 이 연구의 삼각비 표는 르네상스 시대의에 삼각함수 발달에 영향을 주었다. 톨레단 행성표에 뒤를 이은 것이 (카스타일의 알폰소 10세 후에) 알폰사인(Alfonsine)표이며 이 표가 몇 세기 동안 권위있는 것으로 사용되었다.

07

중국 수학을 마야의 수학처럼 고립된 현상으로 생각하는 것은 옳지 않다. 적어도 한(漢) 나라(이때 유럽은 로마 제국) 이후부터 중국은 아시아의 여러 나라와

---

11) M. Yadagari, "The Binomial Theorem: A Widespread Concept in Medieval Islam Tradition," HM, Vol. 7 (1980), pp. 401-06 참조.

심지어 유럽과도 상업적, 문화적 교류가 항상 있어 왔다. 인도와 후기 아라비아 학문은 중국에 영향을 끼쳤으며, 중국의 학문도 반대로 다른 나라의 학문에 영향을 주었다. 예를 들어, 10진법 자리체계와 음수는 중국에서 인도로 전해졌을 것으로 생각된다. 중국에 대한 인도의 영향 역시 불교가 중국 전래된 것만큼(1세기) 오래되었을 것이다. 그러나 그리스 수학이 어느 정도 같은 방향으로 발달하고 있었음에도 불구하고, 그리스가 중국에 영향을 끼쳤다는 증거는 거의 없다.

후한 시대에 활발하였던 원의 둘레와 지름의 비에 관한 연구는 아르키메데스와 무관하게 이루어져 온 것으로 보인다. 「구장산술(263년)」에 대한 현존하는 주석서의 저자인 유휘(劉徽)는 원에 내접하는 정다각형과 외접하는 정다각형을 이용하여 $3.1401 < \pi < 3.1427$임을 발견했다. 그리고 2세기 후에 조충지(祖沖之, 430－501년)와 그의 아들은 π의 값을 소수 7자리까지 구했으며 동시에 $\pi=22/7$와 $\pi=355/113$로 계산하다.[12)]

당나라 시대(618－906년)에는 전국적인 조사에 공식적으로 사용하기 위하여 가장 중요한 수학책들을 수집하였다. 우리에게 알려져 있는 수학책들은 1084년과 그 이후에 최초로 인쇄된 것이지만, 인쇄가 시작된 것은 바로 이 시기였다. 1115년에 「구장산술」의 인쇄본이 나타났다.

625년경 왕효통(王孝通)에 의해 쓰여진 책에는 「구장산술」의 $x^3 = a$ 보다 더 복잡한 3차 방정식이 나온다. 그러나 고대 중국 수학이 가장 번성했던 시대는 송나라(960－1270)와 (마르코 폴로에 의해 유명하게 된) 몽고 왕조 원나라 초기였다. 이 시기를 주도한 인물 가운데 하나가 진구소(秦九韶)이다. 진구소의 책은 1245년에 저술되었고, 그는 몇 세기 동안 점차적으로 발달해 온 부정 방정식 이론을 발전시켰다. 그가 다룬 문제들의 예는 다음과 같다.

$$x \equiv 32 \pmod{83} \equiv 70 \pmod{110} \equiv 30 \pmod{135}$$

진구소는 고차 방정식의 수치적인 해도 다루었는데 예를 들면 다음과 같다.

$$-x^4 + 763200x^2 - 40642560000 = 0$$

12) $\pi = \frac{355}{113}$는 톨레미와 아르키메데스의 값에서 구할 수 있다. 즉 $\pi = \frac{355}{113} = \frac{377-22}{120-7}$. 소수로 쓰인 π가 연분수로 확장되었을 때 부분 분수로 나타난 이 값은 "Mertius의 값"으로 일컬어지기도 한다.

그는 제곱근과 세제곱을 구하기 위하여 『구장산술』에서 이미 사용된바 있는, 연속적인 근사 방법을 일반화시켜 이런 방정식을 풀었다. 이 방법은 1819년 출판된 호너(W.G. Horner)의 책에 제시된 연산과 동일하다. 호너는 자신이 중국 수학에서 1000년의 전형적인 방법과 마주치게 되었다는 사실을 깨닫지 못하고 있음이 명백하다.

송나라 시대의 또 다른 수학자로 양휘(楊輝)를 들 수 있다.[13] 그는 소수를 연구했으며 우리가 현재 사용하는 방법대로 (1261년의 책) 소수를 기록했다. 양휘의 문제 중의 하나가 $24.68 \times 36.56 = 902.3108$이다. 양휘는 현존하는 기록 중 최초로 파스칼의 삼각형을 제시하였다. 파스칼의 삼각형은 1303년경 주세걸(朱世傑)이 쓴 책에서 다시 볼 수 있다. 이러한 수학자의 그룹 중에서 가장 중요하게 생각되는 주세걸은 그의 책에서 중국의 산술－대수적 계산 방법의 가장 완성된 형태를 제시한다. 그는 일차 연립 방정식의 "행렬식" 풀이를, 19세기 실베스터의 방법과 동일하게, 미지수가 여러 개인 고차 방정식으로 확장시키기도 했다.

후기 송나라에서 수학적 활동은 계속되었지만, 새로운 업적은 이루지는 못했다. 일반적으로 복잡한 산술－대수적 연구의 능력에서 중국 수학자들은 인도의 동료 수학자들과 아라비아어로 쓴 저자들에 필적될 수 있을 뿐만 아니라 때때로 그들은 인도나 아라비아 수학자들의 선생이 되기도 하였다. 예를 들어, 호너의 방법과 소수에 관한 연구는 후에 사마르칸드의 알카시의 책에서 발견된다.[14](6절 참조)

---

13) L. Y. Lam, "The Chinese Connection between the Pascal Triangle and the Solution of Numerical Equations of Any Degree," *HM*, Vol. 7 (1980), pp.407－24.

14) 16, 17세기 까지 중국과 일본의 수학은 유럽과 접촉이 있었다. 서양의 수학과 천문학은, 1583년부터 1610년 사망하기까지 베이징에 살았던, 마테오 리치 신부에 의해 중국에 소개되었다. Bosmans, "L'oeuvre scientifique de Mathieu Ricci, S. J." *Revue des Questions Scient*., 3rd ser., Vol. 29 (Jan., 1921), pp.135－51 참조.

참고문헌

2장의 참고문헌과 더불어 다음의 문헌들을 참고하시오.

Juschkewitsch (Juškevič), A. P. *Geschichte der Mathematik im Mittelalter*, Leipzig, 1964. (러시아어 원본, Moscow, 1961)

[Vogel, K.] *Mohammed ibn Musa Alchwarizmi's Algorismus. Das früheste Lehrbuch zum Rechnen mit indischen Ziffern*. Aalen, 1963. (S. Gandz, in Quellen und Studien, Vol. 2A (1932), pp. 61 - 85. 참고.)

Suter, H. *Die Mathematiker und Astronomer der Araber und ihre Werke*. Leipzig, 1900.(Suppl., 1902) (H. P. J. Renaud, *Isis*, Vol. 18 [1932], p. 126. 참고.)

Kasir, D. S. *The Algebra of Omar Khayyam.* New York, 1931, p. 126.

Khayyam, Omar. *Traktaty*. Moscow, 1961.(러시아어) (Trans. by B. A. Rozenfel'd, with photostats of the Arabic texts)

제5장 서유럽에서의 새로운 시작

01 로마 제국에서 경제와 문화가 가장 진보된 지역은 항상 동로마였다. 서쪽 지역은 관개 경제에 의존하지 않았다. 그 지역의 농업은 천문학의 연구를 자극하지 않는, 일종의 조방농법이었다. 실제로 서쪽 지역은 최소한의 천문학적 지식과 약간의 실용적인 산술, 상업과 측량을 위한 약간의 측정법으로도 나름대로 아주 잘 해 나갔는데, 동쪽에서부터 이런 학문을 발달시키려는 자극을 받았다. 정치적으로 동로마와 서로마가 분리되자 이러한 자극은 거의 사라졌다. 서로마 제국의 정적인 문명은 수 세기동안 거의 방해나 변화 없이 계속되었다. 고대 문명의 지중해적 단일성 또한 변화되지 않고 유지되었으며, 야만족의 정복에 의해서도 많은 영향을 받지는 않았다. 영국을 제외한 모든 게르만 왕국에서의 경제적인 조건과 사회적 제도, 지적인 삶은 쇠퇴한 로마 왕국의 상태와 유사했다. 경제 생활의 기초는 점차 자유 소작농이 된 노예에 의한 농업이었다. 자본 경제하의 부유한 도시들과 대규모 상업도 존재했다. 476년에 서로마가 멸망한 뒤, 그리스－로마 세계의 중심 권력을 공유한 것은 콘스탄티노플의 황제와 로마의 교황이었다. 서로마의 카톨릭 교회는 제도와 언어를 통하여 게르만 왕국 사이에서 로마 제국의 중심적 전통을 가장 잘 유지할 수 있었다. 수도자들과 교양 있는 평신도들은 그리스－로마 문명의 일부를 그대로 유지했다.

평신도들 중 외교관이자 철학자인 보에티우스(Anicius Manlius Severinus Boethius)가 저술한 몇 권의 수학 책은 서양 세계에서 천 년 이상 그 권위를 인정받았다. 그 책들의 내용은 빈약하지만 저자가 카톨릭 신앙의 순교자로서 524년에 죽었다는 믿음에 영향을 받아 오래 남아 있게 된 것 같다. 니코마코스(Nicomachus)를 피상적으로 번역한 보에티우스의 「산학의 연구(*Institutio arithmetica*)」는 3학(문법, 논리학, 수사학)과 4과(산술, 음악, 기하, 천문학)를 구성하는 7과의 일부로서 중세 학회에서 몰두했던 피타고라스의 수에 관한 일부 이론을 증명하였는데, 이 용어는 보에티우스가 처음 사용한 것 같다.

서구에서 고대 로마 제국의 경제가 사라지고 새로운 봉건 질서가 들어선 시기를 확정하기는 어렵다. 피렌(H. Pirenne)의 가설이 이 문제에 대해 어떤 단서를 제공할 수도 있는데, 그에 의하면 이슬람의 확장으로 고대 서양 세계의 종말이 왔다. 아랍인은 비잔틴 제국에게서 지중해의 동쪽과 남쪽의 모든 지방들을 빼앗고 동쪽 지중해를 이슬람교도로 둘러싸인 호수로 만들었다. 그들은 수 세기동안 극히 어려웠던 근동과 기독교적인 서방 사이에 상업적 관계를 형성했다. 아랍 세계와 이전 로마 제국의 북쪽 지역 사이에 지적인 교류가 완전히 중단된 것은 아니었지만 수 세기 동안 가로막혀 있었다.

그래서 프랑크족의 골과 로마 제국의 다른 지역에서 대규모의 경제가 소멸되었다. 도시들이 쇠퇴하기 시작하였고 도시에 대한 통행료가 무의미해졌다. 자본 경제는 물물 교환과 지역 시장으로 대체되었다. 즉, 서부 유럽은 반야만 상태로 되돌아갔다. 지주 귀족 정치가 상업의 쇠퇴와 함께 중요하게 부상했다. 카롤링거 왕족들이 이끄는 북 프랑크족 지주들이 프랑크의 땅을 통치하는 권력자가 되었다. 경제와 문화의 중심이 북 프랑스와 영국으로 이동했다. 동서의 분리로 인해 교황이 스스로 카롤링거와 동맹할 정도로 로마 교황의 권위가 제한되었으며, 이 움직임은 800년에 샤를마뉴(Charlemagne) 대제가 신성 로마 제국의 황제로 즉위함으로써 상징화되었다. 서유럽 사회는 봉건적이고 종교적이 되었고 그 방향은 북쪽과 독일이었다. 수 세기 후에 로마 제국으로부터 계승된 정적인 전통이 깨어졌다. 새로운 마구(馬具)와 등자(鐙子)의 도입은 이러한 단절을 보여주는 사례이다. 도시들이 발전할 때 시민 계층은 이러한 발명을 적극 수용했다.

02 서부 봉건 제도의 초기에는 수도원에서조차 수학을 이해하고 있다는 증거를 거의 찾을 수 없다. 이 기간의 원시 농업 사회에서 수학을 자극하는 직접적인

요인이라고 할 수 있는 실용적인 필요성조차 없었으며, 수도원의 수학은 주로 부활절 시간을 계산하는 데 사용된 교회 산술에 불과했다. 보에티우스는 최고의 권위자였다. 이러한 교회 수학자들 중 중요한 사람은 샤를마뉴 대제의 왕실과 관련된 영국 태생의 알쿠인(Alcuin)이다. 그의 「젊은 사람의 마음을 자극하는 문제(*Problems for the Quickening of the Mind of the Young*)」에는 수 세기 동안 교과서 저자들에게 영향을 준 문제들이 정선되어 포함되어 있다. 이러한 문제 중 많은 것은 그 기원이 고대 오리엔트의 것이다. 예를 들면

> 개가 토끼보다 150피트 늦게 출발하여 토끼를 쫓고 있다. 토끼가 7피트 뛸 때마다 개는 9피트를 뛴다. 개가 토끼를 따라 잡으려면 얼마나 많이 뛰어야 하는가?

> 늑대와 염소, 양배추를 강을 건너 옮기려고 한다. 배에는 사공 외에 한 가지만 실을 수 있다. 염소가 양배추를 먹지 못하게 하고 여우는 염소를 먹지 못하게 하면서 강을 건너는 방법은?

또 다른 교회 수학자는 프랑스 수도사인 제르베르(Gerbert)인데, 그는 999년에 실베스터(Sylvester) 2세라는 이름으로 로마 교황이 되었다. 제르베르는 보에티우스 식으로 논문들을 썼고 서부 유럽 전체에 수학에 대한 관심을 일깨우는 데 적극적이었다. 27개의 열이 있는 판자를 가진 주판은 제르베르가 만들었거나 그의 영향으로 만들어졌다. 제르베르는 968년경 카탈로니아에 머물렀는데, 이는 라틴 세계가 아라비아의 과학을 기꺼이 연구하게 되는 계기가 되었을 것이다.

03 서유럽과 초기 그리스, 오리엔트의 봉건제도의 발달 사이에는 의미 있는 차이가 있다. 서유럽의 조방 농업적 특징은 거대 관료 통치 제도를 필요로 하지 않으므로, 오리엔트적 전제 정치에 대한 근거가 존재할 수 없었다. 서양에서는 거대한 노예 공급 시장의 가능성이 없었다. 서유럽의 촌락들이 도시로 발전하고 이러한 도시들이 자치 단위로 발전하였는데, 이러한 자치 단위에서 시민들은 노예제에 기초한 여가 생활을 즐길 수가 없었다. 이것이 바로 초기 단계에서는 많은 공통점을 가졌던 그리스의 도시 국가와 유럽의 도시들이 왜 나중에 상당히 다르게 발달했는지에 대한 주요 이유 중의 하나이다. 중세 도시인들은 그들의 삶의 수준을 향상시키기 위해선 자신의 독창적인 재능에 의지해야만 했다. 중세 도시인들은 봉건 지주들에 대해 치열하게 대항하면서 12,

13, 14세기 동안 승리를 거두었다. 이 승리는 무역과 자본 경제의 급속한 확장뿐만 아니라 기계 공학의 점진적인 발달에도 근거한 것이었다. 봉건 군주들은 종종 세력이 약한 지주들에 대항해 싸우는 도시들을 지원하고 그렇게 함으로써 결국은 그 도시에 대한 통치권을 확장했다. 이렇게 해서 서유럽에서 최초의 국가가 출현하였다.

도시들은 그때까지도 문명의 중심이었던 오리엔트와 상업 관계를 맺기 시작했다. 이러한 관계는 평화적인 방법으로 맺어지기도 했고 때로는 십자군 전쟁에서처럼 폭력에 의하기도 했다. 상업적 관계를 처음 확립한 곳은 이탈리아의 도시들이었고 그 뒤를 프랑스와 중부 유럽이 뒤따랐다. 학자들은 상인이나 군인을 따랐는데 때로는 앞서기도 했다. 스페인과 시실리아는 동과 서의 최근접 접촉점이었으며, 여기서 유럽 상인들과 학생들이 이슬람 문명을 알게 되었다. 1085년 기독교인들이 이스람교도로부터 톨레도(Toledo)를 탈환했을 때 서방 학생들은 아라비아에서 전해진 과학을 배우기 위해 이 도시로 몰려들었다. 그들은 대화하고 번역하기 위해 유대인 통역자들을 고용하였는데, 그래서 12세기 스페인에서 티볼리의 플라톤(Plato), 크레모나의 제라르(Gherardo), 베스의 아델라아드(Adelard), 체스터의 로버트(Robert) 등이 아라비아의 수학책을 라틴어로 번역했다. 이와 같이 유럽은 아라비아를 통해 그리스 고전을 알게 되었으며, 이때쯤에 서유럽은 이러한 지식을 이해할 만큼 충분히 발전했다.

배움의 또 다른 중심지는 395년 이후 천년 이상 동로마제국의 수도였던 콘스탄티노플(지금의 이스탄불)이다. 여기는 그리스 유산이 아주 잘 보존되어 있기 때문에 라틴 학자들은 아랍어의 변역서에 의존하지 않고도 그리스 고전을 직접 연구할 수 있었다.

04 앞서 언급한 바와 같이 첫 번째 강력한 상업 도시가 이탈리아에서 성장하였는데, 12－13세기 제노아, 피사, 베니스, 밀라노, 프로렌스가 아랍과 북쪽 사이의 번성하는 무역을 담당했다. 이탈리아 상인들은 오리엔트를 방문했고 그 문명을 연구했다. 마르코 폴로의 여행은 이러한 모험의 대담성을 보여준다. 거의 2000여 년 전의 이오니아 상인들처럼 이탈리아 상인들은 오래된 문명의 과학과 예술을 재현함과 동시에 이를 자신의 상업 사회에 동화시키기 위하여 연구를 시도했는데, 이는 12－13세기에 일찍이 은행업의 성장과 산업의 자본주의적 형태의 시작을 바라본 것이다. 상당한 수학

적 연구의 성취를 보인 최초의 유럽 상인은 피사의 레오나르도(Reonardo)였다.

피보나치(Fibonacci, Bonacci 가문의 사람)라고도 불리는 레오나르도는 상인으로서 오리엔트를 여행했다. 그는 돌아와서 그가 여행에서 수집한 산술과 대수 지식을 모아 「산반서(*Liber Abaci*, 1202)」를 저술했다. 레오나르도는 「실용 기하학(*Practica Geometriae*, 1220)」에서 기하학과 삼각법에서 그가 발견한 것들을 비슷한 방식으로 기술했다. 레오나르도의 책이 아라비아의 문헌과 완전히 동일하지는 않은 예를 많이 수록하고 있는 점에 비추어볼 때,[1] 그는 또한 독창적인 탐구가라고 할 수도 있다. 그러나 레오나르도는 예를 들어 방정식 $x^2+10x=39$에 대한 논의에서처럼 알콰리즈미를 인용하기도 한다. 0, 1, 1, 2, 3, 5, 8, 13, 21, ...과 같이 각각의 항이 그 앞의 두 항의 합이 되는 이른바 피보나치 수열 문제는 새로운 것이며, 방정식 $x^3+2x^2+10x=20$의 해는 유클리드적 무리수 $\sqrt{a\pm\sqrt{b}}$에 의해 표현될 수 없다(그래서, 컴퍼스와 자만으로는 작도될 수 없다)는 그의 상당히 성숙한 증명 또한 그렇다. 레오나르도는 유클리드의 15가지의 경우를 조사하여 그것을 증명하고, 이어서 이 방정식의 양의 근을 60진법으로 여섯 자리까지 근사적으로 풀었다.

피보나치의 수열은 다음 문제에서 나온다.

> 만약 한 쌍의 토끼가 매달 새로운 한 쌍의 토끼를 낳으며, 새로 태어난 토끼도 두 달째부터 새끼를 낳을 수 있고, 어떠한 토끼도 죽지 않는다면, 한 쌍의 토끼로부터 일 년 후에 몇 쌍의 토끼가 나올 수 있는가?

「산반서」는 인도 아라비아 수 체계를 서유럽에 소개한 여러 경로 중의 하나이다. 인도 아라비아 수 체계는 레오나르도보다 몇 세기 전, 레벤트와 스페인으로부터 오는 상인, 사절, 학자, 순례자, 그리고 군인들에 의해 전래되어 가끔 사용되었다. 그러한 숫자가 포함된 것으로서 가장 오래 된 것으로 추정되는 유럽의 필사본은 976년에 스페인에서 쓰여진 「코덱스 비길라우스(*Codex Vigilanus*)」이다. 그렇기는 하지만 서유럽에는 10 개의 숫자가 천천히 도입되었다. 그 숫자들이 발견된 초기 프랑스 필사본은 1275년으로 거슬러 올라간다. 그리스의 수 체계는 수 세기 동안 아드리아 해안을 따라 유행되

---

1) L. C. Karpinski(*Amer. Math. Monthly*. Vol. 21[1914] pp.37－48)은 아부 카밀(Abu Kamil)의 대수에 대한 파리의 한 필사본을 이용하여 레오나르도가 문제의 전체 계열을 아부 카밀을 모방했다고 주장했다.

어 존속되었다. 계산은 아직도 러시아나 중국, 일본, 그리고 놀이터에서 놀고 있는 아이들이 사용하는 산판(算板)과 원리상 비슷한, 카운터(counter)나 조약돌이 있는 판인 고대 주판으로 행해졌다. 로마 숫자는 주판에서 행한 계산의 결과를 기록하는 데 사용되었다. 중세와 그 이후의 상인들의 원장에서 로마 숫자를 볼 수 있는데, 이는 사무실에서 주판이 사용되었음을 의미한다. 인도－아라비아 숫자의 도입은 대중의 반대에 부딪혔는데, 이 기호를 사용한 상인들의 장부가 읽기 어렵기 때문이다. 1299년 「교환 기술(*Arte del Cambio*)」이라는 법령은 프로렌스의 환전가들에게 아라비아 숫자의 사용을 금하고 로마 숫자를 사용하도록 강요했다. 14세기에 이탈리아 상인들은 가끔 그들의 회계 장부에 아라비아 숫자를 사용하기 시작했다.[2] 2315를 $\mathrm{II}^{m}\mathrm{III}^{c}\mathrm{X\,V}$ 와 같이 쓰는 중간 형태도 가끔 보인다.

05 무역의 확대와 함께 수학에 대한 관심이 북쪽의 도시로 천천히 확산되었다. 처음에는 실용적인 관심이 주였으며, 수 세기 동안 산술과 대수는 대학의 밖에서 대개 고전에 무지하며 자수성가한 **계산가**에 의해 가르쳐졌으며 그들은 또한 부기와 항해도 가르쳤다. 오랫동안 이런 유형의 수학은 '대수'(algebra)나 '알고리즘'(algorithm)과 같은 단어가 입증하듯이 아라비아에 근원을 두었음이 분명하다.

사색적인 수학은 실천가가 아니라 철학자들에 의해 연구되었기 때문에 중세 시대에 완전히 사라지지는 않았다. 여기에 플라톤과 아리스토텔레스에 관한 연구는 신의 본성에 대한 묵상과 결합되었으며 그 결과 운동, 연속체, 무한의 성질에 관하여 민감한 생각을 하게 되었다. 오리겐(Origen)은 아리스토텔레스의 생각을 이어받아 실무한의 존재를 부인하였으나, 성 아우구스티누스(St. Augustine)는 「신의 도성(*Civitas Dei*)」에서 자연수 전체의 수열을 실무한으로 인정했다. 아우구스티누스는 언어와 문장을 잘 구사하였기 때문에 칸토어(Georg Cantor)는 초한(超限)은 아우구스티누스가 정의한 것보다 더

---

2) 하버드 경영대학원에서 보관하고 있는 셀프리지 컬렉션의 메디치 회계 장부(1406으로 추정된다)에서 인도－아라비아 숫자가 이야기식 또는 서술식 난에서 종종 나타난다. 1439년부터 여행이나 거래 장부 같은 일차 기입 장부의 금전 난에서 로마 숫자는 인도－아라비아 숫자로 대치되었다. 그러나 1482년까지 한 메디치 상인을 제외한 모든 사업 원장의 금전 난에서 로마 숫자가 포기되지는 않았다. 1494년부터 모든 메디치 회계 장부는 인도－아라비아 숫자만 사용했다.

힘 있게 갈구될 수 없으며 더욱 완벽하게 결정될 수도 옹호될 수도 없다고 말했다.[3] 중세의 저술가, 특히 토마스 아퀴나스(St. Thomas Aquinas)는 *무한은 실제로 존재하지 않는다*는 아리스토텔레스의 말을 받아들였지만 모든 연속체를 잠재적으로 분할 가능한 무한으로 생각했다. 그래서 가장 작은 직선은 없다. 그러므로 점은 나눌 수 없기 때문에 직선의 일부분이 아니다. 즉, **연속체는 나눌 수 없는 것들로 이루어질 수 없다.** 점이 움직여서 직선이 될 수 있다. 그러한 생각은 17세기 미적분학의 발명가 그리고 19세기의 초한(超限)의 철학자들에게 영향을 미쳤으며, 카발리에리(Cavalieri), 타케(Tacquet), 볼차노(Bolzano), 칸토어는 그러한 저자들을 알고 있었고 그들의 아이디어의 의미를 숙고했다.

이런 성직자들은 종종 수학적 관심의 결과를 얻었다. 켄터베리의 대주교가 된 브래드와딘(Thomas Bradwardine)은 보에티우스(Boethius)에 대해 연구한 후 별 모양 다각형에 대해 조사했다. 중세 성직자 신분의 수학자 중에 가장 중요한 인물은 노르만디의 래시우스 주교인 오렘(Nicole Oresme)인데, 그는 분수 지수를 다루었다. $4^3 = 64 = 8^2$이므로 그는 8을 $\boxed{1^p\frac{1}{2}}$ 4 또는 $\boxed{\frac{p.1}{1.2}}$ 4 라고 썼는데, 이는 $4^{1\frac{1}{2}}$을 의미한다. 오렘은 「형상의 위도에 관하여(*De latitudinibus formarum*, 1360년경)」라는 책에서 독립변수에 대한 종속변수의 그래프를 그렸는데, 변수는 변하는 것이다. 그것은 고대인에게 알려진 지구와 천구에 대한 좌표로부터 근대의 좌표 기하학으로의 일종의 막연한 이행을 보여 주는 것이다. 이 저서는 1482년과 1515년 사이에 여러 차례 인쇄되었으며, 데카르트를 포함한 르네상스 수학자들에게 영향을 끼쳤을 것이다. 오렘은 조화급수가 발산함을 보여주는 무한급수에 대해서도 글을 썼는데 그것은 그 당시 주목할 만한 결과였다.

06 무역과 항해술, 천문학, 측량의 직접적 영향 하에 있는 신흥 무역도시와 함께 수학이 발달했다. 도시인들은 세고 계산하는 데 관심이 있었다. 솜바트

3) G. Cantor "Letter to Eulenburg(1886)," *Ges. Abhandlugen*(Berlin, 1932), pp.401－02. 칸토어가 인용한, 『신의 도성』(*The City of God*)의 12권 18장은 "무한한 것은 신의 지식 위에 있다고 말하는 것과 같은 것에 반대하여"라는 제목이 붙어 있다.

(Sombart)는 15, 16세기 시민들의 이러한 관심을 계산성(*Rechenhaftigkeit*)이라고 불렀다.[4] 실용 수학을 애호하는 지도자들은 '계산가'로서, 천문학 연구를 통하여 계산 방법을 개선하는 것이 중요하다는 생각하는 대학 교수들과 아주 이따금씩 연결되었다. 새로운 삶의 중심부는 이탈리아의 도시와 뉴렘베르그, 비엔나, 프라하와 같은 중부 유럽의 도시들이었다. 1453년의 콘스탄티노플 함락으로 비잔틴 제국이 멸망하고 많은 그리스 학자들이 서유럽 도시로 이동했다. 그리스 원전에 대한 관심이 증가하였고 또 쉽게 충족되었다. 대학 교수들은 원전을 연구하기 위하여 교양 있는 소시민들과 협력했고, 야심 있는 계산가들은 그들 나름의 방식으로 새로운 지식을 이해하려고 애썼다.

이 시기의 대표적 인물은 쾨니스베르그(Königsberg)[5]의 뮐러(Johannes Müller), 즉 15세기 주도적 수학자였던 레기오몬타누스(Regiomontanus)이다. 탁월한 도구 제작자이자 인쇄공이며 과학자인 레기오몬타누스의 활동에서 레오나르도 이후 2세기 동안 유럽에서 일어난 수학적 발전을 볼 수 있다. 레기오몬타누스는 적극적으로 유용한 고전 수학 문헌을 번역하고 출판했다. 그의 스승이며 천문학 삼각표의 저자이기도 한 천문학자 포이어바흐(George Peurbach)는 이미 프톨레마이오스의 천문학을 번역하기 시작했다. 레기오몬타누스는 계속해서 이것을 번역했고, 아폴로니우스(Apollonius), 헤론(Heron), 그리고 가장 어려운 아르키메데스(Archimedes)도 번역했다. 그의 주된 독창적 작품은 「삼각법의 모든 것(*De triangulis omnimodis libri quinque*, 1464년에 쓰여졌으나 1533년까지는 인쇄되지 않았다)」이라는 삼각법에 대한 완전한 입문서인데, 이 책은 우리가 사용하고 있는 편리한 표기법이 존재하지 않았다는 점에서 오늘날의 교재와는 다르다. 「삼각법의 모든 것」에는 구면 삼각형에서의 사인법칙이 들어 있다. 모든 정리는 그 때까지도 단어로 표기되어야 했다. 삼각법은 그 때부터 천문학과 분리되어 하나의 학문이 되었다. 나시르 알딘이 13세기에 이미 그와 비슷한 것을 성취했었다. 그러나 그의 연구는 더욱 진전된 결과를 얻지 못한 반면, 레기오몬타누스의 책은 삼각법의 발달에 크게 영향을 미쳤고 천문학과 대수에 응용이 되었다는 점이 의미 있는 일이다. 레기오몬타누스는 삼각표를 계산하는 데에 많은 노력을 기울였다. 예를 들어, 그는 1 분 간격으로 반

---

4) W. Sombart, *Der Bourgeois*(Munich and Leipzig, 1913), p.164. *Rechenhaftigkeit*라는 용어는 기꺼이 계산하려는 마음, 산술 작업의 유용성에 대한 믿음을 의미한다.

5) 이 도시는 발트해에 있는 도시(현재의 칼리닌그라드 Kaliningrad)가 아니라 메인(Main)의 남쪽에 있는 바바리아(Bavaria)의 조그만 도시이다.

지름이 60.000인 사인표를 만들었는데, 이는 그의 사후에 인쇄되었다.

사인은 원에서 각에 대한 반현으로 정의되는 선분이었다. 따라서 그 수치는 반지름의 길이에 좌우되었다. 반지름이 크면 60진 분수나 십진 분수를 도입하지 않고도 사인값을 상당히 정확하게 찾을 수 있다. 반지름이 1인 원을 체계적으로 사용하고 사인, 탄젠트 등을 비(수)의 개념으로 사용한 것은 오일러(Euler, 1748)인데, 그는 현재와 같은 표기법을 도입했다.

07 지금까지 고대 그리스와 아라비아의 업적을 확실하게 능가하는 진전은 없었다. 고전들은 과학의 최고 정점으로 남아 있었다. 따라서 16세기 초 이탈리아 수학자들이 고대인들과 아라비아인들이 간과한 새로운 수학 이론을 발전시킬 수 있다는 것을 실제로 보여준 것은 대단하고 또 활기를 불어넣는 놀라운 것이었다. 삼차방정식을 일반 대수학적 방법으로 해결하게 된 이 이론은 볼로냐 대학의 페로(Scipio del Ferro)와 그 제자들이 발견했다.

이탈리아의 도시에서는 레오나르도 이후에도 계속해서 수학이 발달했다. 15세기에 이탈리아의 뛰어난 계산가들은 무리수를 포함한 산술적 계산을 기하와는 전혀 무관하게 잘 처리했으며, 화가들은 훌륭한 기하학자였다. 바사리(Vasari)는 「화가의 생애(*Lives of the Painters*, 1550, 1564－68)」에서 15세기의 공학자와 예술가들의 입체 기하학에 대한 관심을 언급했다. 그들의 업적 중 하나는 브루넬레스, 도나텔로, 우첼로가 시작하고, 마사시오, 알베르티, 피에로와 같은 사람들이 계속한 선형 투시도법(linear perspective)의 연구였다. 그 중 피에로는 투시도법에서의 입체 기하학에 관한 책을 저술했다. 레오나르도 다빈치와 라파엘도 투시도법을 공부했다.

인쇄술의 발명으로 실용 산술과 상업적 응용을 가르치기 위한 책이 출판되기 시작하였으며 이를 계기로 계산술이 광범위하게 확산되었다.[6] 이 시기의 수학에 관한 가장 인상적인 책은 루카 파촐리(Franciscan Luca Pacioli)의 「산술, 기하, 비와 비례 요약집(*Summa de Arithmetica, Geometrica, Proportioni et Proportionalita*)」으로, 1494년에

6) 상업 산술(Treviso, 1478)과 유클리드의 「원론」의 라틴어판(Venice, Ratdolt, 1482)이 처음 출판된 수학 책이다.

처음 발표되었다.[7] 그 책은 이탈리아어로 쓰여졌으며 당시 산술, 대수, 기하, 삼각법에 대해 알려진 모든 것이 수록되어 있다. 당시 인도 아라비아 숫자의 사용법이 잘 확립되어 있었으며 산술 표기법은 지금과 큰 차이가 없다. 파촐리는 현재의 방식으로 하면 $x^3+mx=n$, $x^3+n=mx$와 같은 형태의 방정식은 당시로는 원과 넓이가 같은 정사각형을 작도하는 문제와 같이 해결 불가능해 보인다는 언급으로 책을 끝마쳤다.

이 무렵 볼로냐 대학에서 수학자들의 연구가 시작되었다. 15세기에 들어서면서 이 대학은 유럽에서 가장 크고 유명한 대학 중의 하나였다. 한때는 천문학부 하나만 해도 16명의 강사가 있을 정도였다. 유럽 전 지역에서 학생들이 강의와 군중들의 마음을 사로잡는 공개 토론을 듣기 위해 몰려들었다. 그러한 학생들 중에 파촐리, 뒤러(Albrecht Dürer), 코페르니쿠스 등이 있었다. 고전 지식을 배우고자 하는 것은 물론 고전에 의해 설정된 한계를 넘어 새로운 것을 창조하고자 하는 갈망이 새 세대의 특징이었다. 인쇄술과 아메리카의 발견은 그러한 가능성의 예라 할 수 있다. 새로운 수학을 창조하는 것이 가능할까? 그리스인과 오리엔트인들은 온갖 노력을 다해 3차 방정식을 풀려고 애를 썼으나 몇 가지 특수한 경우를 수치적으로 해결했을 뿐이다. 볼로냐 수학자들은 이제 일반적인 해를 구하려고 노력했다.

이 3차 방정식은 모두 다음 3가지 유형으로 환원할 수 있다.

$$x^3+px=q,\ \ x^3=px+q,\ \ x^3+q=px$$

여기서, p와 q는 양의 정수이다. 1526년에 사망한 페로 교수가 이것을 특별히 연구했다. 보톨로티는 페로 교수가 모든 유형의 문제를 풀 수 있었다고 주장했다. 페로는 해를 구하는 방법을 출판하지 않고 몇몇 친구에게만 말했을 뿐인데 나중엔 결국 세상에 알려지게 되었다. 페로가 죽은 뒤 타르탈리아(Tartaglia, 이 말은 "말더듬이"라는 뜻)라는 베네치아의 수학자가 1535년에 페로의 방법을 재발견했다. 타르탈리아는 공개 석상에서 그 결과를 발표했으나 그것을 구하게 된 방법은 비밀로 했다. 마침내 타르탈리아는 비밀로 하겠다고 맹세한 밀라노의 의사 카르다노(Girolamo Cardano, 영어로는 Jerome Cardan)에게 그의 아이디어를 털어놓았다. 그러나 1545년 카르다노가 「위대한 술법(*Ars*

---

7) 파촐리는 황금 분할에 관한 책 『신성한 비례에 관하여』(*Divina Proportion*, 1509)도 출판했다. 별 모양 다면체를 포함하여 그 아름다운 도형은 레오나르도 다빈치의 공적으로 돌려진다. 그는 또한 『집성』(*Summa*)의 한 분야로서 복식부기에 관한 최초의 논문도 썼다.

magna)」이라는 거만스런 제목의 대수학 책을 출판했을 때, 타르탈리아는 카르다노가 자신의 방법을 모두 밝혀버린 것을 알고 혐오스러워 했다. 양측에서 쏟아진 욕설과 함께 증오에 찬 논쟁이 계속되었고 젊은 학자인 페라리(Ludovico Ferrari)는 카르다노를 옹호했다. 이 싸움에서 타르탈리아의 「질문(*Quaesiti*, 1546)」과 페라리의 「카드(*Cartelli*, 1547－48)」와 같은 재미있는 기록이 나타났는데, 이로 인해 이 놀라운 발견의 모든 역사가 공공연하게 알려지게 되었다. 「위대한 술법」은 여러 해 동안 권위를 누렸다.

그 해법은 카르다노의 해법으로 알려졌는데, $x^3+px=q$의 경우에 다음과 같다.

$$x=\sqrt[3]{\sqrt{\frac{p^3}{27}+\frac{q^2}{4}}+\frac{q}{2}}-\sqrt[3]{\sqrt{\frac{p^3}{27}+\frac{q^2}{4}}-\frac{q}{2}}$$

여기서 우리는 유클리드에서 나타나는 $\sqrt{a\pm\sqrt{b}}$ 와는 다른 형태의 양 $\sqrt[3]{a\pm\sqrt{b}}$ 을 볼 수 있다.

카르다노의 「위대한 술법」에는 또 다른 빛나는 발견도 포함되어 있다. 일반적인 4차 방정식의 풀이를 3차 방정식의 풀이로 환원하는 페라리의 방법이 그것이다. 페라리는 방정식 $x^4+6x^2+36=60x$를 $y^3+15y^2+36y=450$으로 환원했다. 카르다노는 음수도 생각하여, 그것을 '가상의 수'라고 불렀다. 그러나 우리가 현재 복소수라고 부르는 수의 합이나 차로 나타나는 3 개의 실제 해를 가지는, 소위 "인수분해되지 않는" 경우에는 어떤 것도 할 수 없었다.

16세기 말 볼로냐의 수학자 봄벨리(Raffael Bombelli)가 이 어려운 문제를 해결하였는데, 그의 『대수학(*Algebra*)』은 1572년에 나타났다. 봄벨리는 이 책에서－그리고 필사본으로 남아 있는 1550년 경에 쓰여진 한 기하학 책에서－복소수에 대한 일관성 있는 이론을 소개했다. 그는 $3i$를 $\sqrt{0-9}$ (문자로 $R[0m.9]$와 같이 나타냈는데, R은 근호를 m은 '부족한'을 의미한다)라고 썼다. 이렇게 해서 봄벨리는 예를 들어 다음과 같은 경우를 보임으로써 인수분해가 불가능한 경우도 취급하게 되었다.

$$\sqrt[3]{52+\sqrt{0-2209}}=4+\sqrt{0-1}$$

봄벨리의 책은 광범위하게 읽혀졌다. 라이프니츠는 3차 방정식의 연구를 위해 이 책을 선택했고 오일러는 대수학 책의 4차 방정식 단원에서 봄벨리를 인용했다. 그때부터 복소수의 신비성이 점차 벗겨지기 시작하였으나 19세기에 들어서서야 복소수가 완전히 인정받게 되었다.

우리가 현재 이차방정식에 관한 교재에서 흔히 도입하고 있는 허수가 이차방정식 이론을 통해서가 아니라, 실제적인 해가 승인될 수 없는 형태로나마 존재하는 3차 방정식 이론에서 처음으로 도입되었다는 것은 이상한 사실이다.

08 대수학과 산술은 수십 년간 수학 연구에서 선호하는 주제였다. 이제는 상인 계급의 계산성에서 뿐만 아니라 새로운 국가 지도자의 측량이나 항해에 관한 요구에서도 자극이 오기 시작했다. 공공 건축과 군사 구조물의 건설을 위해 공학자들이 필요했다. 천문학은 과거의 어느 시기에서나 마찬가지로 수학 연구의 중요한 영역이었다. 코페르니쿠스, 브라헤, 케플러의 위대한 천문학적 이론의 시대였다. 우주의 새로운 개념이 나타났다.

철학적인 사고는 과학적인 사고의 경향을 반영했다. 양적인 수학적 추론을 지지하는 플라톤이 아리스토텔레스를 능가했다. 플라톤의 영향은 케플러의 연구에서 특히 명백하다. 삼각법과 천문학의 표는 특히 독일에서 점점 정확해졌다. 비텐베르그의 교수이자 코페르니쿠스의 친구인 레티쿠스(G. J. Rheticus)의 표는 제자인 오토(Valentin Otho)에 의해 1596년에 완성되었는데, 이 표에는 10초 간격으로 여섯 개의 삼각비 값이 모두 열 자리까지 나타나 있다. 그것은 「삼각법의 궁전(*Opus Palatiunum*)」으로 알려졌다. 피티스쿠스(Pitiscus)의 표(1613)는 15자리까지 나타내었다. 방정식을 푸는 기술과 근의 본질에 대한 이해도 향상되었다. 1593년 벨기에 수학자 루멘(Adriaen van Roomen)에 의해 만들어진 다음과 같은 45차 방정식을 풀기 위한 공개 시합은 이 시대의 특징이었다.

$$x^{45} - 45x^{43} + 945x^{41} - 12300x^{39} + \cdots - 3795x^3 + 45x = A$$

루멘은 특별한 예,

즉 $x = \sqrt{2 - \sqrt{2 + \sqrt{2 + \sqrt{2 + \sqrt{3}}}}}$ 가 되는 $A = \sqrt{2 + \sqrt{2 + \sqrt{2 + \sqrt{2}}}}$ 를 제안하였는데, 이는 정다각형을 고찰하여 얻은 것이다.

앙리 4세의 법정에 소속되어 있는 프랑스 법률가 비에트(FranÇois Viète)는 루멘의 문제의 좌변이 $\sin\phi$를 $\sin\frac{\phi}{45}$에 대한 식으로 표현한 것과 동치임을 관찰하여 이 문제를 해결했다. 그래서 표를 이용하여 해를 구할 수 있었다. 비에트는 음의 해를 버리고 $\sin(\frac{\phi}{45} - n \cdot 8°)$ 형태의 해를 23개 구했다. 비에트는 또한 3차 방정식에 대한 카르다노의 해를 삼각법적인 해로 환원하였는데, 그 과정에서 허수를 도입할 필요가 없어져서 인수분해가 불가능한 경우에 대한 두려움이 사라졌다. 이런 풀이는 '고급 대수'에 대한 현재의 교재에서 볼 수 있다.

비에트의 주요한 업적은 방정식 이론의 발전(예를 들어, 「해석학 서설(*In artem analyticam isagoge*, 1591)」)에 있는데, 수를 문자로 나타낸 최초의 사람이었다. 디오판토스 학파의 '축약' 대수에서조차 숫자 계수를 사용했는데, 그 때문에 대수 문제를 일반성 있게 논의하기 힘들었다. 16세기 대수학자들의 연구물은 다소 복잡한 표기법으로 출판되었다. 그러나 비에트의 「뛰어난 계산술(*logistica speciosa*)」에서 일반적인 기호 체계가 나타났는데, 여전히 A^2을 'A 제곱'으로 쓰고는 있지만 수 계수를 나타내는 데 문자를 사용했다. 여기서 현재의 의미로서의 '+'와 '−'의 기호도 발견하게 되지만 이 기호는 여기가 처음은 아니었다. 이 기호는 인쇄상으로는 1489년 비드만(Johann Widmann)이 쓴 독일 산술책에서 처음 나타났다고 하는 것이 좋을 것이다. 비에트가 두 선분의 곱은 넓이로 인식되고, 그래서 선분은 선분에, 넓이는 넓이에, 부피는 부피에만 더해질 수 있다는 그리스의 동질성의 원리를 고집하고 있다는 점에서, 그의 「뛰어난 계산술」도 오늘날의 대수와는 다르다. 4차 이상의 방정식이 실제로 의미를 갖는지 하는 의심이 있었는데, 그것은 4차원에서만 이해될 수 있으며 이는 그 당시 그리고 그 후 오랫동안 이해되기 어려운 개념이었기 때문이다.

이때는 계산 기술이 새로운 경지에 도달하고 결국은 이슬람 세계의 업적을 능가하기 시작하는 시대였다. 비에트는 아르키메데스의 방법을 개선하여 π를 소수 이하 아홉 자리까지 구하였으며, 얼마 후에 펜싱 교사인 쿨렌(Ludoph van Coolen)은 더욱더 많은 변을 가진 내접·외접 정다각형을 이용하여 π를 소수 이하 35자리까지 구했다. 비에트는 또 π를 무한급수로 나타내었는데(1593) 현대식 표기로는 다음과 같다.

$$\frac{2}{\pi} = \cos\frac{\pi}{4}\cos\frac{\pi}{8}\cos\frac{\pi}{16}\cos\frac{\pi}{32}\cdots$$

계산 기술의 발달은 기호법의 발달 결과였다. 이 새로운 결과로 인해 비에트와 같은 사람들이 '단지' 기호법만을 발전시켰다고 말하는 것은 분명히 잘못이다. 그러한 주장을 한다면 이는 내용과 형식 사이의 깊은 연관성을 폐기하는 것이라고 할 수 있다. 새로운

비에트(1540-1603)

네이피어(1550-1617)

결과는 종종 새로운 기록 양식 때문에만 가능해졌다. 인도-아라비아의 숫자를 도입한 것이 그 하나의 예이며 미적분에 대한 라이프니츠의 표기법이 또 하나의 예이다. 적절한 표기법은 그렇지 못한 것보다 실재를 더 잘 반영하며 나중에 새로운 의미를 갖기도 한다. 비에트가 표기법을 개선하고 그 결과 몇 세대 후에 데카르트가 대수를 기하에 적용하였으며 현대식 표기법이 나타나게 되었다.

09 새로운 상업국가, 특히 프랑스, 영국, 네덜란드에서는 공학자와 산술가들이 특별히 필요했다. 천문학은 유럽 전역에 걸쳐서 활용되었다. 인도로 가는 바닷길이 발견된 후에 이탈리아의 도시가 오리엔트로 가는 중요한 길목이 되지는 못했어도, 여전히 중요 중심지였다. 그래서 17 세기초 위대한 수학자와 계산가 중에서 스테빈(Simon Stevin)은 공학자이고, 케플러(Johann Kepler)와 해리엇(Thonnas Harriot)은 천문학자이며, 블락(Adriaen Vlacq)과 데커(Ezechiel de Decker)는 측량기사였다.

스테빈은 네덜란드의 마우리스 왕자의 군대 장교가 되었는데, 마우리스 왕자는 스테빈의 이론적 이해와 독창성 및 실제적 감각을 통합하는 방법을 이해했다. 스테빈은 「라디즘(*La disme*, 1585)」에서 십진법에 근거하여 모든 측정 체계를 통합하고자 하는 과정에서 십진 분수를 도입했다. 그것은 인도-아라비아 수체계의 일반적인 도입에 의해 가능해진 위대한 발전 중의 하나이다.

또 다른 계산술의 향상은 로그의 발명이었다. 16세기의 몇몇 수학자들은 주로 복잡한 삼각표를 다루는 일을 쉽게 하기 위하여, 산술급수와 기하급수를 통합할 수 있는 가능성을 다루었다. 스코트랜드의 지주인 네이피어(John Napier)가 여기에 중요한 기여를 했는데, 그는 1614년에 「놀라운 로그 체계의 기술(*Mirifici logarithmorum canonis descriptio*)」을 출판했다. 그의 중심 생각은 두 수열을 구성하되 하나가 등차수열에서 증가할 때 다른 하나는 등비수열에서 감소하도록 결합하는 것이었다. 두 번째 수열에서 두 수의 곱은 첫 번째 수열에서 대응하는 수들의 합과 관련되어 있으므로, 곱셈은 덧셈으로 환원될 수 있다. 네이피어는 이런 체계를 이용하여 사인 계산을 상당히 빨리 할 수 있었다. 네이피어의 초기 시도는 다소 서툴렀는데, 두 수열이 현대식으로 나타내면 다음과 같은 공식에 대응되기 때문이다.

$$y = ae^{-\frac{x}{a}} \text{(또는 } x = \mathrm{Nep.\,log}y)$$

여기서 $a = 10^7$이다.[8] $x = x_1 + x_2$일 때 우리는 $y = y_1y_2$가 아니라 $y = \frac{y_1y_2}{a}$를 얻는다. 네이피어는 런던의 그레샴 대학의 존경하는 브리그스(Henry Briggs) 교수에게 이 체계가 마음에 들지 않는다고 말했다. 그들은 함수를 $y = 10^x$으로 정하였는데, 그 이유는 $x = x_1 + x_2$일 때 실제 결과가 $y = y_1y_2$이기 때문이다. 네이피어가 죽은 후 브리그스는 이 생각을 발전시켜 1624년에 「산술 로그(*Arithmetica logarithmica*)」를 출간하였는데, 여기에 1에서 20,000까지, 그리고 90,000에서 100,000까지의 정수에 대하여 14자리까지의 '브리그스' 로그가 포함되어 있다. 20,000에서 90,000까지는 네덜란드 측량기사였던 데커(Ezechiel de Decker)가 완성하였는데, 그는 블락의 도움을 받아 1627년 완전한 로그표를 출판했다. 이 새로운 발명은 즉시 수학자들과 천문학자들에게 환영받았는데, 특히 정교한 계산에 길고 힘든 시간을 소비한 경험을 가졌던 케플러에게서 대단한 환영을 받았다.

---

8) 그래서 $\mathrm{Nep.\,log}y = \ln 10^7(\ln 10^7 - \ln y) = 161180957 - 10^7 \ln y$이고 $\mathrm{Nep.log}1 = 161180957$이다. $\ln x$는 자연로그를 의미한다. 소숫점을 도입하여 스테빈의 소수 표기법을 수정한 사람 역시 네이피어였다. 우리가 알다시피, 소수는 스테빈보다 훨씬 이전에 이미 중국과 아라비아의 수학자들이 사용했다.

지수로 로그를 설명하는 것은 지수함수의 개념이 17세기 후반에야 비롯되었기 때문에 역사적으로 다소 오해의 여지가 있다. 네이피어는 밑(base)에 대한 아무런 생각도 갖고 있지 않았다. 함수 $y = e^x$ 에 기초한 자연로그는 브리그스 로그와 거의 같은 시기에 나타났지만 미적분학이 보다 잘 이해된 다음에야 자연로그의 중요성이 인식되었다.[9)]

9) 항해에 관한 저술가인 라이트는 1618년 자연대수에 관한 것을 출간하였고, 1619년에는 스파이델이 출간했다. 그러나 이 후 1770년까지 자연로그에 관한 어떠한 표도 출간되지 않았다.

참고문헌

Boyer, C. B. *The History of the Calculus*. New York, 1949. Dover reprint, 1959.(3장 참조)

Cardano, J. *The Book of My Life. London*, 1931.(J. Stoner가 번역)

Ore, O. *Cardano, the Gambling Scholar*. Princeton, 1953.도 참조.

Grant, E., ed. *De proportionibus proportionum.*(by Nicole Oresme) Madison, Wis., 1966.

Hughes, B., trans. *Regiomontanus on Triangles*. Madison, Wis., etc., 1967. B. Rosenfeld, *Scripta math.*, Vol. 28 (1970), pp. 364 – 65. 참조.

Gould, S. H., trans. *The Book on Games of Chance.*(by Girolamo Cardano) New York, 1961.

Stevin, S. *The Principal Works*. 5 vols., Amsterdam, 1955 – 66. Vols. IIA, B (1958)에 수학이 포함되어 있다.

Masotti, A., ed. *Quaesiti* (by Tartaglia) and *Cartelli* (by Tartaglia and Ferrari). Brescia, 1959, 1974.

Viète, F. *Opera mathematica*. Leiden, 1646. J. E. Hofmann이 서문을 써서 재출판, Hildesheim and New York, 1970.

Witmer, T. R., tans. and ed. *The Great Art or the Rules of Algebra by Girolamo Cardano*. Cambridge, Mass., and London, 1968. (이것은 현대적 표기법을 사용하여 영어로 쓰여진『위대한 술법』(*Ars magna*)이다)

Taylor, E. G. R. *The Mathematical Practitioners of Tudor and Stuart England.* Cambridge, 1954.

Clagett, M. *The Science of Mechanics in the Middle Ages*. Madison, Wis., and London, 1959.

_____. *Archimedes in the Middle Ages*, Vol. Ⅰ. Madison, Wis., 1964.

Sarton, G. *Six Wings: Men of Science of the Renaissance*. Bloomington, Ind.,1957.

Davis, N. Z. "Sixteenth Century French Arithmetics and the Business Life." *J. Hist. of Ideas*, Vol. 21 (1960). pp. 18 – 48.

Rose, P. L. *The Italian Renaissance of Mathematics*. Geneva, 1975.

Matvierskaya, G. P. *Development of Number Theory in Europe till the 17th Century.*(러시아어) Tashkent, 1971.

제6장 17세기

01 르네상스 시대에는 상인 계급의 **계산술**(*Rechenhaftigkeit*)의 영향과 더불어 기계를 생산적으로 이용하고 더욱 발달시키면서 수학이 급속도로 발전하였다. 동양과 고대 그리스와 로마에 기계가 알려졌으며, 이는 아르키메데스의 천재성을 고무시켰다. 그러나 노예가 아직 존재했고 경제적으로 앞선 도시 생활이 없었기 때문에 이러한 구식 사회에서 기계를 거의 사용하지 않았다. 이는 기계를 오락이나 속임수의 목적으로 기술한 헤론의 작품에 잘 나타나 있다.

중세 후기에는 기계를 소규모 제조업, 공공 작업, 광업에 이용하기 시작했다. 이윤을 추구하는 도시의 상인이나 군주가 경영하는 기업도 있었는데, 이는 도시의 동업조합에 반하는 것이었다. 전쟁과 항해로 인해 도구가 발달했고 더 나아가 도구가 기계로 대체되는 현상을 촉진시켰다.

루카와 베니스에는 14세기 이전에 이미 노동력과 수력(水力)으로 운영되는 비단 공장이 세워졌다. 15세기 중부 유럽의 광산에서는 더 깊은 지층을 뚫기 위해 기술적으로 펌프와 기중기를 이용했는데, 이를 바탕으로 완전한 자본주의 산업으로 발전하고 있었다. 화기(火器)와 인쇄의 발명, 풍차와 운하의 건설, 대양의 항해를 위한 배의 건조는 공학 기술을 필요로 했고, 사람들에게 기술의 필요성을 환기시켰다. 시계가 완성되어 천문학과 항해에 유용하게 이용되었고, 공공장소에 설치되기도 하여 감탄할 만한 기계 장치를 대중에게 제공하는 기회가 되었다. 시계 작동의 규칙성과 시간을 정확하게 나타내는 가능성은 철학 정신에 강력한 영향력을 주었다. 르네상스 시대와 그 후에도 시계는 우주의 모델로 여겨졌다. 시계는 세계에 대하여 기계적인 개념을 발달시키는 중요한 요인이 되었다. 이는 또한 '시간은 돈'이라는 심리적인 변화를 대변한다.

기계는 역학 이론의 발달을 가져왔으며 일반적인 운동 및 변화의 과학적 연구를 유도했다. 이전 세대 사람들은 이미 정역학(靜力學)에 대한 몇 권의 저서를 펴낸 바 있는데, 기계에 대한 새로운 이론적 연구는 자연스럽게 정역학에 대한 이전 저자들의 연구를 바탕으로 한다. 기계에 대한 책들은 인쇄술의 발명 이전에 나타났는데, 최초의 경험적 기술은 15세기 카이저에서, 후의 이론적 기술은 1450년경 건축에 대한 알베르티(Leon Battista Alberti)의 책과 1500년경 레오나르도 다빈치의 글에서 찾아볼 수 있다. 레오나르도 다빈치의 원고는 자연의 유한 역학 이론에 대한 발달을 기술하고 있다. 타르탈리아는 1537년 「새 과학(*Nuova scienzia*)」에서 시계의 구조와 발사물의 궤도에 대해 논의했는데, 갈릴레오에 의해 처음 발견된 포물선 궤도에 대해서는 아직 논의하지 않았다. 헤론과 아르키메데스에 대한 라틴어판 출판은 이러한 연구를 촉진시켰는데, 특히 1558년 아르키메데스에 대한 코만디노의 저서는 고대의 적분법을 수학자의 관점에서 소개하고 있다. 코만디노는 1565년 무게중심을 계산하기 위하여 적분법을 적용했는데, 이는 아르키메데스의 방법보다 엄밀성이 떨어지는 것이었다.

무게중심에 대한 계산법은 아르키메데스 학파가 선호하는 주제였는데, 이들은 현재 우리가 미적분학의 기초로 인식하고 있는 것들에 대한 실제적 지식을 얻기 위해 정역학을 이용하였다. 아르키메데스의 제자들 중 탁월한 인물은 1586년 무게중심과 수력학에 대해 저술한 스테빈(Simon Stevin), 1604년 무게중심과 1606년 포물선의 구적법(求積法)에 대해 저술한 발레리오(Luca Valerio), 1641년 중심에 대한 굴댕의 법칙으로 불리는 「물체의 중심을 발견하기(*Centro baryca*)」를 저술한 굴댕(Paul Guldin)으로, 굴댕의 법칙은 이미 파포스가 설명한 바 있다. 초기 개척자들로는 미적분학의 발명을 가능하게 한 이론을 전개한 케플러, 카발리에리, 토리첼리 등을 들 수 있다.

02 이들이 엄밀하지 않은 '원자적' 가정에 기초하여 아르키메데스의 엄밀성을 져버리는 것은 특이한 일이다. (그들은 아르키메데스가 에라토스테네스에게

보낸 편지에 나타난 바와 같이, 아르키메데스가 발견술의 가치를 위해 엄밀하지 않은 방법을 사용하였다는 사실을 모르고 있었을 것이다) 이는 부분적으로 스콜라 철학의 성급함에서 연유했다고 볼 수 있는데, 몇몇 선구자들은 스콜라 철학을 훈련받은 가톨릭 성직자였기 때문이다. 이러한 성급함은 결과를 갈망하는 데서 연유했는데, 그리스의 방법은 신속하게 결과를 제공할 수 없었기 때문이다.

천문학의 혁명은 코페르니쿠스, 브라헤, 케플러 등과 연관되어 있는데, 그들은 인간이 우주의 중심이며, 합리론의 방식으로 천문학적 현상을 설명하기 위한 인간의 능력에 대해 새로운 견해의 지평을 열었다. 천체역학을 보조하기 위한 지구역학의 가능성은 과학에 대한 인간의 대담성을 증가시켰다. 케플러의 업적 중 새로운 천문학이 무한소(無限少)뿐 아니라 큰 수의 계산을 포함하는 문제에 미친 고무적인 영향력은 특히 주목할 만하다. 케플러는 과감하게 부피 계산을 했는데, 저서 「포도주통에 대한 입체 기하(*Nova stereometria doliorum vinariorum*, 1615)」에서는 축을 따라 원뿔곡선을 회전시켰을 때 얻어지는 입체의 부피를 계산하였다. 케플러는 아르키메데스의 엄밀성을 탈피하였다. 케플러는 중심을 공유하는 무수히 많은 삼각형의 합으로 원의 넓이를 구하였고, 무수히 많은 각뿔들로 구를 구성하였다. 케플러가 말한 바와 같이 아르키메데스의 증명은 **절대적이고 모든 면에서 완전한**(*absolutae et omnibus numeris perfectae*) 절대적 엄밀성에 의한 것이었으나, 케플러는 이러한 것은 정확한 증명에 몰두하고 싶은 사람에게 맡겨야 한다고 보았다. 그러므로 아르키메데스와 케플러의 계승자들은 나름대로 엄밀성을 찾거나 혹은 엄밀성과 무관하게 연구를 진행했다.

갈릴레오는 자유 낙하 물체에 대하여 새로운 운동학을 정립하였는데, 이는 탄성 이론의 시작이었고 코페르니쿠스적인 체계에 대한 용기 있는 도전이었다. 갈릴레오는 그 시대의 독보적인 존재로, 수학을 본격적으로 사용한 갈릴레오의 이론에는 실험과 이론의 조화를 추구하는 현대 과학의 정신이 깃들어 있다.(갈릴레오는 주위에서 생각하는 것과 같이 많은 실험을 하지는 않았다) 갈릴레오는 저서 「역학과 부분 운동으로서의 두 과학(*Discorsi e dimonstrazioni matematiche intorno a due nuove scienze*, 1638)」에서 운동에 대한 수학적 연구, 그리고 거리, 속도, 가속도의 관계에 대한 연구를 시작하였다. 갈릴레오는 미적분에 대한 그의 사고를 체계적으로 설명하지 않았고, 이를 토리첼리나 카발리에리 같은 제자들의 몫으로 남겨두었다. 순수수학의 문제들에 대한 갈릴레오의 사고는 상당히 독창적이었다. 이는 "제곱수의 개수는 모든 수의 개수보다 적지 않으며, 모든 수의 개수는 제곱수의 개수보다 많지 않다"는 진술에 잘 나타나 있다. 이와 같이 살비아티의 「담화(*Discorsi*)」에서 다루어진 실무한(實無限)에 대한 옹호는, 심플리시오로 대표되는 아리스토텔레스와 스콜라 철학의 견해에 의식적으로 대항하는 것이었다. 또한 「담화」는 발사물의 포물선 궤도와 더불어 상승각과 초기속도의 함수로 주어지는 높이와 치역에 대한 표를 제공한다. 살비아티는 현수선(懸垂線, catenary)이 포물선 같아 보인다고 진술하였는데, 곡선에 대해서 정확하게 묘사하지는 않았다.

스테빈은 네덜란드에서, 베이컨은 영국에서, 데카르트는 프랑스에서 글을 썼듯이, 갈릴레오는 이탈리아에서 연구 결과를 글로 썼는데, 이들은 당시 새로운 학문에 대해 배울 준비가 되어있던 대중에게 영향력을 미치기를 원하였다.

때는 바야흐로 현재 미적분학으로 불리는 결과들을 최초로 체계적으로 설명할 시기에 이르렀다. 이 설명은 볼로냐 대학의 교수인 카발리에리(Bonabenture Cavalieri)의 1635년 저서인 「**불가분량**의 기하(*Geometria indivisibilibus continuorum*)」에 실려 있다. 여기서 카발리에리는 *불가분량*(*indivisible*)에 대한 학구적인 개념에 기초하여 단순한 형태의 미적분학을 정립시켰다. 이에 따르면 점이 모여서 선을 형성하고, 선이 이동함으로써 면을 형성한다. 그리고 카발리에리는 넓이를 형성하기 위한 선분, 부피를 형성하기 위한 면이라는 개념을 추가하였다. 토리첼리는 이러한 방식에 의하면 어떤 삼각형이든 높이에 의하여 넓이가 똑같은 두 부분으로 분할된다는 것을 증명할 수 있다고 카발리에리에게 보여 주었는데, 카발리에리는 '선'을 '실', 즉 폭이 아주 좁은 선으로 대체함으로써 '원자적' 이론에 접근하였다. 선을 축적하여 넓이를 얻는다는 카발리에리의 사고는 '카발리에리의 원리'를 도출하게 했는데, 여기서 카발리에리는 동일한 높이에서 절단면의 넓이가 같다면, 같은 높이의 두 입체는 동일한 부피를 갖는다고 결론지었다. 이로 인해 카발리에리는 다항식의 적분에서의 동치 관계를 알게 되었다.

03 수학의 전체적 쇄신의 일부분인 미적분학의 발전은 자연에 대한 고대 아리스토텔레스의 견해를 서서히 극복해 가는 사상가들의 지적 분위기 속에서 일어났다. 아리스토텔레스는 질(質)과 목적론을 강조했는데, 이러한 아리스토텔레스의 사고는 측정, 계산, 공학, 양(量)과 이들의 관계가 점차 중시되는 세계에는 전적으로 부적합

케플러(1571–1630)

갈릴레오(1564–1642)

데카르트(1596–1650)

하였다. 자연과 인간에 대한 새로운 접근 방식은 지도적 위치에 있는 사람들에게는 필수적으로 여겨졌으며, 이와 더불어 새로운 수학은 양(量)과 논리적 사고의 고전적인 예가 되었다.

이러한 점진적 발전은 데카르트(René Descartes)의 「기하학(*Géométrie*, 1637)」의 출판으로 상당히 촉진되었는데, 「기하학」은 고전기하의 제 분야를 대수학의 범위 안으로 끌어들였다. 이 책은 원래 「방법서설(*Discours de la Méthode*)」이라는 책의 부록으로 출판되었는데, 여기서 자연의 연구에 대한 합리론적인 접근을 설명하고 있다. 데카르트는 투렌 출신의 프랑스인으로 평생을 신사로 살았다. 데카르트는 군대에 복무했고, 네덜란드에 수년 간 거주했으며, 스웨덴의 여왕에게 초대받은 도시 스톡홀름에서 일생을 마쳤다. 17세기의 다른 위대한 사상가들과 마찬가지로 데카르트는 발명을 촉진하고 '과학의 진실을 발견하는 데' 유용한 일반적 사고 방법에 대해 탐구하였다. 어느 정도의 체계적 일관성을 갖는 것으로 알려진 자연과학에는 천문학과 역학밖에 없었으며, 그 역학과 천문학을 이해하는 열쇠를 수학이 쥐고 있으므로, 수학은 우주를 이해하는 가장 중요한 수단으로 인식되었다. 뿐만 아니라 확실한 진술을 핵심으로 하는 수학은 학문에 있어 진실이 밝혀질 수 있다는 것을 보여주는 훌륭한 예가 되었다. 이 시기의 기계론적 철학은 이유는 다르지만 플라톤의 철학과 비슷한 결론에 도달하였다. 우주의 조화를 신봉하는 플라톤의 사상과 이성에 근거를 둔 일반적 방법을 신봉하는 데카르트의 철학은 모두 수학을 과학의 여왕으로 꼽았다.

LIVRE SECOND. 321

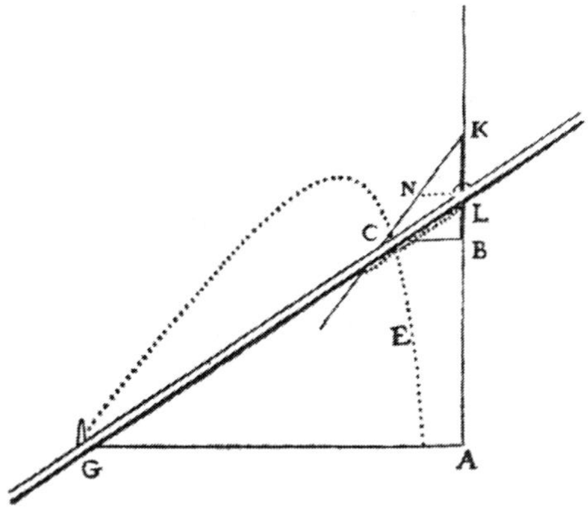

Aprés cela prenant vn point a diſcretion dans la courbe, comme C, ſur lequel ie ſuppoſe que l'inſtrument qui ſert a la deſcrire eſt appliqué, ie tire de ce point C la ligne C B parallele a G A, & pourceque C B & B A ſont deux quantités indeterminées & inconnuës, ie les nomme l'vne y & l'autre x. mais affin de trouuer le rapport de l'vne à l'autre; ie conſidere auſſy les quantités connuës qui determinent la deſcription de cete ligne courbe, comme G A que ie nomme a, K L que ie nomme b, & N L parallele a G A que ie nomme c. puis ie dis, comme N L eſt à L K, ou c à b, ainſi C B, ou y, eſt à B K, qui eſt par conſequent $\frac{b}{c}y$: & B L eſt $\frac{b}{c}y - b$, & A L eſt $x + \frac{b}{c}y - b$. de plus comme C B eſt à L B, ou y à $\frac{b}{c}y - b$, ainſi a, ou G A, eſt á L A, ou $x + \frac{b}{c}y - b$. de façon que mul-

Sſ tipliant

데카르트의 '기하학'의 한 면[1]

1) 길이가 정해져 있지 않은 자 AK는 고정되어 있다. 길이가 정해져 있지 않은 자 GL은 G를 축으로 회전시킬 수 있다. 삼각형 KCB의 한 변인 KC의 길이 역시 정해져 있지 않고, GL은 L에 고정되어 있다. KCB는 GL을 따라 움직일 수 있으며, KB는 축 AB를 따라 움직인다. GL 주위를 회전하는 C의 자취는 다음과 같다.

$$y^2 = cy - \frac{cx}{B}y + ay + ac$$

따라서 쌍곡선이다.

데카르트는 합리론적 통일이라는 일반적 방법의 응용으로 「기하학」을 출판하였는데, 이 책에서 대수와 기하의 통합을 시도했다. 일반적으로 수용되는 견해에 따르면 이 책의 장점은 해석기하라는 분야를 탄생시킨 데 있다. 해석기하라는 수학의 분야가 데카르트의 저서의 영향을 받아 발전되기는 하였지만 「기하학」이 해석기하에 대한 최초의 교과서로 간주되지는 않는다. 「기하학」에는 '카티시안(Cartesian)' 좌표축이 명시적으로 나타나 있지 않고, 직선이나 원뿔곡선의 방정식도 찾아볼 수 없다. 게다가 책의 많은 부분은 대수방정식에 대한 이론으로 구성되어 있는데, 양수근과 음수근의 (데카르트는 참근과 거짓근으로 불렀다) 개수를 결정하는 '데카르트의 규칙'을 담고 있다.

아폴로니우스가 비록 수치를 사용하지는 않았지만 좌표에 의해 원뿔곡선의 특성을 기술했다는 사실을 기억할 필요가 있다. 그러나 톨레미의 「지리학(*Geographia*)」에 나온 경도와 위도 역시 수로 표현한 좌표였다. 파포스의 「수학집성(*Collection*)」에는 '분석의 보고(寶庫)'가 포함되어 있는 데, 기호만 현대화하면 대수를 기하에 응용할 수 있다. 데카르트 이전에도 그래프 표현이 간헐적으로 존재해 왔음을 오렘의 연구에서 찾아볼 수 있다. 데카르트의 장점은 16세기에 발달된 대수를 고대의 기하적 분석에 지속적으로 적용하고, 이를 통해 기하의 응용을 확장한 것이다. 두 번째 장점은 데카르트가 이전 사람들이 설정한 동질성이라는 제한을 철폐한 것이다. 이는 비에트의 「기호계산(*Logistica Speciosa*)」의 가치를 떨어뜨렸고, 이제 x^2, x^3, xy는 선분으로 간주되었다. 대수방정식은 수와 수 사이의 관계가 되었고, 수학적 추상화에 새로운 발전이 이루어진 것이다. 또한 대수방정식은 대수의 발전과 대수곡선을 일반적으로 취급하기 위하여 이용되었다. 이제 서양의 수학은 동양의 산술적-대수적 전통을 추월하여 빠르게 발전하였다.

데카르트가 사용하던 기호 중 상당 부분은 현대화되어 있었다. 데카르트의 책에 제시된 표현

$$\frac{1}{2}a+\sqrt{\frac{1}{4}aa+bb}$$

에서 보듯이 a^2 대신에 aa(이는 가우스에게서도 발견할 수 있다)를 사용했다는 점에서 — 그러나 aaa 대신에는 a^3, $aaaa$ 대신에는 a^4을 사용하였다 — 현재의 기호와 차이를 보인다. 데카르트의 책에서 그의 독특한 방법을 발견할 수 있지만 현대의 해석기하를 기대해서는 안 된다.

해석기하에 대해 좀 더 가까이 접근한 사람이 페르마(Pierre Fermat)이다. 그는 툴루즈의 법률가였고, 데카르트의 책이 출판되기 이전에 기하에 대해 짧은 소논문을 썼는데 1679년에야 출판되었다. 「입문(*Isagoge*)」이라는 저서에는 직선과 원뿔곡선에 대한 방정식

$$y = mx,\ xy = k^2,\ \ x^2 + y^2 = a^2,\ \ x \pm a^2y^2 = b^2$$

이 포함되어 있는데, 이들은 (주로 직교하는) 축의 체계로 표현된다. 그러나 페르마의 「입문」은 비에트의 기호를 사용하기 때문에 데카르트의 기하보다 더 오래 된 것으로 보인다. 페르마의 「입문」이 인쇄되었을 때, 이미 대수를 아폴로니우스의 결과에 적용한 다른 연구들이 있었는데, 주목할 만한 것으로는 월리스(John Wallis)의 「원뿔곡선에 대한 소고(*Tractatus de sectionibus conicis*, 1655)」와 네덜란드의 위대한 행정 장관 드비트(Johan De Witt)의 「선형곡선의 원소(*Elementa curvarum linearum*, 1659)」가 있다. 이 두 가지 출판물은 데카르트의 직접적인 영향을 받았다. 그러나 천천히 발전하였기 때문에 심지어 로피탈(L'Hospital)의 「원뿔곡선에 대한 해석적 연구(*Traité analytique des sections coniques*, 1707)」도 아폴로니우스를 대수적 언어로 바꾼 필사본에 지나지 않았다. 모든 저자들은 좌표에서 음수값을 받아들이는 것을 주저하였다. 대수방정식에 대한 최초의 대담한 업적은 3차 곡선에 대한 뉴턴의 업적(1703)이라고 할 수 있다. 아폴로니우스로부터 자유로워진 원뿔곡선에 대한 최초의 해석기하는 오일러의 「서론(*Introductio*, 1748)」에 이르러서야 나타난다.

04 카발리에리의 책의 출현은 각국의 수많은 수학자들을 자극하여 무한소(無限少)를 포함하는 문제를 연구하게 만들었다. 기본적인 문제들을 좀 더 추상적인 방식으로 접근하여 일반성을 획득하게 되었다. 주어진 곡선에 대하여 주어진 한 점에서 접선을 구하는 문제는 부피와 무게중심을 포함한 고대의 문제들을 제외하고는 가장 중요한 위치를 차지하였다. 이를 탐구하는 데는 기하적인 접근과 대수적인 접근의 두 가지 경향이 있었다. 카발리에리의 추종자이며 뉴턴의 스승이기도 한 토리첼리와 배로(Isaac Barrow)는 엄밀성에 얽매이지 않고 기하적 사고를 하는 그리스의 방법을 선호하였다. 호이겐스(Christiaan Huygens) 역시 그리스 기하에 대한 강한 집착을 보여주었다.

그러나 페르마, 데카르트, 월리스 등은 반대의 경향을 보였는데 새로운 대수를 도입하여 영향력을 발휘하였다. 실제로 1630년부터 1660년 사이에 모든 저자들은 대수적 곡선, 특히 $a^m y^n = b^n x^m$ 이라는 방정식을 다루는 문제들에서 벗어나지 못하였다. 그리고 그들은 $\int_0^a x^m dx = \frac{a^{m+1}}{(m+1)}$ 이라는 등식이 처음에는 양수 m 에 대해, 후에는 음수와 분수 m 에 대해 성립하는 것을 각기 고유한 방법으로 발견하였다.[2] 때때로 데카르트와 파스칼이 연구한 사이클로이드와 같은 비대수적 곡선도 출현했는데, 파스칼의 「사이클로이드에 대한 일반론(*Traité général de la roulette*, 1658)」은 데탄빌(A. Dettonville)이라는 이름으로 출판되어 어린 라이프니츠에게 지대한 영향을 미쳤다.

이 시기에는 미적분학의 여러 특징들이 나타나기 시작했다. 페르마는 1638년 간단한 대수방정식에서 변수를 변화시키되 변화량을 감소시켜감으로써 최댓값과 최솟값을 구하는 방법을 발견하였다. 이 방법은 후에 암스테르담의 시장이 된 후데(Johannes Hudde)에 의해 1658년 좀 더 일반적인 대수곡선으로 일반화되었다. 접선, 부피, 무게중심을 구하는 방법도 연구되었으나, 미분과 적분이 서로 역관계라는 것은 1670년 배로가 어려운 기하적 형태로 설명함으로써 이해할 수 있게 되었다. 파스칼은 때때로 적은 양에 대하여 전개를 하고 여기서 낮은 차수의 항을 생략하였는데, 이를 통해 논쟁의 여지가 있는 뉴턴의 가정인 $(x+dx)(y+dy)-xy = xdx + ydx$를 예견하였다. 파스칼은 논리 대신 직관에 호소함으로써 자신의 방식을 방어했는데, 이를 통해 뉴턴에 대한 버클리(Bishop Berkeley)의 비난을 예상할 수 있다.

학구적인 사고는 새로운 방법에 대한 탐구를 가져왔는데, 이는 카발리에리 뿐 아니라 벨기에의 궤변가 생방상(Gregorie de Saint-Vincent)과 그의 제자와 동료인 굴댕(Paul Guldin)과 타케(Andrew Tacquet)의 작업을 통해서 이루어졌다. 이들은 시대정신과 연속체의 본질과 형식의 범위에 대한 중세 스콜라 철학의 문헌들에서 영감을 받았다. 그들의 저서에는 아르키메데스의 '실진'(悉盡, exhaustion)이라는 용어가 처음 등장하게 된다. 타케의 「원기둥과 환에 관하여(*On Cylinders and Rings*, 1651)」는 파스칼에 영향력을 미쳤다.

학문적인 정기 간행물이 없던 시대이므로 수학자들의 열성적인 활동은 토론 모임과

---

2) 특히 $m = -1$인 경우에 대하여 증명하기가 어려운데, 이는 로그와 지수의 관계를 충분히 이해한 후에야 증명할 수 있다.

계속적인 편지 왕래를 유도하였다. 몇몇 인물은 학문 교류의 중심 역할을 하면서 명성을 얻었다. 그러한 인물 중 가장 잘 알려진 사람은 프란체스코회의 수도사인 메르센(Marine Mersenne)으로 '메르센의 수'로 기억되는 수학자이다. 데카르트, 페르마, 데자르그, 파스칼과 많은 과학자들은 메르센과 서신 왕래를 했다. 학식 있는 사람들의 토론 모임으로부터 아카데미가 결성되었다. 아카데미는 스콜라의 시대정신을 그대로 간직하고 있었으며, 고정된 형태로 지식을 제시함으로써 중세기적 태도를 함양시키는 대학 — 라이든 대학을 예외 — 과는 다른 방식을 택하였다. 새로운 아카데미들은 참신한 탐구 정신을 표현하였다. 혹자는 그들의 특징을 다음과 같이 묘사하였다.

> ... 이 시대는 새로운 지식의 충만함에 도취되어 있고, 시대에 뒤떨어진 미신을 근절하느라고 분주하며, 과거 전통의 허술함에서 탈피하여, 미래의 가장 사치스러운 희망을 받아들이고 있다. 개개의 학자들은 지식의 합에 일부분이라도 덧붙이게 된 것을 만족스러워 하고 자랑스러워한다. 한마디로 현대의 학자들은 진보하게 된 것이다.

르네상스 시대 최초의 아카데미는 이탈리아에 세워졌는데, 아카데미는 문학적-철학적 성격을 띠고 있었다. 1580년 이전에 나폴리에서 언급된 과학 아카데미는 린체이(dei Lincei)라는 아카데미의 전신으로, 수차례 중단되었음에도 불구하고 아직 건재한다. 런던의 왕실 협회와 프랑스 과학 아카데미는 각각 1662년과 1666년에 창립되었고, 월리스는 런던의 황실 사회의 창립 회원이며, 호이겐스는 프랑스 과학 아카데미의 창립 회원이다.

05 이 시대의 저서 중 카발리에리 다음으로 중요한 것은 1655년 월리스의 「무한의 수론(*Arithmetica infinitorum*, 1655)」이다. 저자인 월리스는 1643년부터 생을 마감한 1703년까지 옥스퍼드 대학의 교수로 재직하면서 기하를 가르쳤다. 책의 제목에서 알 수 있는 바와 같이, 월리스는 카발리에리의 저서 「불가분량의 기하(*Geometria indivisibilibus*)」에 실린 연구를 능가하려 했는데, 월리스가 적용하려던 것은 새로운 대수이지 고대의 기하가 아니었다. 이 과정에서 월리스는 대수를 진정한 해석학으로 확장한 최초의 수학자가 되었다. 무한 과정을 다루는 그의 방법은 다소 조잡하긴 했지만 새로운 결과를 얻을 수 있었다. 월리스는 대담한 상상력과 음수와 분수 지수를 이용하여

무한급수와 무한곱을 도입하였다. 그는 $\frac{1}{0}$을 ∞로 표기했으며, $-1 > \infty$ 이라고 주장하였다. 월리스의 결과 중 대표적인 것은 베타적분과 동치인 식과

$$\frac{\pi}{2} = \frac{2\cdot 2\cdot 4\cdot 4\cdot 6\cdot 6\cdot 8\cdot 8\cdots}{1\cdot 3\cdot 3\cdot 5\cdot 5\cdot 7\cdot 7\cdot 9\cdots}$$

라는 전개이다. 우리가 $\frac{4}{\pi}$로 표현하는 것을 그는 작은 제곱(little square)으로 표현하였다.

이 시기의 월리스는 계속적인 발견으로 수학을 풍부하게 만든 뛰어난 인물이었다. 그리스의 위대한 시대 이후에는 창조적 학문을 꽃피우는데 필요한 원동력이 충분하지 않았는데, 월리스의 시대에는 새로운 기술에 의해 어느 정도는 원동력이 제공되었다. 이미 언급한대로 많은 위대한 사상가들은 좀더 '일반적인 방법'에 대해 탐구하였는데, 때로는 수학의 방법이라는 면에서 제한된 의미로, 때로는 자연을 이해하고 새로운 발명품을 창조하는 방법이라는 면에서 보다 일반적인 것으로 간주되기도 하였다. 이를 통해 왜 이 시기의 모든 뛰어난 철학자들이 수학자였고, 모든 탁월한 수학자들이 철학자였는지 설명할 수 있다. 때로는 새로운 발명을 위한 연구가 직접 수학적 발견을 유도하기도 하였다. 이러한 유명한 예가 호이겐스(Christian Huygens)의 「진자(振子) 시계(*Horologium Oscillatorium*, 1673)」로, 바다에서 경도를 알아내는 오래 된 문제를 풀기 위해 좀 더 나은 시계를 탐구하게 되었고, 이는 추시계 뿐 아니라 평면 곡선의 축폐선(縮閉線, evolute)과 신개선(伸開線, involute)에 대한 연구를 가능하게 하였다. 호이겐스는 새로 창립된 과학 아카데미[3)]를 이끄는 지도적인 위치에 있었다. 천문학자로서 뿐만 아니라 물리학자로도 저명한 호이겐스는 파동론을 정립시켰으며, 토성이 띠를 가지고 있다는 사실을 규명하였다. 추시계에 대한 호이겐스의 책은 중력에 대한 뉴턴의 이론에 영향을 주었으며, 월리스의 저서 「산술」과 더불어 뉴턴과 라이프니츠 이전으로서는 가장 발달된 미적분학 내용을 담고 있다. 월리스와 호이겐스와 동료들이 주고받은 편지와 책에는 구장법(求長法, rectification), 포락선(包絡線, envelopes), 구적법(求積法, quadratures) 등 새로운 내용이 실려 있다. 호이겐스는 견인곡선(牽引曲線, tractrix), 로그곡선, 현수선(懸垂線, catenary)에

3) 프랑세즈 아카데미는 1635년 Richelieu에 의해 창립되었으며, 그 주요 기능은 프랑스어의 사전을 편찬하는 것이었다. 프랑세즈 아카데미는 40명의 회원으로 구성되는데, 그 회원들은 "불후의 명성을 가진 사람들"이었다. 이 아카데미는 다른 조직으로 계승되는데, 그 중의 하나가 과학 아카데미(1666)이다. 과학 아카데미를 포함한 아카데미들은 국립으로 프랑스 혁명 중에 재조직되었다.

대해 연구하였고, 등시곡선(等時曲線, tautochronous curve)으로 사이클로이드를 정립시켰다. 이와 같이 풍부한 결과에도 불구하고, 그 내용 중 많은 부분은 라이프니츠가 미적분학을 발표한 뒤에야 발견되었다. 호이겐스는 확실히 시대의 선구자적 역할을 하였다. 호이겐스는 라이프니츠의 방법에 결코 익숙해질 수 없었다고 고백한 바 있다. 마찬가지로 월리스도 뉴턴의 기호에 결코 친숙해질 수 없었다. 호이겐스는 수학적 엄밀성을 중시하면서 방법론은 아르키메데스의 전통을 따른 17세기의 위대한 수학자였다.

06 이 시기의 수학자들의 활동은 새로운 것과 기존의 것을 포함하여 여러 방면으로 확장되었다. 수학자들은 첫째 고전적인 주제에 대해 독창적인 결과를 얻었고, 둘째 오래된 분야에 대해 새롭게 조망하기도 했으며, 셋째 수학적 연구에 있어 아주 새로운 주제를 창출하기도 했다. 첫 번째 경우의 예로는 디오판토스에 대한 페르마의 연구를 들 수 있고, 두 번째 경우의 예로는 기하에 대한 데자르그의 새로운 해석을 들 수 있다. 확률에 대한 수학적 이론은 새로운 것을 만들어 내는 세 번째 경우에 해당된다.

디오판토스는 1621년 라틴어 독해가 가능한 대중들 앞에 등장하였다.[4)] 라틴어로 번역된 페르마의 연구물의 한 귀퉁이에서 유명한 낙서가 발견되었는데, 이 번역본은 1670년에 페르마의 아들이 출판한 것이다. 그 중에는 페르마의 위대한 정리인 “2보다 큰 어떠한 수 n에 대하여도 $x^n + y^n = z^n$을 만족하는 양의 정수 $x,\ y,\ z$를 구할 수 없다”도 있다. 이 정리는 1847년 쿠머(Kummer)가 이데알 수(ideal number)에 대한 이론을 세우는 동기가 되었다. 아주 큰 수 n에 대하여 이 정리가 성립함은 밝혀졌지만, 모든 n에 대해 유효한 증명은 아직 발견되지 않았다.[5)]

페르마는 디오판토스 II, 8 즉 ‘제곱수를 두 개의 제곱수로 나누는 것’ 옆에 다음과 같이 적어 놓았다.

---

4) 연구물이 라틴어로 번역된 것은 유클리드가 1482년, 톨레미가 1515년, 아르키메데스가 1558년, 프로클로스가 1560년, 아폴로니우스 I－IV권이 1566년, V－VII권이 1661년. 파포스가 1589년, 디오판토스가 1621년이다.

5) 페르마의 마지막 정리가 이 책이 저술된 당시에는 증명되지 않았으나, 1993년 영국의 수학자 와일즈(Andrew Wiles)가 이 정리를 증명하는데 성공하였다. 1637년 경 제기된 페르마의 마지막 정리에 대해 수많은 수학자들이 증명을 시도하였고, 부정확한 증명의 대홍수가 일어나기도 하였다. 실례로 페르마의 정리를 증명하기 위하여 1908년부터 1912년 사이에 1000여 편에 이르는 틀린 논문이 발표되었다고 한다. － 옮긴이

> 세제곱을 두 개의 세제곱으로 나누는 것, 네제곱을 두 개의 네제곱으로 나누는 것, 혹은 더 큰 제곱을 두 개의 같은 크기의 제곱으로 나누는 것은 불가능하다. 나는 분명히 이에 대한 훌륭한 증명을 발견했지만 여백이 너무 좁아 적을 수 없다.

페르마가 이 정리에 대한 증명을 정말로 발견했다면 300년에 걸친 집중적인 연구는 실패로 돌아간 것이다. 따라서 페르마가 실제로는 증명을 하지는 못했다고 생각하는 것이 옳을 것이다.

페르마가 여백에 남긴 또 하나의 메모는 $4n+1$ 형태의 소수는 제곱수의 합으로 유일하게 표현될 수 있다는 것으로, 이 정리는 후에 오일러에 의해 증명되었다. 또 다른 '페르마의 정리'는 1640년의 편지에 남긴 것으로, p가 소수이고 a와 p가 서로소이면 $a^{p-1}-1$은 p에 의해 나누어 떨어진다는 내용인데, 초보적인 방법으로 증명이 가능하다. 페르마는 또한 $x^2-Ay^2=1$(A는 제곱수가 아닌 정수) 형태의 방정식이 무한개의 정수해를 갖는다는 것을 처음으로 주장하기도 했다.

페르마와 파스칼은 확률에 대한 수학적 이론의 기초를 마련하였다. 확률과 관련된 문제에 대한 일차적인 관심은 보험의 발달로 인해 점진적으로 형성되었지만, 위대한 수학자들에게 자극제가 된 것은 주사위나 카드로 도박을 하는 귀족들이 요청한 구체적인 문제였다. 푸아송(Poisson)은 다음과 같이 언급하였다. **확률 게임에 대한 문제는 엄격한**

호이겐스(1629–1695)

파스칼(1623–1662)

얀센파의 사람에 의해 제기된 것으로 확률 체계의 기원이 되었다. 여기서 말한 얀센파의 사람은 드 메레(Chevalier de Méré)를 지칭하는데, 상당한 학식을 지녔던 드 메레는 **점수 문제**(*problèm des points*)로 파스칼에 접근하였다. 파스칼과 페르마는 이 문제와 관련된 질문들에 대해 서신을 주고받았는데 이를 통해 확률론에 대한 기초를 확립하였다.(1654) 호이겐스가 파리를 방문하였을 때 두 사람의 서신 교환에 대한 이야기를 듣고 스스로 답을 도출해 보려고 노력하였다. 그 결과가 「주사위 놀이를 통한 계산(*De ratiociniis in ludo aleae*, 1657)」인데, 기댓값 개념에 근거하여 확률을 다룬 최초의 학술 논문이다. 확률 연구의 다음 단계는 연금에 대한 표를 만든 드 비트(De Witt)와 할리(Halley)에 의해 이루어졌다.(1671, 1693)
블레이즈 파스칼은 메르센과 서신 교류가 있었던 에티엔 파스칼의 아들로, '파스칼의 리마송(limaçon)'은 에티엔의 이름에서 비롯되었다. 파스칼은 아버지의 후원에 힘입어 급속도로 발전하였으며, 16세에 원에 내접한 육각형에 대한 '파스칼의 정리'를 발견하였다. 파스칼의 정리는 한 장의 종이로 1641년 발표되었는데, 데자르그의 영향을 받았음이 분명했다. 몇 년 후 파스칼은 계산하는 기계를 발명했다. 파스칼은 25살에 포르루아이알 수도원에서 얀센파의 금욕적 삶을 영위하기로 결심했지만, 학문과 문학에는 계속 정진하였다. 이항계수로 만든 '산술삼각형'(또는 파스칼의 삼각형)이 확률에서 유용하게 이용되었으며, 산술삼각형에 대한 논문은 1664년 파스칼 사후에 출판되었다. 이미 언급된 바 있지만 적분에 대한 파스칼의 업적과 무한소에 대한 사고는 라이프니츠에 영향을 주었다. 파스칼은 또한 귀납법의 원리를 만족스럽게 정립한 최초의 수학자이다.

데자르그(Gérard Desargues)는 리용의 건축가로 원근법에 대한 저서를 남겼다.(1636) 이 책은 「원뿔과 평면의 만남을 다루는 시도에 대한 초안(*Brouillon projet d'une atteinte aux événements des rencontres d'un cone avec un plan*, 1639)」이라는 이상한 제목인데, 사영기하(projective geometry)의 기본적인 개념을 기묘한 식물학적 용어로 표현한 무한원점, 대합(對合, involution), 축과 같은 용어를 담고 있다. 원근법에 의한 삼각형에 대한 '데자르그의 정리'는 1648년에 발표되었지만, 그 아이디어는 19세기에 이르러서야 충분히 결실을 보았다.

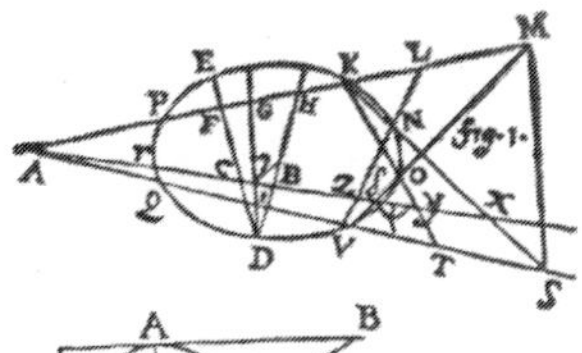

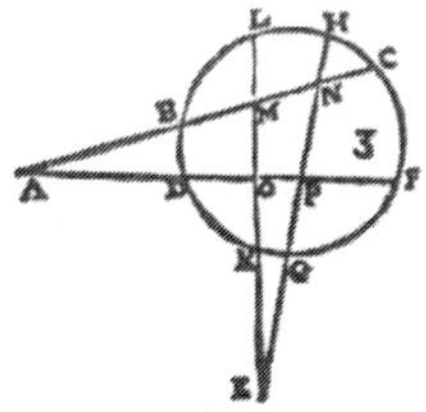

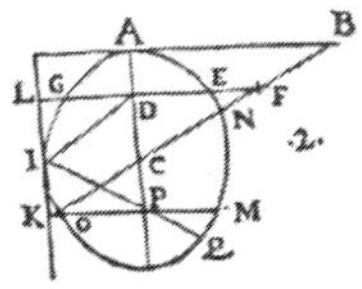

ESSAY POVR LES CONIQVES. Par B. P.

DEFINITION PREMIERE.

QVAND pluſieurs lignes droictes concourent à meſme point, ou ſont toutes paralleles entr'elles, toutes ces lignes ſont dites de meſme ordre ou de meſme ordonnance, & la multitude de ces lignes, eſt dite ordre de lignes, ou ordonnance de lignes.

DEFINITION II.

Par le mot de ſection de Cone nous entendons la circonference du Cercle, l'Elipſe, l'Hyperbole, la Parabole & l'Angle rectiligne, d'autant qu'vn Cone coupe paralellement à ſa baſe, ou par ſon ſommet ou des trois autres ſens qui engendrent l'Elipſe, l'Hyperbole & la parabole engendre dans la ſuperficie Conique, ou la circonference d'vn Cercle ou vn Angle, ou l'Elipſe, ou l'Hyperbole, ou la parabole.

DEFINITION III.

Par le mot de droite mis ſeul, nous entendons ligne droite.

LEMM. I.

Figure. I. Si dans le plan, M, S, Q du point M partent les deux droites MK, MV, & du point S, partent les deux droites SK, SV, & que K, ſoit le concours des droites MK, SK, & V, le concours des droites, MV, SV, & A, le concours des droictes MA, SA, & μ, le concours des droictes MV, SK, & que par deux des quatre points, A K μ V, qui ne ſoient point en meſme droite auec les points, M, S, comme par les points, K, V, paſſe la circonference d'vn cercle coupante les droites MV, MP, SV, SK, és points, O, P, Q, N, ie dis que les droites, MS, NO, PQ, ſont de meſme ordre.

LEMM. II.

Si par la meſme droite paſſent pluſieurs plans, qui ſoient coupez par vn autre plan, toutes les lignes des ſections de ces plans ſont de meſme ordre auec la droite par laquelle paſſent leſdits plans.

Fig. I. Ces deux Lemmes poſez & quelques faciles conſequences d'iceux nous demonſtrerons que les meſmes choſes eſtant poſées qu'au premier Lemme, ſi par les points, K, V, paſſe vne quelconque ſection de Cone qui coupe les droites MK, MV, SK, SV, és points, P, O, N, Q, les droites MS, NO, PQ, ſeront de meſme ordre, cela ſera vn troiſiéme Lemme.

En ſuitte de ces trois Lemmes & de quelques conſequences d'iceux nous donnerons des Elemens Coniques complets, à ſçauoir toutes les proprietez des diametres & coſtez droits, des tangentes &c. la reſtitution du Cone preſque ſur toutes les données, la deſcription des ſections de Cone par points, &c.

Fig. I. Quoy faiſant, nous enonçons les proprietez que nous en tonchons d'vne maniere plus vniuerſelle qu'à l'ordinaire. Par exemple celle-cy, ſi dans le plan M S Q. dans la ſection de Cone, P K V, ſont menées les droictes AK, AV, atteignantes la ſection aux poincts PK, QV, & que de deux de ces quatre poincts qui ne ſont point en meſme droicte auec le poinct A, comme par les poincts K, V, & par deux poincts, N, O, pris dans le bord de la ſection ſont menées quatre droictes KN, KO, VN, VO, coupantes les droictes AV, AP, aux poincts L, M, T, S, ie dis que la raiſon composée des raiſons de la droicte PM, à la droicte MA, & de la droicte AS, à la droicte SQ, eſt la meſme que la compoſée des raiſons de la droicte PL, à la droicte LA, & de la droicte AT, à la droicte TQ.

Fig. I. Nous demonſtrerons auſſi que s'il y a trois droictes DE, DG, DH, que les droictes AP, AR, coupent aux poincts F, G, H, C, γ, B, & que dans la droicte DC, ſoit determiné le poinct E, la raiſon compoſée des raiſons du rectangle EF, en FG, au rectangle de EC, en Cγ, & de la droicte Aγ, à la droicte AG, eſt la meſme que la compoſée des raiſons du rectangle EF, en FH, au rectangle EC, en CB, & de la droicte AB, à la droicte AH. Et eſt auſſi la meſme que la raiſon du rectangle des droictes FE, FD, au rectangle des droictes, CE, CD, partant ſi par les poincts E, D, paſſe vne ſection de Cone qui coupe les droictes AH, AB, és poincts P, K, R, ψ, la raiſon compoſée des raiſons du rectangle des droictes EF, FC, au rectangle des droictes EC, Cγ, & de la droicte γA, à la droicte AG, ſera la meſme que la compoſée des raiſons du rectangle des droictes FK, FP, au rectangle des droictes CR, Cψ, & du rectangle des droictes AR, Aψ, au rectangle des droictes AK, AP.

Fig. III. Nous demonſtrerons auſſi que ſi quatre droictes AC, AF, EH, EL, s'entrecoupent és poincts N, P, M, O, & qu'vne ſection de Cone coupe leſdites droictes és poincts C, B, E, D, H, G, L, K, la raiſon compoſée des raiſons du rectangle de MC, en MB, au rectangle des droictes PF, PD, & du rectangle des droictes AD, AF, au rectangle des droictes AB, AC, eſt la meſme que la raiſon compoſée des raiſons du rectangle des droictes ML, MK, au rectangle des droictes PH, PG, & du rectangle des droictes EH, EG, au rectangle des droictes EK, EL.

Fig. I. Nous demonſtrerons auſſi cette proprieté, dont le premier inuenteur eſt M^r Deſargues Lyonnois, vn des grands eſprits de ce temps, & des plus verſez aux Mathematiques, & entr'autres aux Coniques, dont les eſcripts ſur cette mattiere, quoy qu'en petit nombre, en ont donné vn ample teſmoignage à ceux qui en auront voulu receuoir l'intelligence: & veux bien adoüer que ie doibs le peu que i'ay trouué ſur cette matiere à ſes eſcrits, & que i'ay taſché d'imiter autant qu'il m'a eſté poſſible ſa methode ſur ce ſubjet, qu'il a traitté ſans ſe ſeruir du triangle par l'axe: Et traittant generalement de toutes les ſections de Cone, la proprieté merueilleuſe dont eſt queſtion eſt telle: ſi dans le plan MSQ y a vne ſection de Cone PQV, dans le bord de laquelle ayant pris les quatre poincts K, N, O, V, ſont menées les droicts KN, KO, VN, VO, de ſorte que par vn meſme des quatre poincts ne paſſent que deux droictes, & qu'vne autre droicte coupe tant l'abord de la ſection aux poincts R, ψ, que les droictes KN, KO, VN, VO, és poincts x y Z ♪, ie dis que comme le rectangle des droictes Zr, Zψ, eſt au rectangle des droictes γr, γψ, ainſi le rectangle des droictes ♪r, ♪ψ, eſt au rectangle droictes xr, xψ.

Fig. II. Nous demonſtrerons auſſi que ſi dans le plan de l'hyperbole ou de l'elipſe, ou du cercle AGE, dont le centre eſt C, on mene la droicte AB, touchante au poinct A, la ſection, & qu'ayant mené le diametre CA, on prene la droicte AB, dont le quarre ſoit égal au quart du rectangle de la figure, & qu'on mene CB, alors quelque droicte qu'on mene, comme DE, paralleſe à la droicte AB, coupante la ſection en E, & les droictes AC, CB, és poincts DF, ſi la ſection AGE, eſt vne elipſe ou vn cercle, la ſomme des quarrez des droictes DE, DF, ſera egale au quarre de la droicte AB, & dans l'hyperbole la difference des meſmes quarrez des droictes DE, DF, ſera egale au quarré de la droicte AB.

Nous deduirons auſſi quelques problemes, par exemple d'vn poinct donné mener vne droicte touchante vne ſection de Cone donnée.

Trouuer deux diametres coniuguez en angle donné.

Trouuer deux diametres en angle donné & en raiſon donnée.

Nous auons pluſieurs autres Problemes & Theoremes & pluſieurs conſequences des precedents, mais la defiance que i'ay de mon peu d'experience & de capacité ne me permet pas d'en auancer dauantage aduant qu'il ait paſſé à l'examen des habiles gens, qui voudront nous obliger d'en prendre la peine; apres quoy ſi l'on iuge que la choſe merite d'eſtre continuée, nous eſſayrons de la pouſſer iuſques où Dieu nous donnera la force de la conduire.

A PARIS, M. DC. XL.

파스칼이 1640년에 발표한 '파스칼의 정리'의 내용을 축소한 인쇄물

07 미분과 적분의 일반적 방법은 미분과 적분이 서로 역관계라는 것에 대한 충분한 이해에서 유도될 수 있으며, 데카르트와 월리스의 대수적 방법 뿐 아니라 그리스와 카발리에리의 기하적 방법을 모두 통달한 사람만이 발견 가능하다. 이러한 사람은 1660년 이후에 나타나게 되었는데 바로 뉴턴과 라이프니츠였다. 미적분학을 누가 먼저 발견하였느냐에 대하여 많은 논의가 계속되어 왔지만 최근에는 서로 독립적으로 발견하였다는 쪽으로 의견이 모아지고 있다. 미적분학은 뉴턴이 먼저 발견하였지만(뉴턴은 1655－66년, 라이프니츠는 1673－76년), 발표는 라이프니츠가 먼저 하였다.(라이프니츠는 1684－86년, 뉴턴은 1704－36년) 이는 라이프니츠의 학파가 뉴턴의 학파보다 더 활발하였기 때문이다.

뉴턴은 영국의 링컨셔 지방에서 자작농의 아들로 태어났다. 뉴턴은 캠브리지에서 공부했고, 신학 대학의 연구원이 되었으며, 배로의 뒤를 이어 1669년 루카스 교수가 되었다. 뉴턴은 1696년 학장의 자리를 수락하기까지 케임브리지에 머물렀으며, 후에 조폐소장이 되었다. 1705년에는 앤 여왕으로부터 기사의 칭호를 받아 아이작 경(卿, Sir)이 되었다. 그의 대단한 권위는 「자연철학의 수학적 원리(*Philosophiae naturalis principia mathematica*, 1687)」를 바탕으로 하는데, 이 책은 공리적 기초에 의한 역학과 (사과를 땅에 떨어뜨리고 달이 지구의 주위를 돌도록 유지시키는) 중력의 법칙을 담고 있는 역저(力著)이다. 뉴턴은 경험적으로 확립된 행성의 운동에 대한 케플러의 법칙이 어떻게 역제곱의 중력 법칙에 의해 설명되고, 또 케플러의 법칙이 천체의 운동과 조수의 변화의 여러 측면들을 역동적으로 설명하는지를 엄밀한 수학적 연역에 의해 보여주었다. 뉴턴은 구에 대한 입체 문제를 해결했고, 달의 운동에 대한 이론의 초석을 마련하였다. 뉴턴은 구의 인력에 대한 문제를 해결함으로써 퍼텐셜(potential) 이론의 기초를 닦았다. 뉴턴의 공리적 접근은 절대 공간과 절대 시간을 가정한 것이었다.

기하적인 논증은 뉴턴이 '유율 이론(theory of fluxions)'이라고 부른 미적분학을 스스로 충분하게 이해하고 있지 않음을 보여준다. 뉴턴은 케임브리지에 전염병이 돌아 고향에서 기거하던 1665년과 1666년 동안에 일반적 방법을 발견하였다. 이 시기에 뉴턴은 빛의 합성에 대한 법칙과 더불어 만유인력(universal gravitation)에 대한 기본 아이디어를 내놓았다. 무어(More) 교수는 "학문의 역사에 있어 뉴턴의 2년(1665－1666)보다 더 훌륭한 업적을 이룬 시기는 존재하지 않았다"고 진술하였다.

뉴턴이 "유율(fluxions)"을 발견한 것은 월리스의 산술에 의한 무한급수와 긴밀하게 관련되어 있다. 무한급수는 뉴턴이 이항정리를 분수와 음수 지수로까지 확장하게 하였으며, 결국은 이항급수를 발견하도록 유도하였다. 이는 더 나아가 뉴턴이 대수함수, 초월함수를 포괄하는 '모든 함수에 대하여 유율 이론을 정립하는데 도움을 주었다. 유율에서 문자 위에 점이 있는 것은 유한 값을 갖는 속도이며, 점이 없는 문자는 '유량(fluent)'을 나타낸다.

뉴턴의 유율법(Method of Fluxions, 1736)에서 보여주었던 표기의 예를 살펴보자. 변량은 $v,\ x,\ y,\ z, \ldots$ 와 같이 나타내고, 운동을 함으로써 각각의 유량이 증가되는 속도(유율)를 $\dot{v}, \dot{x},\ \dot{y}, \dot{z}$ 와 같이 문자 위에 점을 찍어 나타낸다. 뉴턴의 무한소는 '유율의 적률(moments)'로 $\dot{v}o,\ \dot{x}o,\ \dot{y}o,\ \dot{z}o$ 와 같이 표기하며, o는 무한히 적은 양을 나타낸다. 뉴턴은 다음과 같은 과정을 제시하였다.

> 임의의 방정식 $x^3-ax^2+axy-y^3=0$이 주어졌을 때, x 대신에 $x+\dot{x}o$, y 대신에 $y+\dot{y}o$를 대입하면, 결과는 다음과 같다.
>
> $$x^3+3x^2\dot{x}o+3x\dot{x}o\dot{x}o+\dot{x}^3o^3-ax^2-2ax\dot{x}o-a\dot{x}o\dot{x}o+axy$$
> $$+ay\dot{x}o+a\dot{x}o\dot{y}o+ax\dot{y}o-y^3-3y^2\dot{y}o-3y\dot{y}o\dot{y}o-\dot{y}^3o^3=0$$
>
> 이제 $x^3-ax^2+axy-y^3=0$ 을 대입하여 정리하고, 나머지 항들을 o로 나누면 다음의 식이 남는다.
>
> $$3x^2\dot{x}-2ax\dot{x}+ay\dot{x}+ax\dot{y}-3y^2\dot{y}+3x\dot{x}\dot{x}o-a\dot{x}\dot{x}o+a\dot{x}\dot{y}o$$
> $$-3y\dot{y}\dot{y}o+\dot{x}^3oo-\dot{y}^3oo=0$$
>
> 이 된다.
>
> 그러나 o는 무한히 적은 양을 나타내는 것으로, 양들의 적률(moments of quantities)을 나타내며, o가 곱해진 항들은 나머지 항에 비교해 볼 때 무시할 수 있을 정도로 작아진다. 따라서 $3x^2\dot{x}-2ax\dot{x}+ay\dot{x}+ax\dot{y}-3y^2\dot{y}=0$이 된다.

위의 예에 비추어 볼 때, 뉴턴은 기본적으로 미분을 속도와 동일시하고 있으나, 표현양식은 모호함을 알 수 있다. 'o'는 0을 나타내는가? 혹은 무한소나 유한수를 나타내는가? 뉴턴은 「프린키피아(*Principia*)」에 소개되고 극한의 개념을 담고 있는 '최고와 최종 비율(prime and ultimate ratio)' 이론에서 자신의 입장을 명확히 하고 있으나, 이 방법을 이해하기는 매우 어렵다.

> 양이 줄어들어 없어질 때의 최종 비율은 진정한 의미에서 최종적인 양의 비율이 아니라, 양의 비율의 극한이다. 양의 비율의 극한은 항상 수렴하는데, 양의 비율과 극한의 차이는 주어진 어떠한 차이보다도 작게 만들 수 있다. 그러나 양의 비율은 결코 극한값에 도달할 수 없다. (*Principio* I, 1장, 마지막 주석)
>
> 양과 양의 비율은 유한 번 동안 끊임없이 등식에 수렴하고, 유한 번의 끝이 오기 전에 주어진 차이보다 근접시킬 수 있으며 또 궁극적으로는 같아진다. (*Principio* I, 1장, lemma 1)

이 설명은 명쾌하지 않다. 뉴턴의 유율론의 난해함은 더 큰 혼란을 초래하고 1734년 버클리의 혹독한 비판을 야기했다. 그러한 오해는 현대로 오면서 극한 개념이 발달되고 나서야 사라졌다.

뉴턴은 또한 원뿔과 평면에서의 3차 곡선에 대해서도 저술하였다. 뉴턴은 「3차 곡선의 계산(*Enumeratio linearum terti ordinis*, 1704)」에서 평면에서의 3차 곡선을 72가지로 분류하였다. 여기서 분류의 근거는 '발산하는 포물선'인 $y^2 = ax^3 + bx^2 + cx + d$를 한 평면에서 다른 평면으로 사영(射影)하면 어떠한 3차 곡선도 얻을 수 있다는 이론에 의해서이다. 이는 대수를 기하에 적용시켜서 얻은 최초의 중요한 결과로, 이전의 모든 작업들은 단순히 아폴로니우스를 대수적 언어로 전환하는 것에 지나지 않았다. 뉴턴의 또 하나의 기여는 수치방정식의 해를 근사적으로 구하는 방법을 - 예를 들어 $x^3 - 2x - 5 = 0$의 해는 $x = 2.09455147$이다 - 고안한 것이다.

그 당시의 뉴턴의 영향력을 가늠하기 어려운 이유는 뉴턴이 발견한 내용의 발표를 주저하였기 때문이다. 뉴턴은 1665년과 1666년 사이에 만유인력의 법칙을 처음 시험했지만, 「프린키피아(*Principia*)」를 인쇄하던 1686년에 이르러서야 발표했다. 1673년과 1683년 사이에 한 대수 강의를 담고 있는 「보편산술(*Arithmetica universalis*)」은 1707년에 출판되었다. 1669년에 행한 급수 연구는 1676년 올든버그에게 보낸 두 번의 편지에서 발표되었으며, 1699년 출판되었다. 곡선에 대한 구적법의 연구는 1693년에 이루어졌지만 1704년에야 공표되었다. 1704년에는 유율 이론이 완성되었으나, 뉴턴 사후 9년인 1736년에야 공개되었다. 「프린키피아」의 영향력은 「광학(*Opticks*)」에 비견할 수 있다. 보일(Robert Boyle)의 글에서 뉴턴은 18세기의 '경험 철학'에 영향을 준 것으로 진술하였다.

뉴턴(1642-1727)

라이프니츠(1646-1716)

I.

NOVA METHODUS PRO MAXIMIS ET MINIMIS, ITEMQUE TANGENTIBUS, QUAE NEC FRACTAS NEC IRRATIONALES QUANTITATES MORATUR, ET SINGULARE PRO ILLIS CALCULI GENUS*).

Sit (fig. 111) axis AX, et curvae plures, ut VV, WW, YY, ZZ, quarum ordinatae ad axem normales, VX, WX, YX, ZX, quae vocentur respective v, w, y, x, et ipsa AX, abscissa ab axe, vocetur x. Tangentes sint VB, WC, YD, ZE, axi occurrentes respective in punctis B, C, D, E. Jam recta aliqua pro arbitrio assumta vocetur dx, et recta, quae sit ad dx, ut v (vel w, vel y, vel z) est ad XB (vel XC, vel XD, vel XE) vocetur dv (vel dw, vel dy, vel dz) sive differentia ipsarum v (vel ipsarum w, vel y, vel z). His positis, calculi regulae erunt tales.

Sit a quantitas data constans, erit da aequalis 0, et $d\overline{ax}$ erit aequalis adx. Si sit y aequ. v (seu ordinata quaevis curvae YY aequalis cuivis ordinatae respondenti curvae VV) erit dy aequ. dv. Jam *Additio et Subtractio*: si sit z — y + w + x aequ. v, erit $d\overline{z - y + w + x}$ seu dv aequ. dz — dy + dw + dx. *Multiplicatio*: $d\overline{xv}$ aequ. xdv + vdx, seu posito y aequ. xv, fiet dy aequ. xdv + vdx. In arbitrio enim est vel formulam, ut xv, vel compendio pro ea literam, ut y, adhibere. Notandum, et x et dx eodem modo in hoc calculo tractari, ut y et dy, vel aliam literam indeterminatam cum sua differentiali. Notandum etiam, non dari semper regressum a differentiali Aequatione, nisi cum quadam cautione, de quo alibi. Porro *Divisio*: $d\frac{v}{y}$ vel (posito z aequ. $\frac{v}{y}$) dz aequ. $\frac{\pm vdy \mp ydv}{yy}$.

Quoad *Signa* hoc probe notandum, cum in calculo pro litera substituitur simpliciter ejus differentialis, servari quidem eadem signa, et pro + z scribi + dz, pro — z scribi — dz, ut ex addi-

*) Act. Erud. Lips. an. 1684.

라이프니츠가 미적분학에 대하여 쓴 최초의 논문, '학술기요(1684년)'

08 라이프니츠(Gottfried Wilhelm Leibniz)는 라이프치히에서 태어났으며, 일생의 대부분을 하노버 지방 근처에서 공작들을 보좌하며 보냈다. 라이프니츠가 보좌한 공작 중의 한 사람이 조지 1세라는 이름으로 영국의 왕이 되었다. 라이프니츠는 동시대의 위대한 다른 사상가들에 비해 다방면에 흥미를 가지고 있었다. 그의 철학은 역사, 신학, 언어학, 생물학, 지질학, 수학, 외교학, 발명학을 포괄한다. 라이프니츠는 파스칼 이후 처음으로 계산 기계를 발명하였으며, 증기 엔진을 구상하였고, 중국 철학을 공부하는 한편 독일의 통일을 촉진하기 위하여 노력했다. 지식을 습득하고 발명을 하며 우주의 본질적인 공통성을 이해하기 위한 보편적인 방법의 모색은 라이프니츠 인생의 중요한 동기이다. **일반적인 학문**(*scientia generalis*)은 다양한 측면이 있는데, 이 중 몇 가지는 라이프니츠가 수학적 발견을 하도록 유도하였다. **일반적인 특성**(*characteristica generalis*)에 대한 탐구는 순열, 조합, 기호 논리의 발견을 가능하게 하였고, 사고의 모든 오류는 계산의 오류로 나타난다는 **보편 언어**(*lingua universalis*)에 대한 탐구는 기호 논리뿐만 아니라 다른 많은 수학적 기호의 혁신을 가져왔다. 라이프니츠는 수학 기호의 위대한 발명자이다. 형식과 내용의 단일성에 대하여 이해하고 있는 사람은 드물었다. 미적분에 대한 라이프니츠의 발견은 그의 철학적 배경을 바탕으로 이해되어야 한다. 미적분학은 특히 변화와 운동에 대한 보편 언어를 탐구한 결과였다.

라이프니츠는 1673년과 1676년 사이에 파리에서 미적분학을 발견하였는데, 이는 호이겐스의 영향과 데카르트 및 파스칼에 대한 연구에 의해서였다. 뉴턴이 미적분학의 방법을 알고 있다는 정보가 라이프니츠에게 자극제가 되었다. 뉴턴의 접근이 주로 (물리) 운동학적이었다면, 라이프니츠의 접근은 기하적이었다. 즉 라이프니츠는 dx, dy, ds라는 '고유삼각형(characteristic triangle)'[6]의 관점에서 사고를 진행시켰는데, 고유삼각형은 파스칼과 배로의 「기하학 강의(*Geometrical Lectures*, 1670)」를 비롯하여 많은 저서에 등장한 바 있다. 미적분학에 대한 라이프니츠 형식은 1684년 「학술기요(*Acta eruditorum*)」라는 수학 학술지 — 라이프니츠는 1682년 「학술기요」의 출간에 도움을 주었다 — 에 게재한 6쪽 분량의 논문에 처음 등장했다. 이 논문은 "극대, 극소 및 접선을 위한 새로운 방법, 이 방법에서는 분수나 무리수가 장애가 되지 않으며, 이를 위한 특이한

6) 고유삼각형이라는 용어는 라이프니츠가 처음 사용하였는데, 라이프니츠는 파스칼의 *Traité des sinus du quart de cercle* (1658)를 읽고 착안하였다. 고유삼각형이라는 용어는 스넬리우스(Snellius)의 *Tihys Batavus* (1624), pp. 22－25 에서도 찾아볼 수 있다.

형태의 미적분학"이라는 독특한 제목이었다. 이 논문의 설명은 빈약하고 모호했지만, dx, dy 라는 기호, $d(uv)=udv+vdu$와 몫의 미분을 포함하는 미분의 규칙, $dy=0$에서 극값을 갖고, $d^2y=0$일 때 변곡점을 갖는다는 내용을 담고 있다. 이 논문에 뒤이어 1686년에는 또 다른 논문(저서에 대한 비평의 형식을 띠고 있다)을 발표하였는데, 여기에는 $\int$ 기호와 더불어 적분의 원리가 담겨 있다. 또한 사이클로이드의 방정식을 다음과 같이 표현했다.

$$y=\sqrt{2x-x^2}+\int\frac{dy}{\sqrt{2x-x^2}}$$

이러한 논문들이 발표되면서 수학 연구의 결과가 풍부한 시기가 시작되었다. 라이프니츠는 1687년 자신의 방법을 전적으로 수용한 베르누이 형제와 합류했다. 이들은 1700년 이전에 이미 현재 대학 미적분학 수준의 내용을 발견했으며, 변분법에 대한 문제들의 풀이를 포함하여 고등 수학 분야의 중요한 부분도 발견했다. 1696년 로피탈이 미적분학에 대한 최초의 교과서, 「무한소해석(*Analyse des infiniment petits*)」을 발표했는데, 이는 로피탈을 한 때 가르쳤던 요한 베르누이의 영향을 강하게 받은 것이었다. 이 책은 미적분학에서 오랜 기간 유일무이한 저서였으며, 분모, 분자가 모두 0에 수렴할 때 그 극한값을 구하는 '로피탈의 법칙'(rule of l'Hospital)을 담고 있다.7)

현재 미적분학의 기호는 라이프니츠를 따르고 있는데, 심지어는 '미분과 적분(*calculus differentialis and calculus integralis*)'이라는 명칭도 그러하다.8) 그의 또 다른 영향력으로는 등호의 기호인 =과 곱셈의 기호인 ×를 들 수 있다. 또한 '접촉하는'(osculating)과 같이 기지 넘친 용어 뿐 아니라 '함수'(function)와 '좌표'(coordinates)도 라이프니츠에서 비롯된 것이다. 다음의 급수는 라이프니츠가 최초로 발견한 것이 아님에도 불구하고 라이프니츠의 이름이 붙어 있다.

$$\frac{\pi}{4}=\frac{1}{1}-\frac{1}{3}+\frac{1}{5}-\frac{1}{7}+\cdots$$

$$\tan^{-1}x=x-\frac{x^3}{3}+\frac{x^5}{5}-\cdots$$

7) 이 원리는 로피탈이 요한 베르누이와 주고받은 편지에 언급되어 있다.

8) 라이프니츠는 calculus summatorius를 먼저 제안했으나 1696년 라이프니츠와 요한 베르누이는 calculus integralis라는 용어에 합의했다. 현대 해석학자는 라이프니츠의 초기 용어로 회귀했다고 볼 수 있다.

이 급수는 스코틀랜드 출신의 수학자 그레고리(James Gregory)의 업적이다. 그레고리의 편지와 이탈리아에서 저술한 세 권의 책 중에서 1668년 펴낸 「기하학 연습(*Exercitationes Geometricae*, 1668)」은 무한 과정을 다루는 독창성을 나타낸다. 그레고리는 이항급수를 1670년에 발견했고 1671년에는 테일러 급수(Taylor's series)도 발견했다. 그레고리가 오래 살았더라면 미적분학에서 뉴턴이나 라이프니츠와 어깨를 나란히 했을 것이다.

미적분학의 기초에 대한 라이프니츠의 설명도 뉴턴과 마찬가지로 모호한 측면이 있었다. 예를 들어 dx, dy 는 유한량(有限量)을 나타내기도 하고, 어떤 때는 0은 아니지만 아주 적은 양을 나타내기도 한다. 엄밀한 정의를 내리지 않았기 때문에 지구의 반지름과 항성까지의 거리의 관계를 나타내는 유추를 제시하기도 했다. 또한 무한을 다루는 질문에 대한 접근 방식도 달랐다. 라이프니츠는 포셔에게 보낸 1693년의 편지에서 무한의 실제 존재를 받아들였는데, 이를 통해 제논의 모순을 극복하고 아킬레스가 거북이와 만나는 지점을 계산한 생방상을 찬양하였다. 뉴턴의 모호함이 버클리의 비난을 촉발시켰던 것과 마찬가지로 라이프니츠의 모호함은 뉴벤티츠(Bernard Nieuwentijt)의 비난을 불러 일으켰다. 버클리와 뉴벤티츠의 비평은 정당한 것이었지만 지나치게 부정적이었다. 이 두 사람은 미적분학의 기초에 대한 엄밀한 기초를 제공할 수는 없었지만 그 후의 창조적인 작업을 고무하였다.

참고문헌

Cajori, F. *William Oughtred.* Chicago and London, 1916.

Scott, J. F. *The Mathematical Works of John Wallis D. D., F.R.S.* London, 1938. Reprinted: New York, 1981.

Prag, A. "John Wallis, Zur Ideengeschichte der Mathematik im 17. Jahrhundert." *Quellen und Studien,* Vol. 1 (1930), pp. 381 - 412. (T. P. Nunn, *Math. Gazette,* Vol. 5 [1910 - 11] 참조)

Hessen, B. "The Social and Economic Roots of Newton's *Principia.*" In *Science at the Crossroads.* London, 1934.

Scriba, C. J. "Studien zur Mathematik desJohn Wallis(1616 - 1703)" *Boethius,* Vols. 6, 7. (Wiesbaden 1966.)

Mahoney, M. S. *The Mathematical Career of Pierre Fermat.* Princeton, N. J., 1970.

Barrow, I. *Geometrical Lectures.* Chicago, 1916. (J. M. Child가 번역하고 편집)

Bell, A. E. *Christian Huygens and the Development of Science in the Seventeenth Century.* London, 1947.

Johann Kepler. A Tercentenary Commemoration of His Life and Works. Baltimore, 1931.

Milhaud, G. *Descartes savant.* Paris, 1921.

Bosmans, H. (5장) has papers on: Tacquet (*Isis,* Vol. 9 [1927 - 28], pp. 66 - 83), Stevin (*Mathesis,* Vol. 37 [1923]; *Ann. Soc. Sc. Bruxelles,* Vol. 37 [1913], pp. 171 - 99; *Biographie nationale de Belgique*), Della Faille (*Mathesis,* Vol. 41 [1927], pp. 5 - 11), De Saint - Vincent (*Mathesis,* Vol. 38 [1924], pp. 250 - 56)

Toeplitz, O. *Die Entwicklung der Infinitesimalrechnung I.* Berlin, 1949.

Taton, R. *L'oeuvre mathématique de G. Desargues.* Paris, 1951.

James Gregory, A Tercentenary Memorial, H. W. Turnbull, ed. London, 1939. [Cf. M. Dehn and E. D. Hellinger, *Amer. Math. Monthly,* Vol. 50 (1943), pp. 149 - 63.]

Scriba, C. J. *James Gregorys frühe Schriften zur Infinitesimalrechnung.* Mitt. aus dem math. Seminar Giessen, 55 (1957), 80 pp.

Hass, K. "Die mathematischen Arbeiten von Johannes Hudde." *Centaurus,* Vol. 4 (1956), pp. 235 - 84.

Fellman, E. A. "Die mathematischen Werke von Honoratius Fabri." *Physis,* Vol. 1 (1959), pp. 1 - 54.

Whiteside, D. T. "Patteerns of Mathematical Thought in the Later Seventeenth Century." *AHES,* Vol. 1 (1961), pp. 179 - 388.

Tannery, Paul. "Notions Historiques." In *Notions de mathématiques,* J. Tannery, ed. Paris, 1903, pp. 324 - 48.

Montel, P. *Pascal mathématicien.* Paris, 1951.

Fleckenstein, J. O. *Die Prioritätsstreit zwischen Leibniz und Newton.* Basel and Stuttgart, 1956.

Lohne, J. A. "Thomas Harriot als Mathematiker," *Centaurus,* Vol. 11 (1965), pp. 19 - 45; also *DSB,* Vol. 6 (1972), pp. 124 - 29.

Bos, H. J. M. "Differentials, Higher - order Differentials and the Derivative in the Leibnizian Calculus," *AHES,* Vol. 4 (1974), pp. 1 - 90.

[Smith, D. E., and Latham H., eds.] *The Geometry of René Descartes.* Facsimile text plus English translation, Chicago 1925, New York에서 1959년에 재출판.

Hall, A. R. *Philosophers at War. The Quarrel Between Newton and Leibniz.* Cambridge, 1900.

Struik, D. J. *The Land of Stevin and Huygens.* Dordrecht, 1981. 네덜란드어를 번역한 책: Amsterdam, 1958; Nijmegen, 1979.

Taton, R. "L'oeuvre de Pascal en Géométrie Projective." *Rev. Hist. Science Appl.,* Vol. 15 (1962), pp. 197 – 252.

Mulcrone, T. E. "A Catalog of Jesuit Mathematicians." *Bull. Amer. Assoc. jesuit Scientists, Eastern States Division,* Vol. 41 (1964), pp. 83 – 90.

Auger, L. *Un savant méconnu, Giles Personne de Roberval, 1602 – 1675.* Paris, 1962.

Dugas, R. *La mécanique au XVIIe siècle.* Neuchâtel, 1954.

Baron, M. E. *The Origins of the Infinitesimal Calculus.* New York, 1969.

제7장 18세기

01 18세기 수학의 발달은 미적분학과 미적분학을 역학에 응용하는 것에 집중되었다. 이 시기의 주요 인물을 지적 계통에 따라 열거하면 다음과 같다.

라이프니츠(1646－1716)
베르누이 형제 : 야곱(1654－1705), 요한(1667－1748)
오일러(1707－1783)
라그랑주(1736－1813)
라플라스(1749－1827)

위의 인물들의 업적은 클레로(Clairaut), 달랑베르(d'Alembert), 모페르튀이(Maupertuis)와 같은 프랑스 수학자 집단의 활동과 밀접하게 관련되어 있으며, 프랑스 수학자 집단은 계몽 시대의 철학자와 연관되어 있다. 스위스의 수학자 람베르트(Lambert)와 다니엘 베르누이(Daniel Bernoulli)도 이들과 더불어 중요한 역할을 하였다. 학문적 활동은 대부분 아카데미를 중심으로 이루어졌는데, 파리, 베를린, 상트페테르부르크 아카데미가 유명하였다. 대학 교육은 미약한 역할만 하거나 아무런 역할도 하지 못하였다. 완곡하게 표현하자면 이 시대의 일부 유럽 국가는 프레더릭 대제, 캐서린 대제, 루이 15세, 루이 16세 등 문명화된 전제 군주들의 지배를 받았다. 이 전제 군주들은 자신의 영광을 위하여 학식 있는 사람들을 가까이에 두는 기쁨을 누렸다. 여기서의 기쁨은 일종의 지적인 속물근

성으로, 이는 생산력을 증진시키고 군대의 효율성을 높이는 자연과학과 응용수학의 중요한 역할을 이해함으로써 조절되기는 하였다. 예를 들어 프랑스 해군의 우수성은 해상 호위함과 선박을 제조하는 사람이 부분적으로 수학 이론을 이해하고 있었기 때문이었다. 오일러의 업적은 육군과 해군에 응용되는 경우가 많았다. 천문학은 황실과 황제의 보호 하에 수학 연구를 대신하는 탁월한 역할을 계속하였다.

02 스위스의 바젤은 1263년 이후에 자유 도시였으며, 오랫동안 배움의 중심지였다. 에라스무스 시절 바젤 대학은 이미 위대한 중심지로서의 역할을 하였다. 네덜란드의 도시들과 같이 바젤에서도 상인 귀족 사회의 통치하에 예술과 과학이 번성하였다. 베르누이 일가도 바젤의 귀족 사회 출신인데, 이들은 앤트워프가 스페인에 점령되었던 17세기에 앤트워프로부터 암스테르담을 거쳐 바젤로 이주하였다. 17세기 후반부터 현재까지 베르누이 일가는 매 세대에 걸쳐 과학자를 배출하였다. 사실 학문의 전 역사에 걸쳐 이와 같이 두드러진 기록을 찾아보기 어려울 정도로 베르누이 일가는 훌륭한 학자를 많이 나왔다.

이러한 기록의 시작은 수학자 야곱 베르누이와 요한 베르누이로부터 비롯되었다. 야곱은 신학을 공부했고 요한은 약학을 공부했으나, 라이프니츠가 「학술기요(*Acta eruditorum*)」에 논문을 발표하자 야곱과 요한은 수학자가 되기로 결심했다. 그들은 라이프니츠의 중요한 초기 제자가 되었다. 1687년 야곱은 바젤 대학의 수학 교수 자리를 수락했고, 1705년 세상을 떠날 때까지 수학을 가르쳤다. 1695년 요한은 흐로닝겐 대학의 교수가 되었으나, 형인 야곱이 사망하자 그 뒤를 이어 바젤 대학의 교수가 되었으며 43년 동안 교수로 재직했다.

야곱은 1687년 라이프니츠와 교류하기 시작했다. 야곱은 라이프니츠 그리고 요한과 지속적으로 아이디어를 교환했는데, 야곱과 요한은 치열한 경쟁 상대가 되기도 했다. 이 두 형제는 라이프니츠의 선구적인 모험이 가진 가치를 발견했다. 야곱과 요한 베르누이 형제는 풍부한 연구 결과를 남겼는데, 오늘날 미적분학의 기초 교재에 담긴 내용도 있지만 상미분방정식의 적분에 대한 내용도 있다. 야곱의 연구 중에는 극좌표의 활용, 현수선(懸垂線, 이미 호이겐스와 다른 연구자에 의해 논의되었음), 연주형(連珠形, lemniscate),

등각나선(logarithmic spiral) 등이 있다. 1690년 야곱은 이미 1687년 라이프니츠가 제안한 등속강하곡선(等速降下曲線, isochrone)을 발견했는데, 등속강하곡선은 등속도로 낙하하는 물체가 그리는 준삼차(semicubic) 포물선을 말한다. 야곱은 또한 등주곡선(等周曲線, isoperimetric figures)[1]에 대하여 논의했는데, 이를 통해 변분법에 대한 문제를 유도했다. 등각나선은 다양한 변환 하에서도 스스로를 재생하는데, 야곱은 아르키메데스를 모방하여[2] "나는 변화하지만 똑같이 일어설 것이다(eadem mutata resurgo)"는 비문과 함께 등각나선을 묘비석에 새겼다.

야곱 베르누이는 확률론을 정립시킨 초기 학자로, 사후인 1713년 확률론에 대한 저서 「추측술(推測術, *Ars conjectandi*)」이 출판되었다. 「추측술」의 초반부는 게임의 확률에 대한 호이겐스의 이론이고, 중반 이후에는 순열과 조합에 대하여 기술하였으며, 이항분포에 대한 '베르누이의 정리'에서 절정을 이룬다. '베르누이의 수'는 파스칼의 삼각형에 대한 논의와 함께 실려 있다.

03

요한 베르누이는 야곱보다 12년 6개월 어리며, 80세까지 살았다. 요한 베르누이는 바젤 대학 교수에서 수학계의 원로로 자수성가했고, 자부심을 가져도 좋을 오일러를 유일한 제자로 두었다. 요한 베르누이의 업적은 그 형인 야곱 베르누이와 밀접하게 관련되기 때문에 두 사람의 연구 결과를 구분하는 것은 쉽지 않다. 야곱과 요한은 최단강하선(最短降下線, brachystochrone) 문제를 해결하는 데 기여했기 때문에 흔히 변분법의 창시자로 간주된다. 이 문제는 중력장에서 주어진 두 점 사이를 움직이는 질점(質點) 중 가장 빠르게 하강하는 곡선을 결정하는 문제로, 라이프니츠도 최단강하선 문제를 연구했고, 베르누이 역시 1697년부터 여러 해 동안 이 문제를 연구했다. 당시 이들은 표면의 측지선에 대한 방정식을 발견했다.[3] 최단강하선 문제의 답은 사이클로이드이다. 호이겐스는 사이클로이드의 성질을 발견했고, 이를 이용하여 주기가 진폭과

---

1) 최대 넓이를 가지는 일정한 둘레의 평면 폐곡선. – 옮긴이

2) 아르키메데스의 묘비에는 원기둥에 내접하는 구의 그림이 새겨져 있다. – 옮긴이

3) 뉴턴은 「프린키피아」의 주석에서 최소의 저항을 받으면서 액체에서 움직이는 회전체에 대하여 이미 논의했다. 그러나 이에 대한 증명을 발표하지는 않았다.

무관한 등시곡선(等時曲線, tautochrone)[4] 진자 시계를 1673년에 만들었다.

베르누이 일가 중 수학의 발달에 가장 큰 영향을 미친 사람은 요한의 아들인 다니엘이다. 다니엘 베르누이는 1725년부터 1733년 사이에 상트페테르부르크에 머물렀고, 1727년 오일러와 만난 이후 바젤 대학의 교수가 되었으며 82세까지 장수했다. 다니엘 베르누이는 초기에 상트페테르부르크의 문제(역설)[5]로 불리는 확률 문제에 대하여 사촌인 니콜라스 1세와 공동으로 연구했다. 다니엘 베르누이의 활발한 연구는 응용을 중심으로 이루어졌는데, 천문학, 물리학, 생리학, 유체역학 등에서 두각을 나타냈다. 「유체역학(*Hydrodynamica*, 1736)」은 수압(水壓)에 대한 베르누이의 법칙을 다루었으며, 16장에는 기체의 운동 에너지에 대한 원리를 담고 있다. 이는 오일러가 유체 역학에 대한 기본적인 연구를 하도록 자극하였다. 다니엘 베르누이는 오일러와 달랑베르와 함께 테일러(Brook Taylor)가 1715년에 처음 도입한 현의 진동 문제를 연구하였다. 이를 통해 편미분방정식의 이론을 유도했으며 삼각급수의 역할도 도입하였다.

상미분방정식은 다니엘의 아버지와 삼촌의 전문 분야였다. 요한의 다른 아들인 요한 2세, 요한 2세의 두 아들인 요한 3세와 야곱 2세 역시 수학에 있어 뛰어난 업적을 남겼다. 베르누이 일가 중 학문적인 업적을 남긴 것은 이들 뿐이 아니었다.[6]

---

4) 곡선 위의 어느 점에서 출발하든지 관계없이 질점이 동일한 시간에 주어진 점까지 도달하는 곡선. – 옮긴이

5) A는 동전을 던졌을 때 첫 번째에 뒷면이 나오면 1페니를 받고, 두 번째에 처음으로 뒷면이 나오면 2페니, 세 번째에 처음으로 뒷면이 나오면 4페니를 받으며, 이러한 방식을 계속 적용한다고 할 때, A의 기댓값은 얼마인가? 수학 이론에 의하면 A의 기댓값은 무한대인데 이는 역설적인 결과이다. – 옮긴이

6)

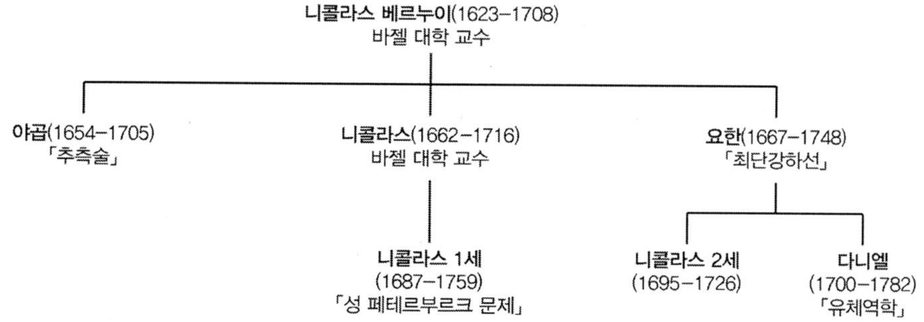

04 전 세대에 걸쳐서는 아닐지라도 18세기에 가장 활발한 연구 활동을 한 수학자 오일러(Leonhard Euler) 역시 바젤에서 태어났다. 오일러의 아버지는 야곱 베르누이 밑에서 수학을 공부했고, 오일러는 요한 베르누이 아래에서 수학을 공부했다. 1725년 요한 베르누이의 아들 니콜라스가 상트페테르부르크를 여행할 때, 젊은 오일러는 그를 따랐고 1741년까지 아카데미에 머물렀다. 1741년부터 1766년까지 오일러는 프레더릭 대제의 후견 하에 베를린 아카데미에 있었으며, 1766년부터 1783년까지는 캐서린 여왕의 후원을 받으며 다시 상트페테르부르크에 머물렀다. 오일러는 두 번 결혼해서 열세 명의 자녀를 두었다. 이 18세기 학자는 일생 동안 순수수학과 응용수학의 여러 분야에 대한 연구에 전적으로 몰두했다. 오일러는 1735년에 한쪽 눈을 실명하고 1766년에 다른 한쪽도 실명했지만, 이로 인해 왕성한 연구력이 저하되지 않았다. 맹인 오일러는 기억력의 도움으로 그가 발견한 것을 받아쓰도록 하였다. 오일러는 전 생애에 걸쳐 560여 권의 책과 논문 그리고 많은 필사본을 남겼는데, 이 필사본은 상트페테르부르크 아카데미가 그 후 47년 동안 출판하였다. (이것까지 고려하면 오일러의 연구 결과는 771편이 된다. 에네스트룀(Gustav Eneström)의 조사에서 856개의 목록이 완성되었고, 오일러의 지도 아래 그의 맏아들에 의해 작성된 연구 결과가 31개 추가되었다 – 수많은 서신 교환은 연구물의 편수에서 제외)

오일러는 당시에 존재했던 수학의 모든 분야에서 주목할 만한 기여를 했다. 오일러는 길고 짧은 여러 편의 논문뿐만 아니라 일생 동안 모은 자료를 정리하고 편찬하여 수많은 교재들을 출판했다. 오일러의 발표로 인해 수학의 몇 몇 분야는 거의 결정적으로 완성되었다. 그중의 한 예가 현재의 삼각법으로, 오일러는 「무한소 해석(*Introdutio in analysin infinitorum*, 1748)」에서 삼각비의 개념을 제시하고 이를 유용한 기호로 표현했다. 오일러의 교재의 명성으로 인해 대수학과 미적분학에서 문제시 되던 표기법이 영원히 해결되었다. 라그랑주, 라플라스, 가우스는 모든 연구에서 오일러를 인정하고 추종했다.

1748년에 발간된 「무한소 해석」은 두 권의 책으로 다양한 분야의 주제를 다룬다. 「무한소 해석」에는 e^x, $\sin x$, $\cos x$를 포함한 무한급수와 (이미 다른 형태로 요한 베르누이와 다른 사람들에 의해 발견되었다), $e^{ix} = \cos x + i\sin x$의 관계가 제시되어 있다. 「무한소 해석」은 방정식의 도움으로 곡선과 평면을 아주 자유롭게 탐구했기 때문에, 해석기하학 최초의 교재로 간주된다. 또한 소거에 대한 대수적 이론도 실려 있다. 「무한소 해석」에서 가장 흥미로운 부분은 제타 함수 및 제타 함수와 소수 이론의 관계에 대한 장이다.

그 이외에 꼽을 수 있는 훌륭하고 귀중한 교재는 오일러의 「미분법(*Institutions calculi differentials*, 1755)」과 세 권의 「적분법(*Institutions caluli integralis*, 1768~1774)」이다. 「미분법」과 「적분법」은 기본적인 미분과 적분뿐만 아니라 미분방정식의 이론, 테일러 정리의 여러 가지 응용, 오일러의 덧셈 공식, 오일러의 Γ적분과 B적분 등에 대한 내용을 담고 있다. '1차', '완전', '동차' 방정식을 구별하는 미분방정식 부분은 현재도 이 주제에 대한 기초 교재의 모델이 된다. 또한 오일러는 함수의 개념을 명료화하였다.

오일러의 「역학(*Mechanics, sive motus scientia analytice exposita*, 1736)」은 뉴턴의 질점에 대한 역학을 분석적 방법으로 다루고 있는 최초의 교재이다. 「역학」은 「강체역학(*Theoria motus corporum solidorum seu rigidorum*, 1765)」으로 이어지는데, 「강체역학」도 입체의 역학을 유사하게 취급한다. 이 교재들은 한 점을 중심으로 회전하는 물체에 대한 오일러의 방정식을 포함한다. 또한 이 교재들은 현재 우리가 알고 있는 역학을 정립시켰는데, 오일러의 역학에 영감을 준 뉴턴의 「프린키피아」는 전문화된 과학의 역사라고 할 수 있다. 「대수 입문서(*Vollständige Anleitung zur Algebra*, 1770)」는 오일러의 눈이 멀게 되면서 하인에게 받아쓰게 한 독일어 책으로 그 후 대수학의 교재의 모델이 되었다. 「대수 입문서」는 3차와 4차 방정식 이론으로부터 부정방정식에 대한 내용까지 담고 있으며, $n=3$ 또는 4일 때, $x^n+y^n=z^n$을 만족하는 $x,\ y,\ z$가 존재하지 않는다는 것을 증명하고 있다.

1744년에는 오일러의 「변분법(*Methodus inveniendi lineas curvas maximi minimive proprietate gaudentes*)」이 출판되었다. 이는 변분법에 대한 최초의 해설로, 현수면(懸垂面, catenoid)과 나선체(helicoind)가 최소평면을 갖는다는 발견을 포함하여 여러 가지 응용과 더불어 오일러의 방정식을 담고 있다. 오일러의 많은 다른 결과를 소논문에서 발견할 수 있는데, 이는 보석과 같이 소중한 결과이지만 오늘날에는 거의 알려져 있지 않다. 널리 알려진 발견으로는 다면체에서 꼭짓점(V), 모서리(E), 면(F) 사이의 관계식 ($V+E-F=2$), 삼각형에서 오일러의 직선, 폭이 일정한 원형곡선(orbiform curves), 오일러의 상수

$$\lim_{n\to\infty}\left(\frac{1}{1}+\frac{1}{2}+\cdots+\frac{1}{n}-\log n\right)=0.5772156\ldots$$

등이다. 쾨니히스베르크의 일곱 다리, 체스에서 기사의 움직임 등 몇 편의 논문들은 수학적인 레크리에이션을 위한 것이다. 수론에 대한 오일러의 공헌은 지대하였고, 제곱잉여의 상호 법칙도 그의 위대한 발견이다.

오일러의 왕성한 활동력은 천문학에도 미쳤는데, 달에 대한 이론은 삼체문제(三體問題, three－body problem)와 경도를 찾는 문제에서 중요하므로 특별한 관심의 대상이었다. 「천체운동론(*Theoria motus planetarum et cometarum*, 1774)」은 천체의 역학에 대한 논문으로, 이와 관련이 있는 것이 타원체의 인력에 대한 오일러의 1738년 연구이다.

오일러는 수리학, 조선학, 포술학에 관한 책들을 저술하였다. 1769년부터 1771년에는 렌즈 체계를 통한 빛의 전송에 대한 이론을 다룬 「굴절광학(*Dioptrica*)」 세 권을 발간하였다. 1739년에는 음악에 대한 새로운 이론을 내놓았는데, 수학자에게는 너무 음악적이고 음악가에게는 지나치게 수학적이라는 평가를 받는다. 오일러가 「독일 왕녀에게 보낸 편지(1760－1761)」에 나타난 자연 과학의 중요한 문제에 대한 철학적 해설은 대중화의 모델이 되었다.

오일러의 풍부한 업적은 이를 연구하려는 모든 이들에게 놀라움과 감탄의 지속적인 원천이 되어 왔다. 오일러가 책에서 쓴 라틴어 문장은 간단하고 기호는 거의 현대적이었기 때문에 — 현재의 기호를 오일러식이라고 해도 과언이 아니다 — 그의 업적을 이해하는 것은 생각보다 어렵지 않다. 오일러에게는 우선권이 있는 발견과 정교화할 여지가 있는 아이디어가 다수 있다. 위대한 수학자들은 항상 오일러에게 일종의 빚을 지고 있다고 평가한다. 라플라스는 젊은 수학자들에게 오일러를 찬양했다. 가우스는 "오일러의 업적을 연구하는 일은 수학의 여러 분야에서 최고라고 할 수 있으며, 어떤 것도 이를 대신할 수 없다"는 좀 더 무거운 표현을 하였다. 리만은 오일러의 업적을 잘 알고 있었고, 그의 풍부한 글은 오일러의 특성을 지니고 있다.

05 오일러가 학문에 공헌한 몇 가지 사항과 더불어 그의 약점을 지적하는 것은 의미가 있을 것이다. 18세기에는 무한의 과정이 여전히 부주의하게 다루어졌는데, 이 시기의 뛰어난 수학자들의 업적은 거칠고 열광적인 실험이라는 인상을 준다. 이 당시의 실험은 무한급수, 무한곱, 적분, 0, $\propto$, $\sqrt{-1}$ 과 같은 기호의 사용 등이다.

오일러의 여러 가지 결론을 오늘날 받아들인다면 유보해야 할 것이 있다. 예를 들어 우리는 '$\log n$은 무수히 많은 복소수 값을 갖지만, n이 양수이면 $\log n$의 값 중의 하나가 실수'라는 오일러의 진술을 받아들인다. 오일러는 1747년 달랑베르에게 보낸 편지에서 이러한 결론을 얻었는데, 달랑베르는 $\log(-1)=0$임을 주장했다. 그러나 우리는 오일러가 주장한 $1-3+5-7+\cdots=0$이라는 식을 받아들일 수는 없으며,

$$n+n^2+\cdots = \frac{n}{1-n}$$

과

$$1+\frac{1}{n}+\frac{1}{n^2}+\cdots = \frac{n}{n-1}$$

으로부터 내린 결론

$$\cdots+\frac{1}{n^2}+\frac{1}{n}+1+n+n^2+\cdots = 0$$

도 수용하기 어렵다.

급수의 발산을 다루는 오일러의 방법으로 그를 너무 성급하게 비난하지 않도록 주의해야 한다. 간단히 말하자면 오일러는 급수의 타당성을 판단하는 데 오늘날 우리가 사용하는 수렴과 발산의 판정법을 항상 이용하지 않았을 뿐이다. 급수에 대한 오일러의 일면 무분별한 연구를 현대 수학자들은 엄중하고 엄격하게 받아들였다.[7)]

그러나 서로 다른 차수(order)를 갖는 0의 도입으로 미적분학의 기초를 닦은 오일러의 방법에 대해 열광적일 필요는 없다. 오일러는 「미적분학(*Differential Calculus*, 1755)」에서 무한히 적은 양은 거의 0이고, $a\pm ndx=a$,[8)] $dx\pm(dx)^{n+1}=dx$, $a\sqrt{dx}+Cdx=a\sqrt{dx}$ 라고 진술하였다.

> 따라서 무한히 적은 양은 모두 0이지만 그 사이에는 구별이 가능한 수많은 차수가 존재한다. 그들 사이의 관계는 기하적 비율에 의해 설명될 수 있다.

---

7) 19세기 말까지는 이전 수학자들의 방법을 다룸에 있어 엄밀성이 부족하다고 비판해서는 안 된다. 시간의 흐름에 따라 습득한 방법의 도움으로 현재 다룰 수 있게 된 경우가 있기 때문이다. 따라서 엄밀성의 부족을 논의할 수 있는 경우는 논리적으로 유지될 수 없는 결과에 대해서이다.

8) 이 식은 제논의 심플리시우스를 연상시킨다: "더하여도 많아지지 않고, 덜어내도 적어지지 않는 것은 무(無, nothing)라고 할 수 있다."

미적분학의 기초에 대한 모든 질문에는 논쟁의 여지가 있으며, 이는 무한의 과정에 대한 질문도 마찬가지이다. 미적분학의 기초에서 '신비로운(mystical)' 시기(이는 마르크스에 의해 제안된 용어)는 신비주의를 불러일으키는데, 이는 때로 기초를 세운 창시자의 수준을 넘어서는 경우도 있다. 성직자이자 피사의 교수인 그란디(Guido Grandi)는 장미꽃 무늬($r=\sin n\theta$)와 꽃을 닮은 다른 곡선을 연구했는데, 그는 다음 식이 무(無)로부터의 창조를 상징하는 것으로 보았다.

$$\begin{aligned}\frac{1}{2}&=1-1+1-1+1-\cdots\\&=(1-1)+(1-1)+(1-1)+\cdots\\&=0+0+0+\cdots\end{aligned}$$

위의 식은 아버지가 보석을 두 아들에게 양도하고, 1년씩 교대로 지키게 한 예를 고려하여 1/2이라는 결과를 얻었다. 이는 곧 두 아들에게 반씩 나누어 준 것을 의미한다.

오일러가 세운 미적분학의 토대는 결점을 가지고 있었으나 오일러는 그의 관점을 모호하지 않게 표현하였다. 달랑베르는 「백과전서(*Encylopédie*)」의 몇몇 논문에서 다른 도구를 통해 그 토대를 정립하려 시도했다. 뉴턴은 갑자기 나타나게 된 두 양의 최초나 최종의 비, 즉 '유율'에 대하여 '최고와 최후의 비'이라는 용어를 사용했다. 달랑베르는 이 개념을 '극한'의 개념으로 바꾸었다. 달랑베르는 어떤 주어진 양에 대하여 두 번째가 첫 번째에 다른 어느 것보다 가깝게 접근할 때를 극한이라 불렀다. 또 달랑베르는 방정식을 미분하는 것은 방정식에 포함되어 있는 두 변수 사이의 유한한 차이에 대한 비의 극한값을 구하는 것이라고 단순하게 생각했다. 달랑베르는 다른 차수의 무한에 대한 개념을 가지고 있었기 때문에 큰 진보를 이루었다고 할 수 있다. 그러나 달랑베르의 동시대인들은 새로운 진보의 중요성을 확신하지 못했다. 교점이 두 개에서 하나가 될 때 할선이 바로 접선이 된다고 달랑베르가 말했을 때, 사람들은 그가 제논의 패러독스에 내재해 있는 어려움을 극복하지 못한 것으로 여겼다. 변하는 양은 결국 극한에 도달할 수 있을까? 아니면 영원히 도달하지 못하는 것일까?

앞에서 뉴턴의 유율에 대한 버클리 주교의 비판을 언급하였다. 버클리는 1724년 데리의 학장이었고, 1734년에는 남아일랜드 클로인의 주교였으며, 1729년부터 1731년까지 로드 아일랜드의 뉴포트에 거주하였는데, 극단적인 이상주의자로 알려져 있다. 버클리는 뉴턴 학파가 유물론을 지지했다는 것에 대해 분노했고, 「해석학자(*The Analyst*, 1734)」

Secantes autem et cosecantes ex tangentibus per solam sub inveniuntur; est enim

$$\operatorname{cosec.} z = \cot. \frac{1}{2} z - \cot. z$$

et hinc

$$\sec. z = \cot. \left(45^0 - \frac{1}{2} z\right) - \operatorname{tang.} z.$$

Ex his ergo luculenter perspicitur, quomodo canones sinuum co tuerint.

138. Ponatur denuo in formulis § 133 arcus z infinite parvu numerus infinite magnus i, ut iz obtineat valorem finitum v. $nz = v$ et $z = \frac{v}{i}$, unde $\sin. z = \frac{v}{i}$ et $\cos. z = 1$; his substitutis fit

$$\cos. v = \frac{\left(1 + \frac{v\sqrt{-1}}{i}\right)^i + \left(1 - \frac{v\sqrt{-1}}{i}\right)^i}{2}$$

atque

$$\sin. v = \frac{\left(1 + \frac{v\sqrt{-1}}{i}\right)^i - \left(1 - \frac{v\sqrt{-1}}{i}\right)^i}{2\sqrt{-1}}$$

In capite autem praecedente vidimus esse

$$\left(1 + \frac{z}{i}\right)^i = e^z$$

denotante e basin logarithmorum hyperbolicorum; scripto ergo pr $+ v\sqrt{-1}$ partim $- v\sqrt{-1}$ erit

$$\cos. v = \frac{e^{+v\sqrt{-1}} + e^{-v\sqrt{-1}}}{2}$$

et

$$\sin. v = \frac{e^{+v\sqrt{-1}} - e^{-v\sqrt{-1}}}{2\sqrt{-1}}$$

Ex quibus intelligitur, quomodo quantitates exponentiales imag sinus et cosinus arcuum realium reducantur.[1]) Erit vero

1) Has celeberrimas formulas, quas ab inventore *Formulas* EULERIANAS nom EULERUS distincte primum exposuit in Commentatione 61 (indicis ENESTROEMIANI)

TOMI PRIMI CAPUT VIII § 138—140 [104—105

$$e^{+v\sqrt{-1}} = \cos. v + \sqrt{-1} \cdot \sin. v$$

$$e^{-v\sqrt{-1}} = \cos. v - \sqrt{-1} \cdot \sin. v.$$

; iam in iisdem formulis § 133 n numerus infinite parvus seu
nte i numero infinite magno; erit

$$\cos. nz = \cos. \frac{z}{i} = 1 \quad \text{et} \quad \sin. nz = \sin. \frac{z}{i} = \frac{z}{i};$$

evanescentis $\frac{z}{i}$ sinus est ipsi aequalis, cosinus vero $= 1$. His
itur

$$1 = \frac{(\cos. z + \sqrt{-1} \cdot \sin. z)^{\frac{1}{i}} + (\cos. z - \sqrt{-1} \cdot \sin. z)^{\frac{1}{i}}}{2}$$

$$\frac{z}{i} = \frac{(\cos. z + \sqrt{-1} \cdot \sin. z)^{\frac{1}{i}} - (\cos. z - \sqrt{-1} \cdot \sin. z)^{\frac{1}{i}}}{2\sqrt{-1}}$$

tem logarithmis hyperbolicis supra (§ 125) ostendimus esse

$$l(1+x) = i(1+x)^{\frac{1}{i}} - i \quad \text{seu} \quad y^{\frac{1}{i}} = 1 + \frac{1}{i} ly$$

) $1 + x$. Nunc igitur posito loco y partim $\cos. z + \sqrt{-1} \cdot \sin. z$
$- \sqrt{-1} \cdot \sin. z$ prodibit

carum ex potestatibus numerorum naturalium ortarum, Miscellanea Berolin. 7,
LEONHARDI EULERI *Opera omnia*, series I, vol. 14. Iam antea quidem cum amico
(1690—1764) formulas huc pertinentes, partim speciales partim generaliores, com-
ic in epistola d. 9. Dec. 1741 scripta invenitur haec formula

$$\frac{2^{+\sqrt{-1}} + 2^{-\sqrt{-1}}}{2} = \text{Cos. Arc. } l\,2$$

8. Maii 1742 scripta haec

$$a^{p\sqrt{-1}} + a^{-p\sqrt{-1}} = 2 \text{ Cos. Arc. } pla.$$

ance math. et phys. publiée par P. H. Fuss, St.-Pétersbourg 1843, t. I, p. 110 et 123;
ERI Opera omnia, series III. Confer etiam Commentationem 170 nota 1 p. 35
mis § 90 et 91. A. K.

오일러의 서론 중 $e^{ix}=\cos x+i\sin x$가 도입된 페이지
(오일러 공식은 1743년에 발표되었으나, 골드바흐에게 보낸 1741, 1742년 편지에서도 등장한다)

에서 뉴턴의 유율 이론을 공격하였다. 그는 무한소를 '과거의 양(量)의 환영'이라고 비웃었다. 만약 x가 o만큼 증가된다면 x^n의 증가분을 o로 나눈 것은 다음과 같다.

$$nx^{n-1}+\frac{n(n-1)}{1\cdot 2}x^{n-2}o+\cdots$$

위의 결과는 o는 0이 아니라고 가정함으로써 얻을 수 있다. 그러나 x^n의 미분과 nx^{n-1}은 o가 0이 아니라는 가정을 갑자기 바꾸어 o를 0과 동일시 할 때 얻는다. 버클리가 뉴턴의 미적분학에서 발견한 것은 '분명한 궤변'으로, 오류의 대가를 치르고 올바른 결과를 얻은 것이라고 믿었다. 미분은 논리적으로 설명될 수 없었다. 버클리는 그가 '이단 수학자'라고 생각한 할리에게 다음과 같이 주장했다 "그러나 2차와 3차 미분, 즉 두 번째와 세 번째의 차분(difference)을 소화할 수 있는 사람은", "내가 생각건대 신성(神性)의 관점에 대하여 결벽해질 필요는 없다." 이는 학문에서 부딪힌 중요한 어려움이 이상주의적 철학을 강화시킨 경우로, 그 외에도 이러한 경우가 있었다.

영국의 수학자로 수학을 독학했던 란덴(John Landen)은 타원적분(elliptic integral) 이론으로 이름을 남겼는데, 자신의 고유한 방법으로 미적분학의 기본적인 난점들을 극복하려고 노력하였다. 란덴은 저서 「잉여 해석학(*Residual Analysis*, 1764)」에서 무한소의 개념을 모두 회피함으로써 버클리의 비평과 직면하게 된다. 예를 들어 x^n의 도함수에서 x를 x_1으로 바꾸면 결국

$$\frac{x_1^3-x^3}{x_1-x}=x_1^2+xx_1+x^2$$

을 얻는데, 이 때 $x=x_1$이면, $3x^2$이 된다. 이 절차는 함수가 좀 더 복잡해질 때에는 무한급수를 수반한다. 란덴의 방법은 후에 라그랑주의 '대수적' 방법과 약간 유사하다.

06

비록 이 시기의 대표적인 수학자는 단연코 오일러이지만 프랑스도 상당히 독창적인 연구 결과를 내놓았다. 다른 어떤 나라보다도 프랑스에서는 수학이 뉴턴의 이론을 더욱 완벽하게 뒷받침하는 학문으로 인식되었다. 만유인력의 이론은 계몽주의 철학자에게 대단한 매력이 있었는데, 그들은 만유인력 이론을 봉건주의 잔재

에 대항하는 무기로 사용했다. 가톨릭교회는 1664년 데카르트의 저서를 금서 목록에 포함시켰으나, 1700년경에는 데카르트의 이론이 보수주의 학파 내에서조차 인기를 누리게 되었다. 데카르트주의와 뉴턴주의 사이의 문제는 한동안 학문 세계에서뿐만 아니라 상류 사회에서도 대단히 흥미로운 토론 주제였다.)볼테르는 「영국인에게 보내는 편지(*Lettres sur les Anglais*, 1734)」를 통해 뉴턴을 프랑스인들에게 소개했으며, 볼테르의 친구인 뒤 샤뜰레 부인은 1759년 「프린키피아」를 프랑스어로 번역했다. 두 학파가 벌인 논쟁 주제 중의 하나는 지구의 형태이다. 데카르트주의자가 선호하는 우주론에 의하면 지구의 양 극 부분이 길고, 뉴턴의 이론에 의하면 양 극 부분이 평평하다. 데카르트주의자인 천문학자 카시니는 1700년부터 1720년 사이에 프랑스에서 자오선의 호를 측정하였는데, 그 결과는 데카르트주의자들의 주장을 옹호하는 것이었다. 이 문제를 둘러싸고 많은 수학자들 사이에 논쟁이 벌어졌다. 경도를 측정하기 위해서 1735년 탐험대를 페루에 보냈고,[9] 그 뒤를 이어 1736～37년 스위스에서 모페르튀이의 지도 하에 랩랜드[10] 사람들과 함께 또 하나의 탐험이 이루어졌다. 탐험의 결과는 모페르튀이의 승리이자 뉴턴 이론의 승리였다. 유명하고도 위대한 평정자인 모페르튀이는 베를린 아카데미의 의장이 되었으며 프레데릭 대제의 궁정에서 수년 간 총애를 받았다. 이러한 총애는 모페르튀이가 스위스 수학자 쾨니히(Samuel König)와 역학에서의 최소운동원리(the principle of the least－action)에 대해 활발한 토론을 벌인 1750년까지 계속되었다. 여기서 최소 운동원리는 라이프니츠에 의해서 이미 언급된 것으로 추정된다. 모페르튀이는 페르마가 과거에 시도했고 아인슈타인이 그 뒤를 이은 원리, 즉 우주의 법칙을 통일할 수 있는 일종의 통합 원리를 찾고 있었다. 모페르튀이의 공식은 명쾌하지는 않았지만, '운동'을 mvs(m=질량, v=속도, s=거리)의 양(量)으로 정의했다. 또한 모페르튀이는 이를 신의 존재를 증명하는 시도와 연계했다. 이 논쟁은 볼테르가 「교황 주치의 박사의 독설(*Diatribe du docteur Akakia, Médecin du Pape*, 1752)」에서 불행한 의장(모페르튀이)을 비아냥거렸을 때 최고조에 달했다. 왕의 지원도 오일러의 옹호도 모페르튀이의 쇠약해진 정신에 도움이 되지 못했다. 그 후 위축된 수학자 모페르튀이는 머지않아 베르누이의 고향인

9) 페루에 탐험대를 보낸 것은 페루의 스페인 총독이다. 이때의 페루는 현재의 페루보다 훨씬 컸으며, 탐험의 본부는 현재 에콰도르에 있는 키토(Quito)였다.

10) (옮긴이)스칸디나비아 반도의 최북부 지역.

바젤에서 생을 마감했다.

오일러는 $\int mvds$ 가 최소여야 된다는 최소운동원리를 다시 설명했으나, 모페르튀이의 형이상학에 빠져들지는 않았다. 이 이론을 라그랑주와 해밀턴이 적용할 때에는 건전한 기초 이론으로써 평가받았다. 현대 수리물리학에서 "해밀턴 연산자(Hamiltonian: H)"의 사용은 오일러가 모페르튀이－쾨니히 논쟁에 대하여 공헌한 근본적인 특징을 설명하고 있다.

모페르튀이와 함께 랩랜드로 간 수학자 중의 한 사람은 클레로(Alexis－Claude Clairaut)이다. 클레로는 곡면에 대한 해석기학학과 미분기하학을 처음으로 시도한 「이중 곡면의 곡선에 대한 연구(Recherches sur les courbes à double courbure, 1731)」를 18세에 발표했다. 클레로는 랩랜드에서 돌아오자마자 유체의 평형과 회전 타원체의 인력에 대한 표준적인 연구인 「지구의 형태론(*Théorie de la figure de la terre*, 1743)」을 발표했다. 라플라스는 이를 사소하고 세세한 부분에서 약간 개선할 수 있었을 뿐이다. 라플라스가 내린 결론이 $Mdx+Ndy$의 미분이 완전(exact)하기 위한 조건이었다. 이 책의 뒤를 이어 「달에 대한 이론(*Théorie de la lune*, 1752)」을 출간했는데, 이는 오일러의 달에 대한 운동과 삼체문제에 연구 결과를 추가한 것이다. 클레로는 또한 선적분(線積分)과 미분방정식 이론에 공헌했으며, 클레로의 방정식(Clairaut's equation)을 고안했다. 클레로의 방정식은 특이해(singular solution)로 알려진 최초로 예이다. 아울러 클레로는 $z=f(x,y)$에 대하여 $\frac{\partial^2 z}{\partial x \partial y}$와 $\frac{\partial^2 z}{\partial y \partial x}$의 값은 같다는 정리를 발표했다. 그러나 이를 처음으로 언급한 사람은 니콜라스 베르누이이며, 이 내용은 오일러의 「서론(*Introductio*)」에도 실려 있다.

07 1750년 이후 앙시앵레짐(구제도)[11]에 대한 지적인 측면에서의 반대는 유명한 「백과전서(*Encylopédie*, 28권, 1751－72)」를 중심으로 이루어졌다. 편집자인 디드로(Denis Diderot)의 주도 하에 「백과전서」는 계몽주의 철학에 대한 자세한 설

11) (옮긴이) 프랑스 대혁명 때 타도의 대상이 된 구제도를 지칭하는데, 확대시켜 해석할 때에는 근대화 이전의 사회를 가르킨다.

명을 제공하였다. 디드로의 수학적 지식은 상당한 수준이었으며,[12] 「백과전서」 편집자 중 주목할 만한 수학자로는 달랑베르(Jean Le Rond d'Alembert)가 있었다. 달랑베르는 귀족 부인의 사생아로, 파리 장르롱(St. Jean Le Rond) 성당 근처에 버려진 아이였다. 어린 시절부터 영특했던 달랑베르는 수학자로서의 경력을 쌓아갔다. 달랑베르는 1754년 프랑스 아카데미의 종신회원이 됨으로써 학계에서 가장 영향력 있는 사람이 되었다. 그는 1743년 고체의 동역학을 정역학으로 환원하는 방법인 '달랑베르의 원리'를 포함하는 「역학 이론(*Traitè de dynamique*)」을 발표했다. 달랑베르는 계속해서 여러 응용 주제에 대해 논문을 발표했는데, 특히 수력학, 공기역학, 삼체문제에 초점을 맞추었다. 1747년 달랑베르는 다니엘 베르누이와 함께 현의 진동에 대한 이론을 통해 편미분방정식 이론의 창시자가 되었다. 달랑베르와 오일러는 $z=f(x+kt)+\phi(x-kt)$식을 이용하여 방정식 $z_{tt}=k^2z_{xx}$의 해를 구했지만, 베르누이는 삼각급수를 사용하여 이 방정식을 풀었다. 여기서 해의 본질에 대한 중대한 의문이 남게 된다. 달랑베르는 현의 초기 형태가 단일한 해석적 식에 의해서 주어진다고 믿는 반면, 오일러는 '임의의' 연속적인 곡선에서도 가능하다고 생각했다. 오일러와는 반대로 베르누이는 급수해가 완전한 일반해라고 믿었다. 이 문제에 대한 완전한 설명은 푸리에가 '임의의' 함수를 표현하는 삼각급수의 타당성을 통하여 의구심을 없앤 1824년에 이르러서야 가능해졌다.

달랑베르는 수학에서의 근본적인 질문을 포함하여 많은 주제에 대하여 집필했다. 여기서 달랑베르의 극한 개념에 대해 설명한다. 달랑베르는 대수학의 '기본' 정리[13]에 대한 증명을 시도했기 때문에 이 정리가 때로는 '달랑베르의 정리'(1746)라고 불린다. 확

---

12) 디드로와 오일러에 대하여 자주 인용되는 이야기는 상트페테르부르크에서 있었던 공개 토론회에 대한 것이다. 오일러는 디드로에게 신의 존재에 대한 대수적 표현을 떠올리도록 요구함으로써 자유로운 생각을 하고 있던 디드로를 당황하게 만드는 데 성공했다: "디드로씨, $\frac{(a+b^n)}{n}=x$입니다, 따라서 신이 존재합니까? 대답해 보시오." 이는 잘못된 역사적 일화의 예이다. 왜냐하면 역사적인 인물에 대한 일화의 가치는 그 인물의 특징 중에서 특정한 면을 묘사하는 데에 있으나, 이 일화는 디드로와 오일러의 성격을 모호하게 만들기 때문이다. 디드로는 오일러의 수학을 이해하고 있었고, 신개선(involute)과 확률에 대하여 책을 쓰기도 하였으므로, 사려 깊은 오일러가 위에서 언급한 바와 같이 완고한 행동을 했을 필요가 없다. 이 이야기는 영국의 수학자 드모르간(De Morgan, 1806 – 1871)에 의해 조작되었을 가능성이 있다.

18세기에 신의 존재를 대수적으로 입증하는 가능성에 대한 논의가 종종 있었던 것은 사실이다. 모페르튀이는 이 문제에 몰두했다.

13) 복소수를 계수로 갖는 1차 이상의 방정식은 적어도 하나의 복소수 근을 갖는다. 혹은 '복소수를 계수로 갖는 n차 방정식은 중근을 고려할 때 n개의 복소수 근을 갖는다'고 진술되기도 한다. –옮긴이

률 이론에서 달랑베르의 '패러독스'는 확률 이론의 기초에 대한 그의 생각을 보여준다.

이 시기에는 페르마, 파스칼, 호이겐스가 아이디어를 더욱 정교화하여 확률 이론이 급속도로 발전하였다. 드무아브르(Abraham de Moivre)는 「우연 원리(*The Doctrine of Chances*, 1716)」를 집필했는데, 그는 낭트 칙령이 해제된 이후 런던에 거주하게 된 프랑스 위그노 교도였으며, 개인 교습을 하여 생계를 유지했다. 드무아브르의 이름을 따서 삼각법의 정리를 만들었는데, 그 정리의 현대적인 형태는 $(\cos\psi + i\sin\psi)^n = \cos n\psi + \cos n\psi + i\sin n\psi$ 이며, 오일러의 「서론」에 처음으로 발표되었다. 1733년 발표된 논문에서 드무아브르는 이항 법칙에 대한 근삿값과 뉴턴 학파의 스코틀랜드 수학자 스털링(James Stirling)이 1730년에 발표한 스털링의 공식과 유사한 공식으로 정규확률함수를 유도했다.

이 시기에 설립된 많은 복권회사와 보험회사는 오일러를 포함하여 확률 이론과 관련이 있는 여러 수학자들에게 관심을 가졌다. 이는 우연의 원리를 새로운 분야에 적용하도록 유도하였다. 뷔퐁(Comete de Buffon)은 36권으로 이루어진 자연사와 유명한 저서 「방식에 대한 담론」(1753)의 저자로 주목받았는데, 1777년 최초로 기하학적 확률의 예를 소개했다. 이는 바늘 문제라고 불리는데, 등간격으로 평행선이 그어진 판 위에 바늘을 던지고, 이 바늘이 선과 만나는 횟수를 기록함으로써 π의 값을 실험적으로 결정했기 때문에, 많은 사람들의 상상력을 자극했다.

또한 이 시기에는 확률 이론을 인간의 판단에 적용하려는 시도했다. 예를 들어 서로 다른 목격자와 배심원들이 진실을 말할 가능성의 확률이 주어졌을 때, 이는 곧 법관이 진실한 판결에 도달할 수 있는 확률과 의미와 같은 것이기 때문이다. 계몽주의 철학의 특성을 가진 판단에 대한 확률은 콩도르세(Marquis de Condorcet)의 연구에 잘 나타나 있으며, 후에 라플라스와 푸아송(1837)의 연구에서도 볼 수 있다.

08 드무아브르, 스털링, 란덴은 18세기 영국의 대표적인 수학자이다. 비록 영국의 수학자들이 유럽 대륙의 수학자들만큼 높은 명성을 누리지는 못하였지만, 이들에 대하여 좀더 살펴볼 필요가 있다. 그 당시는 뉴턴을 존경하는 전통이 영국의 과학계를 지배하고 있었다. 그러나 라이프니츠의 기호보다 낙후한 뉴턴의 기호는 과학

의 발전을 어렵게 하였다. 영국 수학자들이 왜 뉴턴의 유율법으로부터 해방되기를 거부했는지는 사회적인 이유와 깊이 관련되어 있었다. 이 당시 영국은 프랑스와 무역 전쟁을 계속했는데 전쟁과 무역에서 영국이 승리했다는 사실뿐만 아니라 유럽 대륙의 철학자가 영국의 정치 체제를 고수하고 있다는 점에서 지적 우수성을 느끼고 있었다. 영국은 스스로 탁월하다는 생각에 의해 어쩔 수 없는 피해자가 되었다. 18세기의 영국의 수학과 고대 알렉산드리아의 수학 사이에는 유사성이 있다. 두 경우 모두 부적절한 기호 때문에 진전을 이루지 못했으며, 수학자의 자기만족이라는 요인이 뿌리 깊은 사회적 특성으로 작용했다.

그 당시 영국의 중요한 수학자는 뉴턴과 개인적으로 친숙한 제자이면서 에든버러 대학의 교수인 스코트랜드인 매클로린(Colin Maclaurin)이다. 매클로린은 2차와 고차 곡선으로 유율법을 확장하고 타원면의 인력을 연구했으며, 이러한 연구는 클레로와 오일러의 노력에 필적하는 것이었다. 매클로린의 여러 가지 정리는 평면곡선과 사영기하학 이론에서 중요한 위치를 차지한다. 그의 「기하학 기본(*Geometria organica*, 1720)」은 n차 곡선이 항상 $\frac{1}{2}n(n+3)$개의 점에 의해 결정되지는 않는다는 '크래머의 역설(Cramer's paradox)'을 담고 있다. 따라서 3차 곡선을 구성하기에 10개의 점은 너무 많은 반면 9개의 점에 의해 3차 곡선이 유일하게 결정되지 않을 수 있다. 여기서 다른 차수의 평면곡선을 설명하는 운동학적 방법을 발견할 수 있다. 매클로린은 버클리에 대항하여 뉴턴을 옹호하기 위하여 「유율법 연구(*Treatise of Fluxions*, vol. 2, 1742)」를 저술했는데, 구식의 기하 용어를 사용했기 때문에 읽기가 어려워서 평이하게 진술된 오일러 글과 극적인 대비를 이룬다. 매클로린은 아르키메데스와 같은 엄밀성을 갖추기 위해여 이 방법을 시도했다. 이 책은 회전타원체에 작용하는 인력에 대한 연구와 초점을 공유하는 두 개의 타원체가 그 부피에 비례하는 힘으로 축 또는 적도에 있는 입자를 끌어당긴다는 정리를 포함하고 있다. 매클로린은 이 논문에서 유명한 '매클로린 급수(series of Maclaurin)'를 다루었다.

그러나 왕립 학회의 간사였던 테일러(Brook Taylor)의 「증가 방법(*Methodus incrementorum*, 1715)」에 이미 이 급수를 제시했기 때문에 새로운 발견은 아니었다. 매클로린은 테일러에게 큰 빚을 졌다고 할 수 있다. 테일러의 급수는 현재도 항상 라그랑주의 기호로 표현된다.

오일러(1707–1783)

달랑베르(1717–1783)

$$f(x+h) = f(x) + hf'(x) + \frac{h^2}{2\,!}f''(x) + \cdots$$

테일러는 $x=0$인 경우에 대해서 명확하게 언급하였으나, 많은 대학 교재들은 여전히 $x=0$인 경우를 '매클로린 급수'라고 부른다. 테일러는 유도하는 과정에서 수렴에 대하여 고려하지 못했으나 매클로린은 이를 고려했고, 소위 무한급수에 대한 적분판정법(integral test)을 고안하였다. 오일러가 테일러 급수를 미적분학(1755)에 적용하고 나서야 사람들은 테일러 급수의 중요성을 충분히 이해하기 시작했다. 라그랑주는 테일러 급수에 대한 나머지를 생각했고 이를 함수 이론의 기초로 활용했다. 테일러는 이 급수를 미분방정식을 적분하는 데 사용했다. 또한 테일러는 현의 진동에 대한 연구를 시작했는데 후에 달랑베르를 비롯한 다른 수학자에게 계승되었다.

09 라그랑주는 이탈리아와 프랑스의 혈통을 이어받았으며, 튜린에서 출생하였다. 라그랑주는 19세인 1755년 튜린 포병학교의 수학 교수가 되었다. 1766년에 오일러가 베를린을 떠나 상트페테르부르크로 옮겨가자 프레더릭 대제는 "유럽의 가장 위대한 기하학자는 가장 위대한 왕의 곁에서 진애야 한다"는 겸손한 메시지로 라그랑주를 베를린으로 초대했다. 라그랑주는 프레더릭이 사망한 1786년까지 베를린에 머물렀으며 그 후에 파리로 갔다. 프랑스 대혁명 기간 동안 라그랑주는 도량형의 개선을 도왔

으며 1795년에는 에콜 노르말의 교수가 되었고 1797년에는 에콜 폴리테크닉으로 옮겼다.

라그랑주는 초기 연구를 통해 변분법(calculus of variation)에 대해 크게 기여했다. 오일러는 이 주제에 대한 회고록을 1755년에 발표했다. 라그랑주는 오일러의 방법이 "순수 해석학과 관련된 주제에서 바람직한 단순성을 갖고 있지 못하다"는 것을 알게 되었다. 그 결과가 1760년과 1761년에 걸친 라그랑주의 순수한 해석적 변분법으로, 완전히 독창적인 발견이었을 뿐만 아니라 라그랑주의 전형적인 연구와 잘 부합되는 역사적인 결과물이었다. 라그랑주는 즉각적으로 이 이론을 동역학에 적용하였는데, 여기서 그는 최소운동원리에 (165쪽 모페르튀이 관련 부분임) 대한 오일러의 공식을 충분히 이용하였다. 「해석적 역학(*Mècanique analytique*)」에 대한 본질적인 사고는 라그랑주의 튜린 시기에 이루어졌다. 또한 라그랑주는 당시의 전형적인 문제 중의 하나인 달에 관한 이론 정립에 공헌했는데, 이는 그 자체로서도 중요하지만 경도를 찾는 문제를 해결하는 데도 중요하다. 라그랑주는 삼체문제에 대한 특수해를 처음으로 제시했다. 라그랑주의 정리는 세 개의 유한 입체가 동시에 기술 가능한 유사한 타원 궤도를 따라 운동하기 시작하는 것이 가능하다고 설명한다.(1772) 1767년 「수치방정식의 해(*Sur la résolution des équations numériques*)」라는 회고록에서 라그랑주는 대수방정식의 실근을 분리하는 방법과 연분수(continued fraction)를 이용하여 실근의 근삿값을 구하는 방법을 제시했다. 뒤를 이어 1770년에는 「방정식의 대수적 해에 대한 고찰(*Réflections sur la résolution algébrique des équations*)」을 발간했는데, 여기서 인 n차 방정식의 해를 구할 때 유용한 방법이 $n>4$인 n차 방정식을 구할 때는 왜 적용될 수 없는지에 대한 근본적인 질문을 다루었다. 이는 라그랑주가 근에 대한 유리함수와 근을 치환했을 때 유리함수가 어떤 성질을 갖는지 연구하도록 유도했는데, 이 과정에서 $n \le 4$인 경우에 대한 루피니와 아벨의 연구를 자극하였을 뿐만 아니라 갈루아(Galois)를 군(群) 이론으로 인도하였다. 라그랑주는 또한 2차 잉여에 대한 연구와 모든 정수는 4개 이하의 제곱수의 합으로 표현될 수 있다는 것을 포함하여 많은 정리를 증명함으로써 수론의 발전에 기여했다.

라그랑주는 인생의 나머지 반을 위대한 연구 결과인 「해석 역학(*Mécanique analytique*, 1788)」, 「해석함수론(*Théorie des fonctions analytiques*, 1797)」, 속편인 「미적분 함수에 대한 강의(*Leçons sur le calcul de fonctions*, 1801)」를 완성하는 데 바쳤다. 함수에 대한 두 저서는 미적분학을 일종의 대수학으로 축소하여 해석함으로써 미적분학의 기초를 구축하려는 의도를 담고 있다. 라그랑주는 뉴턴이 도입하고, 달랑베르가 형식화한 극한 이론을 거부했다. 라그랑주는 $\Delta y/\Delta x$가 극한에 도달했을 때 어떤 일이 일어나는지 이해하고 있지 못했다. 카르노(Lazare Carnot)는 프랑스 대혁명의 「승리의 주체(*organisateru de la victorie*)」에서 무한소에 대한 뉴턴의 방법에 대해 우려를 표명하였다.

> 이 방법에서는 양이 소멸된 상태에서 양을 생각하는 것, 즉 양화(量化)하는 것이 대단히 불편하다. 왜냐하면 두 양이 유한하게 남아 있는 경우에는 두 양의 비율을 생각할 수 있지만, 두 양이 동시에 소멸된 상태가 되면 그 비율은 모호하고 정확하지 못하기 때문이다.

라그랑주의 방법은 과거 선배 수학자들과 달랐다. 그는 테일러의 급수와 그 나머지를 이용하여 임의의 함수 $f(x)$는 순수하게 대수적인 과정의 도움을 받아 급수로 전개할 수 있다는 소박한 방법을 보여주었다. 즉, 도함수 $f'(x)$, $f''(x)$는 h에 대한 $f(x+h)$의 테일러 전개에서 h, h^2의 계수로 정의된다. ($f'(x)$, $f''(x)$의 기호는 라그랑주가 사용하기 시작하였다)

비록 미적분학의 기초가 된 대수적 방법이 만족스럽지 못한 것이고, 라그랑주가 수열의 수렴에 대하여 충분한 주의를 기울이지 않았던 것이 사실이지만, 이러한 시도를 통하여 함수의 추상적인 취급은 상당한 진보를 이루게 되었다. 여기에서 실변수 함수 이론이 대수학과 기하학의 다양한 문제에 대한 응용과 더불어 최초로 나타나게 된다.

라그랑주의 「해석 역학」은 그의 가장 귀중한 연구 결과로, 이에 대해서는 아직까지도 주의 깊은 연구가 광범위하게 이루어지고 있다. 「해석 역학」은 뉴턴의 「프린키피아」 보다 100년 늦게 출간된 책으로, 새롭게 발달한 해석학의 충분한 위력을 점(點)과 강체(剛體)의 역학에 적용하였다. 오일러와 달랑베르와 18세기의 다른 수학자의 연구 결과는 서로 동질적인 것으로 일관된 관점을 유지하면서 계속 발전하였다. 변분법에 대한 라그랑주의 미적분학을 충분히 이용하여 정역학과 동역학의 여러 가지 이론을 통합할 수 있었는데, 정역학에서는 실제 속도 원리를, 동역학에서는 달랑베르의 원리를 각각 이용하였다. 이는 자연스럽게 일반화된 좌표와 라그랑주의 운동방정식을 유도하였다.

라그랑주(1736-1813)

라플라스(1749-1827)

몬튜클라(1725-1799)

$$\frac{d}{dt}\frac{\partial T}{\partial q_i} - \frac{\partial T}{\partial q_i} = F_i$$

뉴턴의 기하적인 접근은 현재 완전히 거부되었으며, 라그랑주의 책은 순수 해석학의 승리라고 할 수 있다. 라그랑주는 책의 서문에서 **이 책에는 도형이 전혀 등장하지 않는 대신 대수적 연산만이 들어있다**고 강조하였다. 여기서 특징적인 부분은 '해석적' 이라는 용어 대신 "대수적"이라는 용어가 들어있다는 사실이다. 이 책으로 인해 라그랑주는 최초의 순수 해석학자로 규정된다.

10 라플라스(Pierre – Simon Laplace)는 18세기를 이끈 마지막 수학자이다. 노르망디의 농부의 아들로 태어난 라그랑주는 보몬트와 캉에서 교육을 받았고, 달랑베르의 도움을 받아 파리 군사학교의 수학 교수가 되었다. 라그랑주는 그 이외에도 다양한 직위에서 수학을 가르치며 여러 행정 직책을 갖고 있었는데, 프랑스 대혁명 기간 동안에는 에콜 노르말과 에콜 폴리테크닉에서 근무했다. 나폴레옹은 라그랑주에게 많은 작위를 주었으며, 루이 18세도 마찬가지였다. 몽주나 카르노와는 대조적으로 라플라스는 쉽게 정치적인 신의를 저버렸고, 다소간의 속물 근성도 있었다. 그러나 이와 같이 편리한 도덕 관념은 프랑스의 정치적인 격변에도 불구하고 순수 수학적 활동을 가능하게 하였다.

라플라스는 자신의 연구뿐만 아니라 각 주제에 대한 기존의 연구 결과를 통합하여 두 개의 위대한 연구물인 「확률의 해석적 이론(*Théorie analytique des probabilitiés*, 1812)」과 「천체 역학론(*Mécanique céleste*, 5권, 1799 − 1825)」을 내놓았다. 이러한 두 개의 기념비적인 작업은 "확률에 대한 철학적 에세이"(*Essai philosophique sur les probabilités*, 1814)와 "세 개의 체제에 대한 설명"(*Exposition du système du monde*, 1796)과 같이 비전문적 용어를 사용한 해박한 설명으로 시작된다. 이 설명은 1755년 칸트에 의해서 독립적으로 제안된 성운설을 포함하는데, 칸트 이전에는 1734년 스베덴보리(Swedenborg)가 성운설에 대해 언급하였다. 「천체 역학론」은 지구의 형태, 달에 대한 이론, 삼체문제, 행성의 섭동에 관한 뉴턴, 클레로, 달랑베르, 오일러, 라그랑주, 라플라스의 연구를 집대성한 것으로, 태양계의 안정성에 중요한 영향을 미치는 문제로 이어졌다. 다음과 같은 형태의 라플라스 방정식은

$$\frac{\partial^2 V}{\partial x^2}+\frac{\partial^2 V}{\partial y^2}+\frac{\partial^2 V}{\partial z^2}=0$$

퍼텐셜 이론이 「천체 역학론」의 한 부분이었음을 일깨워준다.(이 방정식 자체는 오일러가 수력학에 대한 중요한 방정식을 유도한 1752년에 이미 발견된 것이다) 「천체 역학론」을 이루고 있는 다섯 권의 책 속에는 많은 일화가 담겨 있다. 그 중에서 잘 알려진 일화는 라플라스가 나폴레옹에게 한 유명한 대답이다. 나폴레옹은 라플라스의 책 속에는 신에 대한 언급이 없다는 말로 그를 괴롭혔는데, 라플라스는 "폐하, 저에게는 그러한 가설(신의 존재를 가정하는 것)이 필요 없습니다"라고 답변했다. 라플라스의 책 4권을 영어로 번역한 보스턴의 보우디취(Nathaniel Bowditch)는 "나와 라플라스 사이에 존재하는 수준의 차이를 좁히고 라플라스가 명백하다고 한 것의 이유를 밝히기 위해 항상 수 시간에 걸친 힘든 작업이 필요하였다."고 언급했다. 해밀턴의 수학적 연구는 라플라스의 「천체 역학론」에서 오류를 찾는 것으로부터 시작되었다. 라플라스를 읽은 그린은 전기(電氣)와 관련된 수학적 이론에 대하여 생각하게 되었다.

"확률에 대한 철학적 에세이"는 확률론을 소개한 가장 읽을 만한 논문이다. 이 책은 '동등하게 일어날 수 있는 사건'을 가정하여 확률에 대한 라플라스의 '소극적인' 정의를 담고 있다.

> 가능성에 대한 이론(the theory for chance)은 동일한 종류의 모든 사건을 동등하게 일어날 수 있는 경우들로 환원시키는 내용으로 구성된다. 여기서 경우란 그 존재성을 우리가 동등하게 결정할 수 없는 것을 의미한다. 아울러 가능성에 대한 이론은 구하고자 하는 확률에 대한 사건에 부합되는 경우의 수를 결정하는 내용으로 구성된다.

라플라스에 의하면 우리가 부분적으로는 알고 있지 못하고 또 부분적으로는 알고 있기 때문에 확률에 대한 의문이 생길 수 있다. 이러한 생각으로 인해 라플라스는 기계적 유물론에 대한 18세기적 해석을 요약하는 유명한 진술을 하였다.

> 자연을 생기 있게 하는 힘과 자연을 구성하고 있는 생명체 각각의 위치에 대하여 이해할 수 있는 지성은 우주의 거대한 물체의 운동과 가장 가벼운 원자의 운동이 모두 같은 공식으로 표현될 수 있다는 것을 깨닫는다. 불확실한 것은 아무것도 없다. 그리고 과거뿐 아니라 미래 역시 현재의 시각으로 이해할 수 있다. 인간의 마음은 천문학에 완벽함을 제공할 수 있는 이 지성에 대해 희미한 단서만을 제시할 뿐이다.

라플라스 이후에 발달한 확률 이론이 이미 라플라스의 저서 속에서 발견되는 이유는 그의 표준적인 교재가 충분한 내용을 다루고 있기 때문이다. 라플라스의 품위 있는 저서는 확률 게임, 기하학적 확률, 베르누이 정리, 베르누이의 정리와 정규적분의 관계, 르장드르의 최소제곱법 등 다양한 내용을 포함한다. 여기에서 주요 아이디어는 모함수를 사용하는 것으로, 라플라스는 차분방정식의 해가 갖는 위력을 보여주었다. 이 과정에서 '라플라스 변환'이 소개되었으며 이는 나중에 헤비사이드 연산자법의 핵심 내용이 되었다. 영국의 무명 목사 베이즈(Thomas Bayes)가 어렴풋하게 제안한 이론이 그의 사후인 1763－1764년 사이에 출판되었는데, 라플라스는 이 이론이 망각에 묻히지 않도록 발굴하여 재구성하였다. 이 이론은 역확률(inverse probability)이론으로 알려졌다.

11 18세기의 말기로 접어들자 몇몇 핵심적인 수학자들은 수학의 분야에서 연구할 것이 이미 고갈되었다고 생각을 했다는 사실은 대단히 흥미롭다. 당시 오일러, 라그랑주, 달랑베르 등 수학자들의 힘든 노력이 가장 중요한 정리를 이끌어 냈으며, 훌륭한 표준 교재들이 적절한 상황 하에 이미 자리를 잡고 있거나 자리를 잡을 예정이었으므로 다음 세대의 수학자들에게 남겨진 것은 지엽적인 문제들을 해결하는 것이

었다. 라그랑주는 1772년에 달랑베르에게 보낸 글에서 "당신은 숭고한 기하학이 점차 쇠퇴기에 접어든다고 생각하지 않습니까?[14](*Ne vous semble - til pas que la haute geométrié va un peu à décadence*), 당신과 오일러 이외에는 기하학을 지원하는 사람이 없습니다.(*Elle n'a d'autre soutien que vous et M. Euler*)" 라고 하였다. 라그랑주는 한동안 수학에 대한 연구를 중단했다. 달랑베르 역시 거의 희망을 갖고 있지 않았다. 아라고(Arago)는 「라플라스에 대한 찬사(*Éloge de Laplace*, 1824)」에서 이러한 느낌을 우리가 이해하는 데 도움을 주는 감정을 다음과 같이 토로하였다.

> 5대 기하학자인 클레로, 오일러, 달랑베르, 라그랑주, 라플라스는 뉴턴이 그 존재를 밝힌 세계에 대해 공유하고 있다. 그들은 뉴턴이 밝힌 세계를 여러 방향에서 탐구하고, 접근하기 불가능하다고 믿었던 영역으로 뚫고 들어가 아직까지 관찰되지 않은 영역에서 - 이 영역에는 사라지지 않는 영광이 존재하고 있음 - 수많은 현상을 찾아냈다. 결국 그들은 천구(天球)에 대한 가장 미묘하고 신비스러운 운동을 설명하는 단일한 원리와 유일한 법칙을 발견했다. 또한 기하학은 미래를 대담하게 준비했으며, 새로운 세기가 펼쳐졌을 때 주도면밀하게 과학의 결정을 확증하는 작업을 시작할 것이다.[15]

아라고의 과장된 언급은 수학의 진보를 역학과 천문학의 진보와 동일시하려는 경향인 비관론의 주요 원천을 지적하고 있다. 고대 바빌로니아 시대부터 오일러와 라플라스까지 천문학은 수학에서의 가장 숭고한 발견을 이끌고 고무시켜 왔으며, 현재 이러한 발전은 최고조에 도달해 있다. 그러나 프랑스 대혁명과 자연과학의 번창으로 인한 새로운 시각에 고무된 새로운 세대는 이러한 비관론의 근거가 희박함을 알아야 한다. 위대하고 새로운 약동은 부분적으로 프랑스로부터 기인한다. 이러한 약동은 문명의 역사에서 종종 찾아볼 수 있듯이 정치와 경제 중심부로부터 시작되는데, 괴팅겐의 가우스가 이에 해당한다.

12 수학의 전반적인 역사는 계몽주의 시대의 프랑스에서 시작되었다고 할 수 있는데, 과거와 같이 이름과 제목을 나열한 목록식의 역사가 아니라 읽을만한 내용의 이야기가 존재하였기 때문이다. 백과사전 편집자의 일원으로 있다가 1761년 이후

14) 18세기 프랑스에서 기하학은 일반적으로 수학이라는 말로 통용되었다.

15) F. Arago, *Oeuvres complètes* (Paris and Leipzig, 1855), Vol 3, p. 464.

에는 일련의 중요한 국가 직책을 맡았던 몬튜클라(Jean－Etienne Montucla)는 「수학사(*Historie des mathématiques*)」를 집필하였다. 이 수학사는 1758년 최초로 2권이 출판되었고, 나중에는 천문학자 라란드의 도움을 받아 1799년과 1802년 사이에 4권으로 확대되었는데, 여기에는 순수와 혼합(응용)수학이 모두 포함되어 있으며 심지어 음악에 대한 내용까지 있다. 비록 이 책이 수학사에 대한 연구를 촉발시켰지만 100년 후 칸토어(Moritz Cantor)에 이르러서야 겨우 연구가 계승되었으며, 이 때 응용 부분은 사라졌다. 몬튜클라의 작업은 광범위하게 읽히는 파스칼 연구(1779)의 편집자 보슈엣(Abbe Charles Bossuet, 1802)이 저술한 2권의 「수학의 일반사에 대한 에세이(*Essai sur l'histoire générale des mathématiques*)」에 의해 계승되었다.

참고문헌

Truesdell, C. "Leonhard Euler, Supreme Geometer(1707 - 1783)" *Studies in Eighteenth Century Culture*, Vol. 2 (1972), pp. 51 - 95.

Juštevič, A. P., and Winter, E. Leonhard Euler und Christian Goldbach. Briefwechsel. 1729 - 1764; Berlin, 1965.

Lambert, J. H. *Opera mathematica*. 2 vols., Berlin, 1946. (Vol. 1, pp. ix - xxxi, A. Speiser의 서문 포함)

Cajori, F. A. *History of the Conception of Limits and Fluxions in Great Britain from Newton to Woodhouse*. Chicago, 1931.

Jourdain, P. E. B. *The Principle of Least Action*. Chicago, 1913.

DuPasquier, L. G. *Léonard Euler et ses amis*. Paris, 1927.

Speiss, O. *Leonard Euler*. Frauenfeld and Leipzig, 1929.

Leonard Euler, *Collection of Articles in Honor of the 250th Anniversary of His Birth*. Moscow, 1958.(러시아어 판) [*Istor. - mat. Issled.*, Vol. 7 (1954), pp. 451 - 640 (러시아어 판) 참조. *A Collection of Articles Published on the Occasion of the 150th Anniversary of Euler's Death*, Moscow and Leningrad, 1935 (러시아어 판) 참조]

Euler, L. *Vollständige Anleitung zur Algebra*, J. E. Hofmann, ed. Reclam, Stuttgart, 1959 (역사적 도입 수반)

Fleckenstein, J. O. "Johann und Jakob Bernoulli." In *Elemente der Mathematik*, Suppl. 7, Basel, 1949.

Hofmann, J. E. "Über Jakob Bernoulli's Beiträge zur Infinitesimalmathematik." *Enseignement mathématique,* 2nd ser., 5 (1956), pp. 61 - 171.

Andoyer, *H. L'oeuvre scientifique de Laplace*. Paris, 1922.

Loria, G. "Nel secondo centenario della nàscita di G. L. Lagrange." *Isis*, Vol. 28 (1938), pp. 366 - 75. (풍부한 저자 목록 포함)

Auchter, H. *Brook Taylor der Mathematiker und Philosoph*. Marburg, 1937.

Green, H. G., and Winter, H. J. J. "John Landen, F. R. S. (1719 - 90), Mathematician." *Isis*, Vol. 35 (1944), pp. 6 - 10.

[Bayes, T.] Facsimile of Two Papers, with commentaries by E. C. Molina and W. E. Deming. Washington, D.C., 1940.

Pearson, K. "Laplace." Biometrica, Vol. 21 (1929), pp. 202 - 16.

Stäckel, P. "Zur Geschichte der Funktionentheorie im achtqehnten Jahrhundert." *Bibliotheca mathematica*, Vol. 3, No. 2 (1901), pp. 111 - 21.

Nielsen, N. *Geomètres français du six - huitième siècle*. Copenhagen and Paris, 1935.

Les oeuvres de Nicolas Struyck (1687 - 1769) *qui se rapportent au calcul des chances*, J. A. Vollgraf, ed. Amsterdam, 1912.

Sarton, G. "Montucla." *Osiris*, Vol. 1 (1936), pp. 519 - 67.

Maystrov, L. E. "Lomonossov, Father of Russian Mathematics." *The Soviet Review*, Vol. 3, No. 3 (1962), pp. 3 - 18. [Trans. from *Voprosy Filosofii*, Vol. 5(1961)]

Scott, J. F. "Mathematics Through the Eighteenth Century." *Philos Mag.*, Commemoration Number (1948), pp. 67 - 90.

Truesdell, C. *The Rational Mechanics of Flexible or Elastic Bodies*, 1630 – 1780. In Euler's Opera Omnia, 2nd ser., Vol. 11, Zurich, 1960.

Schneider, I. "Der Mathematiker Abraham de Moivre (1667 – 1754)" *AHES*, Vol. 5 (1968), 177 – 317.

Sheynin, O. B. "R. J. Boscoviych's Work on Probability." *AHES*, Vol. 9 (1973), pp. 306 – 24.

Brunet, P. "La vie et l'oeuvre de Clairaut." *Revue d'historie des sciences*, Vol. 4 (1951), pp. 13 – 40, 109 – 53.

Gillespie, C. C. *Lazare Carnot, savant.* Princeton, N.J., 1970.

제8장 19세기

01 프랑스 혁명과 나폴레옹 시대는 수학이 발전하기 위한 더 없이 좋은 조건을 제공했으며, 더 나아가 유럽 대륙에서의 산업혁명을 가능하게 했다. 이러한 상황은 물리학 발전의 자극제가 되었으며, 새로운 인생관으로 과학과 기술 교육에 관심을 기울이는 새로운 사회 계급을 형성시켰다. 민주적 사고는 학문 연구의 바탕을 이루었고, 전근대적인 사고방식에 대한 비판이 일었으며, 학파와 대학들이 다시 형성되고 활기를 띠게 되었다.

새롭고 소란스러우며 풍성한 수학의 창조는 새로운 산업에 의해 제기된 기술적 문제 때문만은 아니었다. 산업혁명의 중심지였던 영국은 수십 년 동안 거의 수학의 불모지였다. 과거 사상과 단절이 가장 심하고, 새로운 자본주의 경제와 정치적 구조의 기반을 준비하기 위하여 전반적인 변화가 필요한 프랑스와 독일에서 수학적 진보가 가장 활발하게 이루어졌다. 새로운 수학 연구는 정밀과학의 최종 목적을 기계학이나 천문학으로 보는 고대의 경향에서 점차 해방되었다. 전반적으로 학문이 추구하는 바는 경제 생활이나 전쟁의 요구로부터 점차 벗어났다. 학문 자체에 관심을 갖는 전문가가 탄생하게 되었다. 실생활과의 관련성이 완전히 무시되지는 않았으나 그 관계가 모호해지기도 했다. 전문성의 증가에 따라 수학에서 '순수'와 '응용'의 구분이 이전 시대에 비하여 분명해졌다.[1)]

---

1) 18세기의 실용주의적인 접근을 대표하는 푸리에의 견해에 대하여 자코비(Jacobi)가 언급한 고전적인 표현에서 두

19세기의 수학자들은 더 이상 왕족이나 귀족 계급의 출신이 아니었다. 그들의 주요 직업은 학식 있는 아카데미의 회원이 아니라 대학이나 기술학교에 고용된 연구원이자 교사였다. 베르누이, 라그랑주, 라플라스는 강의도 했다. 강의에 대한 책임이 늘어남에 따라 수학 교수는 젊은 사람들을 가르치고 시험하는 역할을 하게 되었다. 국제적인 의견 교환이 여전히 이루어지기는 하였으나 각 국의 학자들 사이의 관계가 형성됨에 따라 이전 시대의 국제협력주의는 약화되었다. 학문적 공용어로서의 라틴어는 점차 각 나라의 언어로 교체되었다. 수학자들은 점차 특수한 전문 분야를 갖게 되었다. 라이프니츠, 오일러, 달랑베르는 일반적인 수학자로 기술되기는 하지만(18세기에는 기하학자라는 단어가 수학자라를 의미했다), 코시는 해석학자, 케일리는 대수학자, 슈타이너는 기하학자, 칸토어는 집합론의 선구자라고 볼 수 있다. 바야흐로 시대는 '수리 통계'나 '수리 논리'를 배운 사람들에 의해 수리 물리학의 전성기로 접어들고 있었다. 상당한 수준의 천재는 수학의 여러 분야에서 전문성을 발휘하기도 하였는데, 19세기의 수학자인 가우스, 리만, 클라인, 푸앵카레는 가장 막강한 영향력을 행사했다.

02 18세기와 19세기를 구분 짓는 것은 수학의 황제 가우스(Carl Friedrich Gauss)이다. 가우스는 독일의 브라운슈바이크에서 일용직 노동자의 아들로 태어났다. 브라운슈바이크의 공작은 어린 가우스의 천재성을 발견하고 가우스의 교육을 전담했다. 이 신동은 1795년부터 1807년까지 괴팅겐에서 공부했으며, 1799년 헬름슈테트에서 박사학위를 받았다. 가우스는 1807년부터 1855년 죽기까지 천문관측소 소장과 모교의 교수로 방해받지 않고 조용히 연구했다. 가우스의 상대적 고립성과 응용수학과 순수수학에 대한 이해, 천문학에 대한 조예 및 라틴어의 빈번한 사용에서 18세기의 특성을 볼 수 있지만 그의 업적에는 새로운 19세기적인 경향이 있었다. 가우스는 칸트, 괴테, 베토벤, 헤겔과 동시대인으로 자신의 분야에서 새로운 사고를 가장 강력한 방식으로 표현했다.

수학자의 접근 방식의 차이를 찾아볼 수 있다. "푸리에는 수학의 중요한 목적을 대중적인 유용성과 자연 현상에 대한 설명에서 찾고 있다. 그러나 이러한 철학자는 학문의 유일한 목적은 인간의 고매한 정신에 대한 경의이며, 이러한 관점에서 볼 때, 수(數)에 대한 물음은 세계의 구조에 대한 질문과 마찬가지의 중요성을 갖는다. 가우스는 1830년에 라그랑주에게 보낸 편지에서 위의 두 가지 상반되는 견해를 종합했다. 가우스는 수학을 천문학, 물리학, 측지학에 자유롭게 응용하였으나, 동시에 수학을 "학문의 여왕"으로, 산술을 "수학의 여왕"으로 간주했다.

가우스의 일기에 따르면 그는 이미 17세에 놀랄만한 발견을 하기 시작했다. 예를 들어 1795년 가우스는 수론에서의 이차 상호 법칙(the law of quadratic reciprocity)을 오일러와 독립적으로 발견했다. 초기 발견의 일부분은 헬름슈테트의 1799년 논문과 1801년의 「수론 연구(*Disquistiones arithmeticae*)」에 실려 있다. 이 논문에서 가우스는 실계수인 대수방정식은 적어도 한 개의 근을 가지며 따라서 n개의 근을 갖는다는 '대수학의 기본 정리'(fundamental theorem of algebra)를 엄밀하게 증명했다. 대수학의 기본 정리는 스테빈 연구의 편집자인 지라르(Albert Girard)의 「대수학의 새로운 발명(*Invention nouvelle en algèbre*, 1629)」으로 거슬러 올라간다. 1746년 달랑베르도 대수학의 기본 정리에 대한 증명을 시도했다. 가우스는 이 정리를 소중하게 생각하였는데, 후에 두 번 더 증명을 시도하였고, 1849년의 네 번째 시도에서는 다시 첫 번째의 증명 방식을 취했다. 1816년의 세 번째 증명은 복소수 적분을 이용하는데, 이는 복소수 이론에 대한 가우스의 천재성을 잘 드러낸다.

「수론 연구」는 수론에 대한 가우스 이전 시대의 훌륭한 연구들을 수집하고 보완한 것으로, 이 책을 현대적인 수론의 시발점으로 보는 견해가 지배적이다. 이 책은 이차 합동(quadratic congruences), 형태(forms), 잉여(residues)에 대한 이론이 핵심을 이루고 있는데, 가우스가 최초로 증명한 이차 잉여 법칙(theorema aureum)이 이 책의 핵심이다. 가우스는 '대수학의 기본 정리'에 매료되었으며 이 정리에 대한 다섯 가지의 증명을 발표하였는데, 그 중 하나는 가우스 사후에 발견되었다. 「수론 연구」에는 원의 분할, 즉 $x^n = 1$이라는 방정식의 근과 관련된 연구가 실려 있다. 이 연구는 정17각형의 변에 대한 뛰어난 정리를 유도했다. 이 정리는 정17각형, 일반적으로는, $n = 2^p + 1$, $p = 2^k$, n은 소수, $k = 0,\ 1,\ 2,\ 3, \cdots$ 일 때, 자와 컴퍼스만으로 정n각형을 작도할 수 있다는 것으로, 그리스 방식의 기하를 확장한 것이다.

천문학에 대한 가우스의 흥미는 19세기의 첫 날인 1801년 1월 1일에 시작되었다고 할 수 있다. 바로 이날 팔레르모의 피아치가 소행성을 최초로 발견하고 케레스라고 명명했다. 새로운 소행성에 대한 관측을 많이 할 수 없었기 때문에, 적은 수의 관측을 토대로 소행성의 궤도를 계산하는 문제가 대두되었다. 가우스는 이 문제를 완벽하게 해결하였는데, 이를 통해 8차 방정식을 도입했다. 1802년 또 다른 소행성인 팰러스가 발견되자 가우스는 행성의 지속적인 움직임에 대하여 관심을 가지기 시작했다. 이러한 관심은 「태양의 주위를 원추곡선으로 회전하는 천체의 운동에 대한 이론(*Theoria motus corporum*

가우스(1777–1855)

르장드르(1752–1833)

coelestium, 1809)」이라는 논문, 타원체에서의 인력에 대한 논문(1813), 기계적인 구적법에 대한 연구(1814), 행성의 지속적인 움직임에 대한 연구(1818)로 이어졌다.

초기하 급수(hypergeometric series)에 대한 논문(1812)도 이 시기에 해당되는데, 여기에서는 하나의 관점에서 여러 가지 함수를 논의했다. 이 논문은 급수의 수렴에 대한 최초의 체계적인 연구라고 할 수 있다.

1820년 이후, 가우스는 측지학에 적극적인 관심을 두었다. 측지학에서 가우스는 삼각형의 측량술의 응용을 그의 이론적 연구와 관련시켰다.(1821, 1823) 여기에서 얻은 결과가 르장드르와 라플라스의 연구 대상이었던 최소제곱법에 대한 설명이다. 이 시기에 가우스는 면 이론(surface theory)에 대한 연구로 큰 기여를 하였으며 몽주(Monge)의 연구와 아주 다른 접근 방식을 취했다. 높은 수준의 측지학 분야에서 실용적인 관심과 이론적인 분석은 긴밀한 관계를 갖고 있었다. 이 연구에서 면의 내재적 기하학이 나타나는데, 선형 요소 ds 를 $ds^2 = Edu^2 + Fdudv + Gdv^2$ 라는 이차 미분 형태에서 표현하는 데 곡선좌표가 이용되었다. 면의 전체 곡률(curvature)은 $E, F,\ G$와 이것들의 미분계수에 의해 결정된다는 정리에서 연구의 결실이 절정에 달했다. 1825년과 1831년 사이에 남긴 4차 잉여에 대한 연구에서 알 수 있는 바와 같이, 가우스는 측지학의 문제에 관심을 기울였던 시기에도 '수학의 여왕'이라고 명명된 분야에 대한 애정을 소홀히 하지 않았다. 4차 잉여에 대한 연구는 「수론 연구」에 담긴 2차 잉여에 대한 이론의 연속이면서 복소수 이론이라는 새로운 방법의 도움을 받은 결과였다. 1831년의 논문은 복소수에서의 대수뿐만 아니라 산술에 대한 것도 다루고 있다. 새로운 소수(素數) 이론이 나타났는데, 이에 의하면 3은 여전히 소수이지만 $5=(1+2i)(1-2i)$는 더 이상 소수가 아니다. 새로운 복소수 이론은 산술의 많은 취약점을 명료화하였는데, 2차 상호 법칙은 실수에 비하여 더 단순화되었다. 가우스는 복소수를 평면 위의 점으로 표현함으로써 복소수를 둘러싼 이전의 의혹을 영원히 제거했다.2)

괴팅겐에서의 생활은 가우스와 그 동료인 베버(Wilhelm Weber)가 전기전보를 발명하는 과정으로 설명할 수 있다. 전기전보의 발견은 가우스가 물리에 관심을 갖게 되는 1883년과 1884년 사이에 일어났다. 이 시기에 가우스는 지자기(地磁氣)에 대하여 많은 실험을 했다. 그는 또한 1839년과 1840년 힘은 거리의 제곱에 반비례한다는 이론을 발표했다. 이는 수학의 독립된 분야로서의 퍼텐셜 이론의 시작이었으며, '디리클레의 원리'라고 알려진, 공간 적분에 대한 최소의 원리를 유도했다. 가우스는 극소(minimum)의 존재를 확신하였으나, 이는 논란의 여지가 있는 문제로 나중에 힐베르트가 해결하였다.

가우스는 1855년 사망하기까지 활발하게 활동했다. 가우스는 인생 후반기로 가면서 더욱 더 응용수학에 몰두했다. 가우스가 발표한 것은 그의 천재성을 충분히 나타내지 못한다고 할 수 있다. 가우스의 일기와 편지에 비추어 볼 때, 아주 예민하고 통찰력 있는 사고를 계속했음을 알 수 있다. 가우스는 1800년 이전에 타원함수를 발견했으며, 1816년경에는 비유클리드 기하에 대해 생각하고 있었다. 가우스는 이런 주제에 대해 어떠한 발표도 하지 않았지만 친구에게 쓴 편지에서 유클리드의 평행선 공리를 증명하려는 노력에 대한 비판적 시각을 드러내었다. 가우스는 논쟁의 여지가 많은 주제에 대하여 공공연히 나서는 것을 꺼려했다. 가우스는 칸트의 사상을 받아들여 공간의 개념을 선험적인 것으로 받아들이는 유클리드적 사고의 타당성을 의심하였으며, 공간에 대한 실제적인 기하를 실험에 의해 발견해야 하는 물리적 대상으로 보았다.

03

클라인(Felix Klein)은 19세기의 수학사에 대하여 언급하면서 가우스와 가우스보다 25세 연상인 프랑스 수학자 르장드르를 비교했다. 가우스를 당대의 가장 위대한 수학자가 아닌 사람과 비교하는 것은 공정하지 못할지 모른다. 그러나 르장

2) 오일러와 1760년 이후의 다른 수학자들은 이미 이와 같이 복소수를 표현하는 것에 대하여 생각했다.

드르는 그 자신의 독자적인 방법으로 가우스가 관심을 가진 대부분의 주제를 연구했기 때문에, 르장드르와 가우스를 비교하면 가우스의 생각이 얼마나 널리 확산되어 있는지를 알 수 있다. 르장드르는 1775년부터 1780년까지 파리의 군사학교에서 수학을 가르쳤으며, 에꼴 노르말의 교수로, 에꼴 폴리테크닉의 시험관으로, 또 측지사로 공무원 생활을 했다.

르장드르는 가우스와 마찬가지로 2차 상호 법칙의 형성 등 수론에 대하여 중요한 업적을 남겼다. 르장드르는 또한 측지학과 이론 천문학에 대해서도 중요한 업적을 남겼는데, 1806년에는 최소제곱법을 구상하였고, 회전체의 면은 아니지만 타원체의 인력에 대하여 연구했다. 여기서 그는 '르장드르의 함수'를 도입했다. 르장드르는 유클리드 기하의 기초와 방법 뿐 아니라 타원과 오일러의 적분에서 가우스와 관심을 공유했다.

가우스는 수학의 여러 분야에 대하여 르장드르보다 더 심도 있게 그 본질을 탐색하였지만 르장드르도 뛰어나고 중요한 업적을 남겼다. 르장드르의 저서인 「적분학 연습(*Exercices du calcul intégral*, 1811－19)」은 오랫동안 권위 있는 교과서였으며, 「타원함수 및 오일러 적분론(*Traité des fonctio elliptiques et des intégrals eulériennes*, 1827－32)」은 아직도 표준적인 연구로 자리 잡고 있다. 르장드르는 「기하학의 원리(*Eléments de géométrie*, 1794)」에서 유클리드에 대한 플라톤적인 사고를 탈피하였으며, 현대적인 교육이 요구하는 바에 부응한 초등 기하 교과서를 제시했다. 이 책은 여러 번의 증보판을 거치면서 7개 국어로 번역되었고, 아직까지도 그 영향력을 행사하고 있다.

04

프랑스 수학사에서 새로운 시기는 18세기 후반에 있었던 군사학교와 아카데미의 창립에서부터 시작되었다고 할 수 있다. 이 학교들은 프랑스 이외의 지역에 세워지기도 했는데 장교에 대한 훈련의 일환으로 수학을 가르치는 데 상당한 관심을 기울였다. 라그랑주는 군사학교의 포병으로 그의 경력을 시작하였고 르장드르, 몽주와 더불어 파리의 군사학교에서 수학을 가르쳤다. 카르노는 대위였다. 수학에 대한 나폴레옹의 관심은 군사학교의 학생 시절로 거슬러 올라간다. 프랑스가 왕정주의자의 침략을 받았을 때 보다 일사불란한 군사 훈련이 필요했다. 이로 인해 1794년 파리에 에꼴 폴리테크닉이 설립되었는데, 이 학교는 공학 연구에서 선두적인 역할을 했으며, 미국의 육군사관학교를 포함하여 공학과 군사교육의 모범적인 학교가 되었다. 이론수학과 응용수학이 이 학교 교육과정의 중요한 부분이었다. 가르치는 것뿐만 아니라 연구에도 중점을 두었다. 프랑스의 훌륭한 과학자들이 이 학교를 지원하였으며 프랑스의 많은 위대한 수학자들은 에꼴 폴리테크닉의 학생이거나 교수이거나 시험관이었다.3)

에꼴 폴리테크닉은 다른 여러 기술학교와 마찬가지로 새로운 유형의 교과서를 필요로 했다. 대학의 교과서를 보충하기 위하여 오일러의 시대에 전형적이었던 학술 논문도 이용했다. 19세기 초기의 가장 훌륭한 몇몇 교과서들은 에꼴 폴리테크닉이나 유사한 기관에서 이용되었던 것이다. 그 영향력은 현재의 교과서에서도 찾아볼 수 있다. 라크로와(Sylvestre－François Lacroix)가 저술한 「미적분학」(*Traité du calcul différentiel et du calcul intégral*, 1797)은 교과서의 훌륭한 예로, 여러 세대에 걸쳐 많은 사람이 이 책으로 공부했다. 또 이미 언급한 대로 르장드르의 저서도 그 예가 될 수 있다. 화법기하학에 관한 몽주의 교과서도 현재까지 이용되고 있다.

05 몽주(Gaspard Mange)는 에꼴 폴리테크닉의 교장으로 이 학교와 관련된 수학자 집단의 학문적 지도자였다. 몽주는 군사학교의 강사로 시작하였으며 방어법에 대한 강의는 기하의 한 분야로 화법기하학을 발달시키는 계기가 되었다. 몽주는 그의 강의를 「화법기하학(*Géométrie descriptive*, 1795－99)」이라는 책으로 출판했다. 몽주는 미적분학을 공간에서의 곡선과 면에 적용하였으며, 이 주제에 대한 논문을 「기하학에 대한 해석학의 응용(*Application de l'analyse à la géométrie*, 1809)」에 발표하였는데, 이는 현재의 일반적인 형태와는 거리가 있으나 미분기하학에 대한 최초의 저서라고 할 수 있다. 몽주는 편미분방정식의 연구에서도 기하적인 접근을 할 정도로 특정 분야의 전문가로 인식되는 최초의 현대 수학자였다.

몽주의 영향으로 기하가 에꼴 폴리테크닉에서 번성하기 시작했다. 몽주의 화법기하학은 사영기하학의 기초가 되었으며, 곡선과 면에 대수적 방법과 분석적 방법을 능숙하게 적용하여 해석기하학과 미분기하학의 발달시키는 데 지대한 공헌을 했다. 아세트(Jean Hachette)와 비오(Jean－Baptiste Biot)는 원뿔곡선과 이차곡면에 대한 해석기하학을 발달시켰는데, 비오의 「해석기하학에 대한 에세이(*Essai de géométrie analytique*,

3) 에꼴 폴리테크닉은 연구와 교육의 측면에서 19세기 초반의 수학의 정립과 관련된 많은 주제들을 다루었다. 참고로 라플라스는 1806년과 1813년 사이에 사회적이고 학문적인 담론의 근거지였던 파리 근처에 머물렀다.

1802)」는 현대의 해석기하학 교과서로 인식되기 시작했다. 몽주의 학생인 듀팽(Charles Dupin)은 나폴레옹 시대의 해병기사로, 면에 대한 몽주의 이론을 응용하여 점근선과 공액선을 발견했다. 듀팽은 파리에서 기하학 분야의 교수가 되었는데 후에는 정치가와 산업 후원자로 명성을 얻었다. 듀팽의 저서인 「기하의 발달(*Développements de géométrie*, 1813)」과 「기하의 응용(*Applications de géométrie*, 1825)」은 상당히 흥미로운 결과를 담고 있는데, 듀팽의 표형(indicatrix of Dupin)과 듀팽의 사이클라이드(cyclides of Dupin)는 이를 잘 반영하고 있다.

몽주의 제자 중 가장 독창적인 학생은 퐁슬레(Victor Poncelet)이다. 퐁슬레는 나폴레옹 군대가 패배한 후 러시아에서 죄수로 고립된 생활을 하던 1813년 스승인 몽주의 방법에 대하여 숙고해볼 기회를 갖게 되었다. 퐁슬레는 몽주의 기하학이 갖는 순수하게 종합적인 측면에 매료되었으며 2세기 전 데자르그에 의해 제시되었던 사고 양식을 따르게 되었다. 후에 퐁슬레는 사영기하학의 창시자가 되었다.

퐁슬레의 「도형의 사영적 성질에 대하여(*Traitè des propriètès projectives des figures*)」는 1822년에 발표되었다. 이 두꺼운 연구물은 복비(cross ratio), 배경(perspectivity), 사영관계(projectivity), 대합(對合, involution), 무한원점(無限遠點, circular points at infinity) 등 새로운 기하의 이면에 있는 핵심적인 개념을 담고 있다. 퐁슬레는 원뿔곡선의 초점은 원뿔곡선이 무한원점을 지날 때의 접선의 교점으로 간주할 수 있음을 알고 있었다. 퐁슬레의 「도형의 사영적 성질에 대하여」는 원뿔곡선에 내접하는 다각형과 외접하는 다각형에 대한 이론을 담고 있다. 이 책은 사영기하학에 대한 최초의 본격적인 논문이지만 그 후 수십 년 동안 사영기하학은 수학적 구조가 잘 통합된 고전적인 예의 수준으로 완성되었다.

몽주(1746-1818)

갈루아(1811-1832)

06 몽주는 민주적인 원리에 철저하게 충실한 사람이었지만 혁명의 이상을 집행하는 나폴레옹에 대한 존경심을 가지고 있었다. 몽주는 1815년 부르봉 왕정이 복귀하자 직위를 잃고 곧 사망했다. 그러나 에꼴 폴리테크닉은 몽주의 정신을 이어받아 번성했다. 교육의 진정한 본질에서 순수수학과 응용수학을 구분하기는 어려웠다. 역학에 관심이 집중되었고, 수리물리학은 마침내 고대의 '반사광학'과 '굴절광학'으로부터 자유로워졌다. 말루(Etienne Malus)는 빛의 양극화를 발견하였으며(1810년), 프레즈넬(Augustin Fresnel)은 호이겐스의 파동 이론을 재정립했다.(1821년) 앙페르(André-Marie Ampère)는 편미분방정식의 연구에 두각을 나타냈으며, 1820년 이후 전자기학에서 선구적인 역할을 했다. 이러한 연구는 수학에 직간접적으로 도움을 주었다. 그 한 예가 말루의 광선 기하를 듀팽이 개선한 것이며, 이는 기하적 광학을 현대화시키고, 더 나아가 선분 합동에 대한 기하에 기여했다.

라그랑주의 「해석적 역학(*Mécanique analytique*)」은 성실하게 연구되었으며, 그 방법이 시험되고 적용되었다. 정역학은 기하학적 가능성으로 인해 몽주와 그의 제자들의 관심을 끌었는데, 1788년 몽주의 저서를 비롯하여 1년 동안에 정역학에 관한 여러 개의 교재가 발표되었다. 정역학의 기하학적인 요소는 퐁소(Louis Poinsot)에 의해서 충분히 밝혀졌는데, 그는 여러 해 동안 프랑스 공교육의 위원회의 위원이었다. 그의 「기초 정역학(*Eléments de Statique*, 1804)」과 「축을 중심으로 하는 회전에 대한 새로운 이론(*Théorie Nouvelle de la rotation des corps*, 1843)」은 회전력(torque)의 개념에 일조하였고, 관성의 타원체에 의한 관성 모멘트에 대한 오일러의 이론을 대표하였으며, 강체가 공간에서 움직이거나 정점을 기준으로 회전하였을 때 이 타원체의 운동을 분석했다. 퐁슬레와 코리올리는 라그랑주의 분석적 역학에 기하적인 성격을 가미시켰다. 퐁소 뿐만 아니라 퐁슬레와 코리올리는 역학을 단순 기계의 이론에 응용하는 것을 강조했다. '코리올리의 가속도'는 물체가 가속된 시스템에서 움직일 때 나타나는데, 이는 라그랑주의 결과에 대한 기하적 해석의 예가 된다.

라그랑주와 몽주를 제외하면, 에꼴 폴리테크닉 초기의 뛰어난 수학자로 푸아송(Siméon Poisson), 푸리에(Joseph Fourier), 코시(Augustin Cauchy)를 들 수 있다. 이 세 사람 모두 수학을 역학과 물리학에 응용하는 것에 관심을 가지고 있었는데, 이에 대한 흥미는 순수수학에서의 발견으로부터 유발되었다. 푸아송의 왕성한 활동은 교재에 빈번하게 등장하는 그의 이름으로 알 수 있는데, 미분방정식에서의 푸아송의 괄호, 탄성에서의 푸아송의 상수, 전위(電位) 이론에서의 푸아송의 적분과 푸아송의 방정식이 그 예이다. 푸아송 방정식인 $\triangle V=4\pi\rho$는 라플라스 방정식인 $\triangle V=0$이 물체의 외부에서만 성립한다는 사실을 발견한 결과로 이루어진 것이며, 가변밀도의 질량에 대한 정확한 증명은 1839－40년 사이에 가우스에 의해서 비로소 주어졌다. 푸아송의 「역학론(*Traité de mécanique*, 1811)」은 라그랑주와 라플라스의 정신을 담고 있으나 많은 혁신적인 내용을 포함하고 있다. 예를 들어 $p_i=\dfrac{\partial T}{\partial q_i}$와 같은 충격(impulse) 좌표를 명시적으로 사용하였는데 이는 후에 해밀턴과 야코비의 연구에 자극제가 되었다. 푸아송의 1837년도 저서는 확률에서의 '푸아송의 법칙'을 담고 있는데, 이는 원래 확률의 값이 작은 경우 베르누이의 이항 법칙의 근삿값으로 유도되었으나 현재는 방사, 교통량, 분포의 문제에서 기본 법칙으로 인정받고 있다.

사람들은 푸리에를 「열의 해석적 이론(*Theorié analytique de la chaleur*, 1822)」의 저자로 기억한다. 이는 열 전도에 대한 수학 이론으로 본질적으로는 방정식 $\Delta U=\dfrac{k\partial U}{\partial T}$에 대한 연구라고 할 수 있다. 이 책에서 제시한 방법은 일반성을 지니고 있기 때문에 주어진 경계 조건에서 편미분 방정식의 적분법을 포함하여 수리 물리학의 모든 현대적인 방법의 근원이 되었다. 이 방법은 삼각급수를 이용하였는데 오일러, 달랑베르, 다니엘 베르누이 사이의 토론을 유발시킨 원인이 되었다. 푸리에는 상황을 아주 명료하게 만들었다. 그는 '임의'의 함수(연속적인 곡선의 호나 이러한 호들의 연속에 의해 표현될 수 있는 함수)는 $\sum_{n=0}^{\infty}(A_n\cos nax+B_n\sin nax)$ 형태의 삼각급수로 표현된다는 사실을 입증했다. 오일러와 베르누이의 관찰에도 불구하고 푸리에가 연구할 때의 아이디어는 새롭고 놀라운 것이었다. 따라서 푸리에가 1807년 처음으로 이 아이디어를 진술하였을 때 라그랑주를 제외한 모든 사람들이 그 아이디어를 강력하게 반대했다.

현재 푸리에 급수는 주어진 경계 조건을 가지는 편미분방정식 이론에서 이미 정립된 연산의 도구이다. 푸리에 급수는 그 자체의 진가에 의해서 주목받았다. 푸리에에 의한 조작은 함수를 통해 무엇을 이해해야 하는지에 대한 질문의 지평을 열었다. 이는 19세기 수학자들이 수학적 증명의 엄밀성과 일반적인 수학적 개념의 기초에 대하여 열심히 연구하는 것이 왜 필요한지에 대한 이유를 제공한다. 한편 푸리에의 급수는 후에 디리클레와 리만에 의해 계승되었다.

07 빛의 이론과 역학에 대한 코시의 많은 공헌들은 해석학에서의 성공과 기여에 의해 가려지는 경향이 있지만, 코시는 네비에르(Nevier)와 함께 탄성에 대한 수학적인 이론의 창시자라는 사실을 잊지 말아야 한다. 코시의 주요 명성은 복소변수 함수론과 해석학에서 엄밀성을 지속적으로 추구한 데에서 비롯되었다. 복소변수 함수는 이미 달랑베르가 구성하였는데, 달랑베르는 1752년 유동체의 저항력에 대한 논문에서 우리가 코시－리만 방정식이라고 부르는 것을 인식하고 있었다. 복소변수론은 코시에 의해서 유체 역학이나 공기 역학의 유용한 도구라는 위치에서 해방되어 독립적인 수학의 연구 분야가 되었다. 이 주제에 대해 코시는 1814년 이후에도 계속적으로 연구하였다. 코시는 1825년의 논문에서 잉여가 있는 코시 적분 정리를 발표했다. 정칙함수 $f(z)$는 임의의 점 $z=z_0$에 대하여 $z=z_0$ 근방의 특이점을 지나는 원에 수렴하는 급수로 전개될 수 있다는 정리를 1831년 발표하였는데, 같은 해에 가우스는 복소수에 대한 산술 이론을 발표했다. 로랑은 1843년에 급수 이론에 대한 코시의 정리를 확장하였는데 이는 바이어슈트라스의 결과와도 일치했다. 이러한 사실은 코시의 이론이 전문가의 반대에 부딪힐 필요가 없음을 입증하며, 복소함수론은 초기부터 충분히 수용되었음을 의미한다.

코시는 동시대인인 가우스, 아벨, 볼차노와 함께 수학의 엄밀성을 새로이 주장하는 선구적인 역할을 했다. 18세기는 본질적으로 실험의 기간이라고 할 수 있는데, 이 시기에는 연구 결과들이 풍부하게 발표되었다. 18세기의 수학자는 그들이 한 연구의 토대에 대하여 크게 주의를 기울이지 않았다－"앞으로 나아가라, 그러면 신념을 갖게 될 것이다."라고 달랑베르는 언급했다. 오일러나 라그랑주가 때로 그랬듯이 18세기 수학자들이 엄밀성에 대하여 우려했을 때, 그들의 논쟁이 항상 신뢰할 만한 것은 아니었다. 이제 시대는 결과의 의미에 대하여 집중해야 하는 19세기로 넘어왔다. 푸리에 급수나 멱급수의 경우에 그렇게 다른 행동을 보인, 실변수의 '함수'는 과연 무엇인가? 실변수 함수는, 이와 전적으로 다른 복소변수 함수와는 어떤 관계에 있는가? 이런 질문은 미적분학의 기초와 수학적 사고의 바탕이 된 잠재적 무한과 실무한의 존재에 대한 미해결 문제를 가져왔다. 아테네의 민주주의가 쇠퇴한 이후에 에우독소스가 행했던 것을 코시와 꼼꼼한 동시대인들이 산업주의를 확장하는 동안에 성취하기 시작했다. 이와 같은 사회적 상황의 차이는 다른 결과를 가져왔는데, 에우독소스의 성공은 생산력을 억제한 반면 현대적인 개혁자들의 성공은 수학의 생산성을 크게 자극했다. 코시와 가우스의 뒤를 이은 수학자가 바이에르슈트라스와 칸토르이다.

코시는 우리가 현재 일반적으로 교과서에서 수용하는 미적분학의 토대를 제공했다. 이는 「해석학 과정(*Cours d'analyse*, 1821)」과 「에콜 폴리테크닉에서의 무한소 해석 강의(*Résumé des leçons données à l'Ecole Royale Polytechnique*, 1823)」에서 찾아볼 수 있다. 코시는 함수의 도함수를 정의하기 위해 달랑베르의 극한 개념을 이용했고, 선배들이 했던 것보다 확고한 토대를 정립했다.

코시는 '극한'을 정의하면서 $\alpha = 0$ 일 때, $\frac{\sin\alpha}{\alpha}$의 극한의 예를 들었다. 그 다음 극한값을 0으로 갖는 변수를 **무한히 작은 변수**라고 정의했다. 그리고 Δy와 Δx를 무한히 작은 양으로 가정했다. 그리고 다음과 같이 적었다.

$$\frac{\Delta y}{\Delta x} = \frac{f(x+i) - f(x)}{i}$$

그리고 $i \to 0$일 때의 극한값을 **도함수**, y' 또는 $f\,'(x)$라고 불렀다. 코시는 α가 **무한히 작은 값**이고, h가 **유한 양**일 때 $i = \alpha h$ 로 대체하여

$$\frac{f(x+\alpha h) - f(x)}{\alpha} = \frac{f(x+i) - f(x)}{i} h$$

를 얻었다. 이때 h는 함수 $y = f(x)$의 미분소라 부르며, $dy = df(x) = hf'(x);\ dx = h$ 이다.

코시는 라그랑주의 '대수적' 기초에 어떤 양보도 하지 않고 라그랑주의 표기법과 그의 많은 업적을 실함수 이론에 사용했다. 중간값 정리와 테일러 급수의 나머지는 라그랑주가 유도한 것으로 인정되었으나, 급수는 그 수렴성에 주목하며 논의되었다. 무한급수의 이론에 나오는 여러 개의 수렴 정리에는 코시의 이름이 붙어 있다. 코시의 연구에는 연속성에 대한 현대적 개념이 들어 있다. 코시의 책에서는 해석학의 '산술화'를 향한 확실한 진전을 찾아볼 수 있는데, 이는 후에 바이어슈트라스가 탐구하는 핵심적인 내용이 된다. 코시는 단일 미분방정식이나 여러 개의 미분방정식의 해의 존재성을 1836년 처음으로 증명했다. 이러한 방법으로 코시는 제논 이후 수학을 떠나지 않았던 일련의 문제와 역설들에 답하기 시작했는데, 이러한 문제와 역설들을 무시하거나 부인한 것이 아니라 정당화시키는 수학적 방법을 창조함에 따라 가능했다.

동시대인인 발자크(Balzac, 코시와 많은 양의 연구를 공유하였음)처럼 코시는 정통주의자이고 군주 지지자이다. 두 사람 모두 가치(value)에 대하여 깊이 이해하고 있었기

때문에 보수적인 사고에도 불구하고 그들이 한 연구의 대부분은 중요한 위치를 차지하고 있다. 코시는 1830년 혁명 후에 에꼴 폴리테크닉의 교장직을 버리고 튜린과 프라하에서 몇 년을 보냈으며 1838년에 파리로 돌아왔다. 코시는 1848년 이후 새 정부에 대하여 충성의 서약을 하지 않은 상태에서 파리에 머무르며 가르치는 것을 허락받았다. 코시의 왕성한 연구력 때문에 프랑스 아카데미는 그의 연구에 대처하기 위하여 비평(Comptus－Rendus)에 보내는 모든 논문의 크기를 제한했다. 전해지는 얘기로, 라플라스는 코시가 프랑스 아카데미에서 급수의 수렴에 대한 그의 첫 번째 논문을 읽었을 때 상당히 혼란스러워했고, 그래서 그의 「천체역학론」에 있는 급수를 검사해 보기 위해 집으로 돌아왔다고 한다. 그는 큰 오류는 범하지 않은 것 같다는 것을 발견하였다.

08 이와 같이 왕성한 수학적 활동이 이루어진 1830년경에, 일등급 천재가 혜성같이 나타났다가 사라졌다. 파리 근교 조그만 마을의 시장 아들인 갈루아(Evariste Galois)는 에꼴 폴리테크닉에 입학을 거절당했었지만 마침내 에꼴 노르말에 들어가는 데 성공했다. 갈루아는 공무적인 과학의 대표자들에게 압박감을 느꼈다. 그가 출판을 위해 아카데미에 보냈던 논문은 코시가 반려하였고, 대상을 받을 생각으로 쓴 원고는 분실되었다. 그는 기성사회에 대한 혐오와 과학과 민주주의에 대한 열정 사이에서 균형을 유지하려고 노력했다. 갈루아는 1830년 혁명에 공화주의자로 참여했고, 감옥에서 몇 달을 보낸 후에 21세의 나이로 결투에서 죽었다. 그의 논문 몇 편은 그가 죽은 지 한참 뒤에 발표되었다. 그는 결투 전날 밤에 방정식 이론에서 자신이 발견한 것의 요지를 친구에게 썼다. 일류 수학자에게 자신이 발견한 것을 전해달라고 부탁한 감상문 같은 이 문서는 다음과 같은 말로 끝났다.

> 당신은 그 정리의 참에 대해서가 아니라 그 중요성에 관해서 야코비나 가우스에게 공개적으로 물어볼 것이다. 그 다음에 나는 이 모든 혼란을 해독하는 것이 유리하다고 생각하는 사람들이 있기를 희망한다.

이 '혼란'에는 현대 대수학과 현대 기하학의 열쇠인 군론 이상의 것이 포함되어 있다. 라그랑주와 이탈리아의 루피니가 이미 그 아이디어를 어느 정도 생각하고 있었지만 갈루아는 완전하게 군 이론의 개념을 갖고 있었다. 그는 대수방정식의 근에 속하는 변환군의 기본 성질을 제시하고 이 근의 유리수 체가 군에 의해 결정된다는 것을 보였다. 갈루아는 불변부분군이 취하는 중심 위치를 지적했다. 임의의 차수의 대수방정식의 해는 물론 각의 3등분, 정육면체의 배적, 3차방정식과 4차방정식의 해와 같은 옛날 문제들이 갈루아의 이론에서 자연스럽게 나타난다. 우리가 알고 있는 한 갈루아의 편지는 가우스나 야코비에게 전해지지 않았다. 리우빌이 1846년의 「수학 잡지(Journal de mathématigues)」에 갈루아의 논문의 대부분을 발표하고서야 여러 사람에게 알려졌는데, 그 기간(1844~46)에 이미 코시는 군 이론에 관해 출판하기 시작했다. 그 때에 비로소 몇몇 수학자들이 갈루아의 이론에 관심을 가지기 시작했다. 조르당(Camille Jordan)의 「대입론(Traité des substitutions, 1870)」과 클라인과 리의 후속 발표를 통해서 갈루아 이론의 중요성이 충분히 이해되었다. 이제 갈루아의 통합 원리는 19세기 수학의 탁월한 성취의 하나로 인식되고 있다.

갈루아는 또한 우리가 현재 아벨 적분이라고 부르는 변수가 하나인 대수 함수의 적분에 관한 아이디어도 갖고 있었다. 그의 사고 방법은 리만과 비슷하다. 만약 갈루아가 살았다면 현대 수학은 괴팅겐과 가우스 학파보다 파리와 라그랑주 학파에서 깊은 영감을 받았을 것이라고 생각한다.

09 또 다른 젊은 천재가 20년대에 나타났는데, 그는 노르웨이의 시골 목사 아들인 아벨(Niels Henrik Abel)이다. 아벨의 짧은 인생은 갈루아만큼이나 비극적이었다. 그는 학생일 때 잠시 5차 방정식을 풀었다고 생각했었으나 1824년에 출판된 인쇄물에서 그 생각을 수정했다. 이것은 봄벨리와 비에트 시대부터 수학자들을 쩔쩔매게 했던 일반적인 5차 방정식을 근에 의해서는 풀 수 없다는 것을 아벨이 증명한 유명한 논문이다.(이탈리아의 루피니가 1799년에 이를 증명하였는데 푸아송과 다른 수학자들이 이 증명은 너무 애매하다고 말했다) 아벨은 베를린, 이탈리아, 프랑스를 여행할 수 있는 상금을 받았다. 그러나 그의 인생의 대부분은 가난했고 그의 재능에 합당한 자리를 얻을 수 없어서 개인적인 수학적 접촉을 거의 가지지 않았으며 고향으로 돌아오고서 곧 죽었는데(1829), 그 때쯤에 르장드르, 야코비, 가우스 등이 그의 위대함을 인정하기 시작했다.

아벨은 이 여행 기간에 급수의 수렴, 아벨 적분, 타원 함수 등에 관한 연구를 포함하여 여러 편의 논문을 썼다. 무한급수 이론에서의 아벨의 정리는 그가 믿을 만한 근거 위에서 이 이론을 세울 수 있었다는 것을 보여준다. 그는 친구에게 보낸 편지에서 "n이 양의 정수일 때 $0 = 1^n - 2^n + 3^n - 4^n + \cdots$ 임을 주장하는 것보다 더 끔찍한 어떤 것을 상상할 수 있는가?"라고 하면서 다음과 같이 썼다.

> 수학에서 엄밀한 방법으로 그 합이 결정되는 무한급수는 거의 없다.(Holmboe에게 쓴 편지, 1826)

타원 함수에 관한 아벨의 연구는 간략하지만 야코비의 것과 흥미로운 경쟁 관계에 있다. 가우스는 타원 적분의 역이 일가(一價)인 이중 주기 함수가 된다는 사실을 알고 메모해 두었지만 그런 생각을 출판하지는 않았다. 타원 적분에 많은 노력을 쏟은 르장드르는 이 사실을 완전히 놓치고 늙어서 아벨의 발견을 읽고는 큰 인상을 받았다. 아벨은 그의 논문을 다시 인쇄하는 행운을 얻었다. 크렐레가 편집한 「순수 및 응용수학 잡지(*Journal für die reine und angewandte Mathematik*)」의 1권에는 아벨의 논문이 다섯 편 이상 실려 있다. 2권(1827)에는 아벨의 「타원함수에 관한 연구(*Recherches sur les fonction elliptiques*)」의 처음 부분이 나타나는데 여기서 이중 주기함수 이론이 시작된다.

프러시아에서 최초의 도로 건축자이며 설계자인 크렐레는 그의 Rechentafeln(1820)을 통해 그리고 아직도 발간되는 「순수 및 응용수학 잡지(1826)」의 창립자로 잘 알려져 있는데, 이 잡지는 최초의 순수 수학 잡지 중의 하나로서 이 잡지를 통해 크렐레는 아벨과 슈타이너같은 젊은 수학자를 격려했다. 잡지의 이름은 제르곤의 「순수 및 응용 수학 연보(*Annales de mathématiques pures et appliquées*)」에서 취했다.

우리는 아벨의 적분 방정식과 대수 함수의 적분의 합에 관한 아벨의 정리에 관해 말한다. 가환군을 아벨 군이라고 부르는데, 이는 갈루아의 아이디어가 아벨의 아이디어와 얼마나 밀접하게 관련되어 있는가를 보여준다.

10 아벨이 죽은 1829년에 야코비(Carl Gustav Jacob Jacobi)는 「타원함수론의 새로운 기초(*Fundamenta nova theoriae functionum ellipticarum*)」를 출판했

다. 야코비는 쾨니스베르크 대학의 젊은 교수였다. 그는 베를린 은행가의 아들이며 유명한 가계의 한 구성원이었다. 그의 형 모리츠는 전기에 관해 실험한 최초의 러시아 과학자였다. 야코비는 베를린에서 공부한 후에 1826부터 1843년까지 쾨니스베르크에서 강의했다. 그러고 나서 그는 이탈리아에서 건강을 회복하기 위해 약간의 시간을 보냈고 베를린 대학에서 교수로서 그의 경력을 마쳤으며 1851년에 46세의 나이로 죽었다. 그는 재치 있고 생각이 자유로운 사람이었으며 영감이 풍부한 교사였고 과학자였으며, 정력적이고 사고가 분명하여 다루지 않은 수학의 분야가 거의 없을 정도였다.

야코비의 타원함수 이론은 무한급수에 의해 정의되고 쎄타 함수라고 불리는 4개의 함수에 기초한다. 그중 이중 주기함수인 $sn\,u$, $cn\,u$, $dn\,u$는 쎄타 함수의 몫이다. 그것들은 통상적인 삼각법의 사인과 코사인 함수와 아주 유사하게 어떤 항등식과 덧셈 정리를 만족한다. 타원함수의 덧셈 정리는 또한 대수함수의 적분의 합에 관한 아벨 정리의 특별한 응용으로 간주될 수 있다. 이제 초타원 적분의 역이 존재하여 타원함수가 되는가 하는 문제가 생긴다. 그 문제는 야코비가 1824년에 그 역은 하나 이상의 변수의 함수로 수행될 수 있다는 연구 결과를 출판함으로써 해결되었다. 그렇게 해서 p개 변수의 아벨함수 이론이 태어났는데 이것은 19세기 수학의 중요한 분야가 되었다.

실베스터는 대수와 소거 이론에 대한 야코비의 연구에 존경을 표시하기 위해 함수 행렬식에 '야코비안(Jacobian)'이란 이름을 붙였다. 이 주제에 대한 야코비의 논문 중에서 가장 잘 알려진 것은 「함수 행렬식에 대하여(*De formatione et propritatibus determinatium*, 1841)」인데 이로 인해 수학자들이 행렬식 이론을 알게 되었다. 행렬식에 대한 아이디어는 훨씬 오래 되었는데, 라이프니츠(1693), 스위스 수학자 크라머(1750), 라그랑주(1773)로 거슬러 올라가며 그 명칭은 코시(1812)에 기인한다. 미카미는 일본인 수학자 세끼 코와가 1683년 이전에 행렬식에 대한 아이디어를 가지고 있었다고 지적한다. 송나라 수학자들이 '행렬' 방법을 사용하였는데 세끼가 그 방법을 연구했다.

야코비를 가장 잘 알 수 있는 방법은 1842－43년의 강의 노트 후 1866년에 출판한 역학에 관한 그의 멋있는 강연(*Vorlesungen über Dynamik*)을 통하는 것일 것이다. 그 강연은 라그랑주와 푸아송의 프랑스 학파의 전통에서 쓰여졌지만 새로운 아이디어가 풍부하다. 여기에 일차편미분방정식에 대한 연구와 그것을 역학의 미분방정식에 응용한 것이 포함되어 있다. 타원체에서의 측지선의 행렬식에 관한 장도 흥미 있는데, 이 문제는 두 아벨 적분 사이의 관계로 이르게 된다.

11 야코비의 역학 강의는 야코비의 이름과 종종 연결되어지는 또 다른 수학자 해밀턴(William Rown Hamilton)으로 이어진다. 해밀턴은 더블린에서 아일랜드인 부모에게서 출생하여 전 생애를 그 곳에서 살았다. 그는 트리니티 대학에 입학하여 21세 때인 1827년에 아일랜드 왕립 천문학자가 되었으며 1865년에 사망할 때까지 이 지위를 유지했다. 해밀턴은 소년시절 클레로와 라플라스를 공부하여 당시 영국에서는 생소한 대륙의 수학을 알게 되었다. 광학과 역학에 관한 연구는 매우 독창적이어서 그가 새로운 방법에 숙달하였음을 알 수 있다. 광선에 관한 그의 이론(1824)은 직선 합동의 미분기하학 이상이었다. 이것은 또한 광학 기구의 이론이며 이로 인해 해밀턴은 이중축 결정에서 원뿔굴절을 예언할 수 있었다. 이 논문에서 그의 '특성 함수'가 나타나는데 이는 1834－35년에 간행된 「역학에서의 일반적인 방법(*General Method in Dynamics*)」의 핵심 아이디어가 되었다. 해밀턴의 아이디어는 하나의 일반 원리에서 역학과 광학을 모두 이끌어 낼 수 있다는 것이다. 이미 오일러는 작용 적분(action integral)의 정상값이 어떻게 이 목적에 이용될 수 있는지를 모페르튀이에 대한 그의 변호에서 보여주었다. 해밀턴은 이 이론에 따라서 광학과 역학을 변동 계산의 두 측면으로 만들었다. 그는 어떤 적분의 정상값을 요구했으며, 이것을 그 극한의 함수로 간주했다. 이것은 '특성' 또는 '주' 함수인데, 두 개의 편미분방정식을 만족시킨다. 이 편미분방정식 중의 하나는 보통

$$\frac{\partial S}{\partial t}+H(\frac{\partial S}{\partial q},\ q)=0$$

과 같이 표현할 수 있는데 역학 강연을 위해서 야코비가 특별히 선택한 것이고, 지금은 해밀턴－야코비 방정식으로 알려져 있다. 이 때문에 역학과 수리 물리학을 통합하는 수단으로서 해밀턴의 이론에서 중심적인 역할을 하는 해밀턴의 특성 함수의 중요성이 애매해졌다. 이것은 라이프치히의 천문학자 브룬스에 의해 1895년에 기하학적 광학 이론에서 재발견되었으며 광학 기구 이론에서 아이코날(eikonal)로서 사용되었다.

수학의 일반적인 것이 되어 버린 해밀턴의 역학에 관한 연구의 일부는 처음에는 $\dot{q}=\partial H/\partial p,\ \dot{p}=-\partial H/\partial q$와 같은 '표준' 형태였으며, 해밀턴은 그것으로 역학 방정식을 썼다. 표준 형태와 해밀턴－야코비 미분방정식 덕분으로 리(Lie)는 역학과 접촉 변환 사이의 관계를 만들 수 있었다. 해밀턴의 또 다른 아이디어는 적분의 변분으로부터 물리학과 역학의 법칙을 이끌어낸 것이다. 양자 역학뿐 아니라 현대의 상대성 이론은 그 기초 원리로 '해밀턴 함수'에 기반을 두고 있다.

1843년은 해밀턴의 생애에서 한 전환점이었다. 그 해에 그는 말년을 다 바쳐 연구한 4원수를 발견했다. 이 발견에 대해서는 나중에 논의할 것이다.

12 디리클레(Peter Lejeune Dirichlet)는 프랑스 수학자들은 물론 가우스나 야코비와도 매우 가까운 사이였다. 그는 1822년부터 1827년까지 개인교수로 지냈으며 그가 공부하던 책의 저자인 푸리에를 만났다. 디리클레는 가우스의 「수론 연구(*Disquisitones arithmeticae*)」에도 정통했다. 디리클레는 후에 브레슬라우의 대학에서 강의했으며 1855년에는 가우스의 뒤를 이어서 괴팅겐에서 강의했다. 독일 수학과 수학자들은 물론 프랑스 수학자와의 개인적인 친분으로 인해 그는 가우스 이론의 해석자로 적합한 인물이 되었으며 푸리에 급수를 이용하여 해석학을 통찰할 수 있었다. 디리클레의 훌륭한 「정수론 강의(*Vorlesungen über Zahlentheorie*, 1863)」는 수론에 관한 가우스의 연구 중에서 가장 좋은 개론서이다. 여기에는 많은 새로운 결과가 수록되어 있다. 1840년의 논문에서 디리클레는 해석 함수 이론을 수론 문제에 어떻게 적용하는지를 보여주고 있다. 그가 '디리클레 급수'를 도입한 것은 바로 이 연구에서이다.

디리클레는 먼저 푸리에 급수의 수렴을 엄밀하게 증명하고 이런 식으로 함수의 본질을 올바르게 이해하였다. 또한 변분 계산에 소위 디리클레 원리를 도입하였는데 그것은 주어진 경계 조건 하에서 적분 $\int (v_x^2 + v_y^2 + v_z^2)d\tau$을 최소화하는 함수 ν의 존재를 가정한다. 이것은 1839－40년에 가우스가 퍼텐셜 이론에 도입한 원리를 수정한 것이며 후에 리만이 이것을 퍼텐셜 이론의 문제를 해결하는 강력한 도구로 사용했다. 우리는 힐베르트가 엄밀하게 이 원리의 타당성을 확립했다는 것을 이미 언급한 바 있다.(위의 2절 참조)

13 괴팅겐에서 디리클레의 후임자인 리만(Bernhard Riemann)은 누구보다도 더 현대 수학의 발달 과정에 기여했다. 리만은 시골 목사의 아들로 태어나 괴팅겐 대학에서 공부하고 1851년에 박사 학위를 취득했다. 그는 1854년에 객원 강사가 되

었으며 1859년에 괴팅겐 대학의 교수가 되었다. 그는 아벨처럼 병약하여 여생을 이탈리아에서 보내다가 1866년에 그 곳에서 40세의 일기로 사망했다. 리만은 짧은 생애 동안 비교적 적은 수의 논문을 남겼으나 그 각각의 것들은 매우 중요했으며(지금도 중요하다), 몇 개의 논문은 완전히 새롭고 생산적인 분야를 개척한 것이다.

복소함수 $\mu+i\nu=f(x+iy)$에 관한 이론인 리만의 박사학위 논문이 1851년에 나왔다. 리만은 달랑베르나 코시와 마찬가지로 유체 역학적 고찰의 영향을 받았다. 그는 xy 평면을 $\mu\nu$ 평면에 등각으로 사상하여 한 평면에서 단순 연결 영역을 다른 평면에서의 단순 연결 영역으로 변환시킬 수 있는 함수가 존재함을 밝혔다. 이로 인해 리만 곡면이라는 개념이 나타났으며 해석학을 위상수학적으로 고찰할 수 있게 되었다. 리스팅(J. B. Listing)이 1847년에 위상 수학에 관한 논문을 출판하였으나 그 당시에 위상 수학은 거의 손대기 어려운 주제였다. 리만은 그것이 복소함수 이론에서 매우 중요하다는 것을 보여 주었다. 이 논제는 또한 복소함수에 대한 리만의 정의를 명백히 해 주는데, 그 실수 부분과 허수 부분은 주어진 영역에서 '코시－리만 방정식' $\mu_x=\nu_y$, $\mu_y=-\nu_x$를 만족해야 하며 더 나아가 경계와 특이점에 관하여 어떤 조건을 만족해야 한다.

리만은 자신이 디리클레의 원리라고 부르는 원리를 자유롭게 이용하여 자신의 아이디어를 초기하함수와 아벨 함수에 적용했다. 위상수학적 불변으로서 그리고 아벨 함수를 분류하는 수단으로서 리만 곡면의 종수(genus)를 발견한 것은 그의 결과이다. 사후에 출판된 리만의 논문(1867)에서는 그의 아이디어가 최소곡면에 적용되었다. 대수 계수를 가지는 선형 미분방정식은 물론 타원 모듈라함수와 p개의 독립변수에서의 θ 급수에 관한 그의 연구도 이 분야에 속한다.

리만은 두 편의 중요한 논문을 발표하여 1850년에 객원 강사가 되었는데, 하나는 삼각급수와 해석학의 기초에 관한 것이며 다른 하나는 기하학의 기초에 관한 것이다. 첫 번째 논문에서 푸리에 급수에서 함수의 확장에 관한 디리클레의 조건을 분석했다. 이러한 조건 중의 하나가 함수는 '적분 가능'해야 한다는 것이다. 그러나 이것은 무엇을 의미하는가? 코시와 디리클레는 이에 대해 이미 어떤 해답을 제시했다. 리만은 이러한 해답들을 자신의 것으로, 보다 포괄적인 것으로 대체시켰다. 리만은 우리가 지금 '리만 적분'으로 알고 있는, 20세기에 이르러서 르베그 적분으로 대체된 정의를 제시했다. 리만은 이전 수학자들이 함수를 정의할 때 받아들일 수 없던, 푸리에 급수로 정의된 함수가 어떻게 무수히 많은 극대와 극소를 가질 수 있는지를 보여 주었다. 함수의 개념은 오일러의 **손이 가는 대로 자유롭게 그려진 곡선**에서 해방되기 시작했다. 리만은 강연에서 도함수가 없는 연속함수의 예를 제시했다. 바이어슈트라스가 제시한 그런 함수의 예는 1875년에 출판되었다. 수학자들은 이러한 함수들을 진지하게 생각하려고 하지 않고 병적인 함수라고 불렀다. 현대의 해석학을 보면 이러한 함수들이 얼마나 자연스럽고, 리만이 수학의 기초 분야에 얼마나 견식이 높았는지를 알 수 있다.

1854년의 다른 논문들은 기하학이 기초하고 있는 가설을 다루고 있다. 공간은 임의의 차원을 가지는 위상기하학적 다양체로 도입되었다. 거리(metric)는 그러한 다양체에서 2차적 미분 형태에 의하여 정의되었다. 복소함수를 그 국소적 행동에 의해 정의한 이 논문에서 리만은 같은 방식으로 공간의 특성을 정의했다. 리만은 통합 원리로 인해 아주 모호한 비유클리드 기하학을 포함한 기존의 모든 형태의 기하학을 분류할 수 있을 뿐만 아니라 몇 개의 새로운 유형의 공간도 창조할 수 있었다. 그 중 일부는 기하와 수리 물리학에서 중요한 위치를 차지한다. 리만은 어떤 해석학적인 기법도 쓰지 않고 이 논문을 발표했다. 그 때문에 그의 생각을 이해하기가 어려웠다. 후에 리만이 프랑스 학술원에 제출한 고체에서의 열의 전도에 관한 수상 논문(1861)에서 그 공식 중의 일부가 나타난다. 여기에서 우리는 2차 형식의 변환 이론의 초안을 발견하게 된다.

리만의 마지막 논문은 주어진 수 x보다 작은 소수의 개수 $F(x)$에 관한 그의 논의(1859)이다. 이것은 복소수 이론을 소수의 분포에 적용한 것이며, $F(x)$는 적분 $\int_2^x (\log t)^{-1} dt$에

리만(1826–1866)

바이어슈트라스(1815–1897)

근사한다는 가우스의 가정을 분석한 것이다. 이 논문은 복소수 $s=x+iy$에서 생각한다면 오일러의 제타함수 $\zeta(s)$는 직선 $x=\frac{1}{2}$ 위에서 모든 근이 실수가 아니라는 리만 가설을 포함하고 있어서 유명하다. 이 가설은 증명되지도 않았으며 또한 반증되지도 않았다.

14 복소변수 함수에 대한 리만의 개념은 종종 바이어슈트라스의 개념과 비교된다. 바이어슈트라스는 프러시아의 고등학교에서 수년 동안 교사로 있다가 1856년에 베를린 대학의 수학 교수가 되었으며 거기서 30년 동안 재직했다. 그는 항상 강의를 꼼꼼하게 준비하여 점점 명성이 높아졌다. 주로 이런 강의를 통하여 바이어슈트라스의 아이디어는 수학자들의 공동 재산이 되었다.

바이어슈트라스는 고등학교 교사 시절에 초타원적분, 아벨 함수, 대수적 미분방정식에 관한 여러 논문을 썼다. 그가 멱급수에 관한 복소함수 이론의 기초를 세운 것은 잘 알려진 사실이다. 이것은 어떤 의미에서는 라그랑주와 동일한데, 바이어슈트라스가 완전한 엄밀성으로 복소평면에서 다루었다는 점이 차이점이다. 멱급수의 수렴 원 내에서의 값은 '함수원소'를 나타내는데 그것은 가능하다면 소위 해석적 연속화에 의해 확장된다. 바이어슈트라스는 특히 무한곱에 의해 정의된 완전함수를 연구했다. 그의 타원함수 $\wp(u)$는 야코비의 $sn\,u$, $cn\,u$, $dn\,u$와 같이 확립되었다.

바이어슈트라스의 명성은 그의 매우 엄밀한 추론, 소위 '바이어슈트라스의 엄밀성'에 근거하고 있는데 그것은 그의 함수론은 물론 변분 계산에서도 명백하다. 그는 최소, 함수, 도함수의 개념을 명백히 하고 이를 바탕으로 하여 미적분의 기본 개념에 남아 있는 표현의 모호함을 제거했다. 그는 방법론적으로도 논리적으로도 매우 뛰어난 수학적 양심이었다. 그의 꼼꼼한 추론의 또 하나의 예는 균등수렴(uniform convergence)의 발견이다. 해석학의 원리를 가장 단순한 산술 개념으로 환원하는 이른바 우리가 수학의 산술화라고 부르는 일은 바이어슈트라스와 함께 시작되었다.

> 무리수의 개념, 그리고 일반적으로는 극한의 개념에 기초한 그런 유형의 추론 과정에 관한 충분한 동의와 확실성이 현재의 해석학에 존재한다는 것이 바로 바이어슈트라스의 과학적 활동의 중요한 가치이다. 매우 대담하고 다양하게 초(super -)나 가까운(juxta -), 극한의 호환 등의 응용과 결합되어 있기는 하지만, 미분방정식과 적분방정식에 관한 아주 복잡한 문제에서의 모든 결과에 관해 전원 합의가 있게 된 것은 그의 덕분이다.[4)]

---

4) D. Hilbert, "Über das Unendliche," *Mathematische Annalen*, Vol. 95 (1926), pp.161 – 90; 프랑스어 번역판으로는 *Acta Mathematica*, Vol. 48 (1926), pp.91 – 122.

15 이런 산술화는 베를린 학파, 특히 크로네커(Leopold Kronecker)의 전형이다. 이 학파에는 크로네커, 쿠머, 프로베니우스와 같이 대수 및 대수적 수의 이론에 정통한 유명한 수학자들이 포함되어 있다. 데데킨트와 칸토어도 관련되어 있다. 쿠머는 1855년에 디리클레의 후계자로 베를린에 초청되었다. 그는 거기서 창의성이 쇠퇴하기 시작했다고 느껴 자발적으로 수학 연구를 중단한 1883년까지 강의했다. 쿠머는 해밀턴이 약술한 합동의 미분기하학을 계속 발전시켰으며 연구 도중에 16개의 마디 점이 있는 4차 곡면을 발견했다. 그는 유리수의 대수 영역 이론(1846)에서 '이데알' 수(ideal number)를 도입하여 명성을 얻었다. 이 이론의 일부는 쿠머가 페르마의 위대한 정리를 증명하려는 과정에서, 또 다른 일부는 소인수의 개념이 복소수 영역에 도입된 4차 잉여(biquadratic residue)에 관한 가우스의 정리에 의해 영감을 받았다. 쿠머의 '이데알' 인수로 인해 수를 유일하게 분해하는 문제는 유리수의 영역으로 확대되었다. 이 발견으로 인해 대수적 수의 산술에 큰 발전이 이루어졌는데 힐베르트가 1894년에 독일 수학회를 위해 쓴 보고서에 요약되어 있다. 대수적 함수의 이론과 유리수의 영역에서의 대수적 수의 이론 사이의 관계를 확립한 데데킨트와 베버의 이론은 수학의 산술화 과정에 관한 쿠머 이론의 영향을 받은 한 예이다.

재산가인 크로네커는 1855년에 베를린에 정착했는데 거기서 공식적인 교수직 없이 수년 동안 대학에서 강의했으며, 1883년에 쿠머가 은퇴한 후에야 한 자리를 받았다. 크로네커는 타원함수, 이데알 이론, 이차 형식의 산술에 크게 기여했다. 수론에 관해 그 자신의 그리고 이전에 발견된 것을 주의 깊게 설명한 강의록을 출판했는데, 그것은 수학을 산술화할 필요성에 대한 그의 믿음을 분명하게 보여주는 것이다. 이러한 믿음은 엄밀성에 대한 그의 연구에 근거한 것인데, 수학은 수에 기초해야 하며 모든 수는 자연수에 기초해야 한다고 가르쳤다. 예를 들어 π는 보통의 기하학적 방법으로 유도되기보다는 급수 $1-\frac{1}{3}+\frac{1}{5}-\frac{1}{7}+\dots$에 기초해야 하며 따라서 자연수의 조합에 기초해야 한다. π에 대한 어떤 연분수가 같은 목적으로 사용될 수도 있다. 수학의 모든 것을 수론의 패턴으로 몰아가려는 크로네커의 노력은 1886년 베를린의 한 모임에서 그가 한 "**자연수는 신이 만들고 그 밖의 모든 것은 인간이 만들었다**"는 유명한 말에서 잘 드러난다. 그는 수학적 실재를 유한 번의 단계를 거쳐서 검증될 수 있을 때에만 그 실재의 정의를 인정했다. 그래서 실무한의 문제를 실무한을 인정하지 않음으로써 처리했다. 크로네커 학파에서는

칸토어(1845-1918)

신은 항상 '기하를 한다'는 플라톤의 슬로건이 신은 항상 '산술을 한다'로 바뀌었다.

실무한에 관한 크로네커의 가르침은 데데킨트 특히 칸토어의 이론과 극명하게 대조된다. 데데킨트는 무리수에 관해 엄밀한 이론을 구성했다. 그는 에우독소스가 그리스 수학을 위해 한 것과 같은 것을 현대 수학을 위해 「연속성과 무리수(*Stetigkeit und irrationale Zahlen*, 1872)」 및 「수의 본질과 의미(*Was sind und was sollen die Zahlen?*, 1888)」라는 두 권의 소책자에서 완성했다. 크로네커 학파를 제외한 현대 수학이 무리수를 정의하는 수단인 '데데킨트 절단'과 유클리드 원론 제 5권에 나오는 에우독소스의 이론 사이에는 상당한 유사성이 있다. 칸토어와 바이어슈트라스는 데데킨트 이론과 약간은 다르지만 비슷한 생각에 기초하여 무리수의 산술적인 정의를 제시했다.

크로네커의 견해와 가장 다른 사람은 칸토어이다. 1869년부터 1905년까지 할레에서 강의한 칸토어는 무리수에 대한 이론과 집합론으로 유명하다. 칸토어는 이 이론으로 완전히 새로운 수학 연구 분야를 창조했다. 이 연구는 그 전제가 일단 인정되기만 하면 엄밀성이라는 가장 민감한 요구를 만족시킬 수 있다. 칸토어의 출판은 1870년에 시작하여 수년 동안 계속되었으며, 1883년에는 「일반 집합론의 기초(*Grundlagen einer allgemeinen Mannigfaltigkeitslehre*)」를 출판했다. 이 논문에서 칸토어는 실무한을 체계적이고 수학적으로 다루어 초한기수 이론을 발전시켰다. 그는 가부번집합에 가장 작은 초한기수 $\aleph$ 를 지정하고 연속체에 더 높은 초한수를 줌으로써 일상의 산술을 일반화하는 초한수의 산술을 창조할 수 있었다. 칸토어는 또 초한순서수를 정의하고, 무한집합이 정렬되는 방법을 표현했다.

칸토어의 이러한 발견은 고대 현학적 사색의 연속이며 칸토어는 그것을 잘 인식하고 있었다. 그는 성 아우구스티누스가 실무한을 충분히 받아들이고 있음을 지지하였지만 무한을 ∞로 표현되는, 과정으로만 인정하는 많은 수학자들의 반대에 대해 자신을 방어해야만 했다. 칸토어의 강력한 반대자는 크로네커였다. 크로네커는 수학의 산술화라는 동일한 과정에서 정반대의 입장을 취했다. 칸토어는 그의 이론이 실수함수와 위상기하학의 기초를 위해 굉장히 중요하다는 사실이 점점 더 명백해짐에 따라 마침내 폭넓은 인정을 받게 되었다. 특히, 르베그(Lebesgue)가 1901년 측도론으로 집합론을 더욱 풍부하게 한 이후 집합론의 중요성은 더욱 인정받게 되었다. 초한수 이론에서 논리적인 문제가 여전히 남아 있었고 포르티 역설이나 러셀의 역설 같은 것이 나타났다. 이로 인해 수학 기초론에 대한 여러 학파가 생겨났다. 20세기 형식주의와 직관주의 사이의 논쟁은 칸토어와 크로네커 간의 논쟁의 새로운 수준에서의 연장인 셈이다.

16

대수학과 해석학의 눈부신 발전과 함께 기하학도 눈부시게 발전했다. 그것은 몽주의 교육에서 시작되었다고 할 수 있는데, 거기서 기하학의 '종합적' 방법과 '대수적' 방법의 근원을 찾을 수 있다. 몽주의 제자들의 연구에서 두 방법이 분리되는데, '종합적' 방법은 사영기하학으로 발전하였고 '대수적' 방법은 현대의 분석적이고 대수적인 기하학으로 발전했다. 독자적인 과학으로서의 사영기하학은 1822년 퐁슬레의 책으로 시작되었다. 퐁슬레가 몽펠리에르의 교수인 제르곤(Joseph Gergonne)과 경쟁 관계에 있어서 기초적인 발견과 관련한 많은 경우에서처럼 우선권 문제가 있었다. 제르곤은 퐁슬레와 동시에 기하학에서 쌍대성(duality)의 의미를 이해한 사영기하학에 관한 여러 편의 중요한 논문을 출판했다. 이 논문들은 최초의 순수 수학 정기 간행물인 「순수 및 응용수학 연보(*Annales de mathématiques pures et appliquées*)」에 수록되어 있다. 제르곤이 편집자였으며, 1810년부터 1831년까지 발행되었다.(1836년에 「순수 및 응용수학 잡지(*Journal de mathématiques pures et appliquées*)」라는 이름으로 재발간되었다)

퐁슬레의 전형적인 사고 양식은 또 다른 원리인 연속성의 원리인데, 이 원리로 그는 한 도형의 성질에서 다른 도형의 성질을 유도할 수 있었다. 그는 이 원리를 다음과 같이 표현했다.

> 일반적인 위치에 있는, 그리고 어떤 관점에서 체제의 다른 부분 사이에 존재하는 법칙, 조건, 연결성 등을 위반하지 않고 취할 수 있는 모든 위치 중에서 결정되지 않은 임의의 도형을 생각하자. 하나 또는 그 이상의 관계나 성질이 계량적이든 서술적이든 이들 자료와 일치하여 발견되었다고 하자... 이들 같은 자료를 보존한 채 원래 도형의 일부를 연속적으로 움직이게 했을 때 특별한 변경만을 고려한다면, 예를 들어 어떤 양이 사라지거나 그 의미나 부호가 바뀌어진다면, 처음 체제에서 발견된 성질과 관계가 이 체제의 연속적인 단계에 적용될 것이라는 것은 분명하지 않을까?[5]

이 원리는 정확하지 않기 때문에 상당히 주의하여 다루어져야 한다. 현대 대수만이 그 영역을 더욱 정확하게 정의할 수 있었다. 퐁슬레와 그의 학파의 연구로 인해 그것은 흥미 있고 새롭고 정확한 결과를 얻게 되었는데, 특히 현실에서 가상의 세계로의 변화에 적용될 때 그렇다. 그래서 퐁슬레는 평면에 있는 모든 원은 무한에서 공통인 두 개의 가상점을 갖는다고 말하였는데, 그래서 소위 평면의 '무한원선'(line at infinity)이 생기게 되었다. 하디(G. H. Hardy)는 이것은 사영기하학이 전혀 주저하지 않고 실무한을 받아들였다는 것을 의미한다고 지적했다. 해석학자들은 이 주제에 대해 양분되어 있다.

퐁슬레의 아이디어는 독일 기하학자들에 의해 더욱 발전되었다. 1826년에 슈타이너(Steiner)의 첫 번째 출판물이, 1827년에는 뫼비우스의 「중심의 계산(*Barycentrischer Calcül*)」이, 1828년에는 플뤼커(Plücker)의 「해석기하학의 발달(*Analytishch -geoetische Entwickelungen*)」 1권이 출판되었다. 1831년에는 2권이 출판되었고, 1832년에는 슈타이너의 「체계적 발전(*Systematische Entwickelung*)」이 출판되었다. 이런 종류의 기하학에서 위대한 독일 선구자의 마지막 업적은 1847년에 출판된 슈타우트의 공리적인 「위치 기하학(*Geometrie der Lage*)」이다.

기하학에 대한 종합적인 접근과 대수적인 접근 방법이 모두 독일 기하학자들에 의해 나타난다. 종합적(또는 '순수') 학파의 전형적인 대표자는 혼자 공부한 스위스의 농부의 아들인 슈타이너(Jakob Steiner)인데 그는 페스탈로찌의 아이디어를 알게 되면서 기하학에 매료되었다. 그는 하이델베르크에서 공부하기로 결심했으며 후에 베를린에서 강의를 했다. 그는 1834년부터 1863년에 죽을 때까지 그 대학에서 교수직을 가졌다. 슈타

---

5) Poncelet, *Traitė des propriėtės projectives des figures* (1882), p. viii.

이너는 철저한 기하학자로, 숫자를 싫어할 정도로 그는 대수학과 해석학을 사용하는 것을 싫어했다. 그의 견해에 의하면 기하학은 사고를 집중함으로써 가장 잘 학습할 수 있다. 그는 계산은 사고를 대체하지만 기하는 사고를 자극한다고 말했다. 이것은 확실히 슈타이너 자신에게는 참이다. 그의 방법으로 기하학은 아주 많은 아름답고 종종 난해한 이론들로 풍성해졌다. 원뿔곡선의 이중 무한을 가지는 슈타이너 곡면의 발견은 그의 덕이다. 그는 종종 그의 정리에 대한 증명을 생략하였는데 그 때문에 슈타이너 전집은 기하학자들이 해결해야 할 문제들의 귀중한 보물이 되었다.

슈타이너는 투시(perspectivity)에서 사영(projectivity)으로 그리고 원뿔곡선으로 이행하는 엄밀하게 체계적인 방법으로 사영기하학을 구성했다. 그는 그 자신의 전형적인 기하학적 방법으로 몇 개의 등주 문제를 해결했다. 그는 원은 둘레가 일정한 폐곡선 중에서 넓이가 가장 큰 도형이라는 사실을 증명(1836)하면서 둘레가 주어진 원이 아닌 모든 도형은 같은 둘레 또는 더 큰 둘레를 가지는 다른 도형으로 변화될 수 있는 절차를 이용했다. 원은 그러므로 최대를 나타낸다는 슈타이너의 결론은 결국 한 가지를 생략하여 얻어진 것이다. 슈타이너는 최대가 실재로 존재한다는 것을 증명하지 않았다. 디리클레는 슈타이너에게 이것을 지적하려고 했는데, 후에 바이어슈트라스가 이를 엄밀하게 증명했다.

슈타이너는 네 개의 점이나 직선의 복비(cross ratio)를 정의하기 위해서 거리(metric)를 필요로 했다. 그의 이론에서의 이러한 결점을 에르랑겐 대학에서 오랫동안 교수로 지낸 슈타우트가 제거하였다. 슈타우트는 「위치 기하학」에서 순전히 사영적인 방법으로 한 직선 위에 있는 네 점의 포사체(抛射體)를 정의하였고 이것이 복비와 같음을 증명했다. 그는 이를 위하여 소위 뫼비우스의 그물 구조를 사용하였는데 여기에는 사영 좌표의 무리수 값이 도입될 때 데데킨트의 연구와 밀접히 관련되는 공리적인 고려가 요구된다. 슈타우트는 1857년에 타원 대합(elliptic involution)의 이중 요소로서 가상적 요소가 어떻게 엄밀하게 도입될 수 있는지를 보였다.

이후 수십 년 동안에 종합적 기하학은 퐁슬레, 슈타이너, 슈타우트가 다져놓은 기초 위에서 내용이 상당히 증가했다. 그리하여 이 기하학은 몇 개의 표준적인 교과서의 주제가 되었는데, 레예(Reye)의 「위치 기하학」은 그 중 가장 잘 알려진 교과서이다.

17 대수기하학의 대표자는 독일의 뫼비우스와 플뤼커, 프랑스의 샤슬르, 영국의 케일리 등이다. 라이프치히 천문학 관측소에서 50년 이상 관측을 했고 나중에 소장이 된 뫼비우스는 여러 분야의 과학자였다. 그는 「중심의 계산(*Der barycentrischer Calcül*, 1827)」에서 처음으로 동차좌표를 도입했다. 뫼비우스는 고정된 삼각형의 꼭지점에 질량 m_1, m_2, m_3가 놓여 있을 때 이 질량의 무게중심에 좌표 $m_1 : m_2 : m_3$를 주고, 이 좌표가 평면의 사영적, 아핀적 성질을 기술하는 데 어떻게 적합한지를 보였다. 이때부터 동차좌표는 사영기하학을 대수적으로 처리하는 도구로 인정받게 되었다. 뫼비우스는 동시대의 슈타우트와 별반 다르지 않게 혼자서 연구하며 많은 다른 흥미 있는 발견을 했다. 직선 합동 이론에서의 영 체계(null system)는 그 한 예인데, 뫼비우스는 그것을 정역학 교과서에 소개했다.(1837) 방향을 줄 수 없는 곡면의 첫 번째 예인 뫼비우스의 띠(1865년에 간행)는 뫼비우스가 현대 과학인 위상기하학의 창립자 중의 한 명이라는 것을 상기시켜 준다.[6)]

플뤼커는 본에서 수년 간 강의하였는데 그는 기하학자일 뿐 아니라 실험물리학자이기도 하다. 그는 결정 자기학, 가스에서의 전기 유도, 분광학에서 일련의 발견을 했다. 플뤼커는 많은 논문과 책 특히 「새로운 기하 공간(*Neue Geometrie des Raumes*, 1868－69)」에서 풍부하고 새로운 아이디어를 이용하여 해석기하학을 재구성했다. 플뤼커는 예를 들어 원뿔곡선의 속(pencil)을 $C_1 + \lambda C_2 = 0$로 나타내어 축약된 표기법의 위력을 보여주었다. 플뤼커는 이 책에서 기본적인 4면체에 기초한 '사영' 좌표로 알려진 동차좌표와, 기하학은 기본 요소로서 점에만 기초할 필요가 없다는 기본 원리를 도입했다. 직선, 평면, 원, 구 모두 기하학이 기초할 수 있는 요소로 사용될 수 있다. 이러한 개념화는 종합기하학과 대수기하학 모두에 새로운 빛을 던져주었으며 새로운 형태의 쌍대성을 창출했다. 특별한 형태의 기하학의 차원의 수는 이제 어떠한 양의 정수도 될 수 있으며, 그것은 '원소'를 정의하는 데 필요한 매개변수의 수에 의존한다. 플뤼커는 또한 평면에서의 대수곡선에 관한 일반 이론을 발표하였는데 여기서 그는 특이점의 수 사이의 '플뤼커 관계'를 유도했다.(1834, 1839)

프랑스에서 수년 간 기하학의 대표적 지도자였던 샤슬르는 몽주의 말기에 에꼴 폴리테크닉의 학생이었으며 1814년 이 곳의 교수가 되었다. 샤슬르는 1846년에 소르본에서

---

6) 리스팅(B. Listing)도 괴팅겐에서 뫼비우스의 띠를 발견하고 1861년에 출판했다. 뫼비우스와 리스팅은 모두 그것을 1858년에 발견했다.

그를 위해 특별히 만들어진 고급 기하학의 의장직을 맡게 되었으며 거기서 수년 동안 강의했다. 샤슬르의 연구는 플뤼커의 연구와 공통적인 부분이 많았는데 방정식으로부터 기하학적 정보를 최대한 얻어내는 능력에서 특히 그렇다. 그런 능력 때문에 그는 등방직선(isotropic line)과 무한원점을 능숙하게 다룰 수 있었다. 샤슬르는 퐁슬레처럼 '열거식' 방법을 사용하였는데 열거식 기하학이라는 새로운 기하학의 한 부류를 개발했다. 이 영역은 후에 슈베르트(Hermann Schubert)와 조이텐(H. G. Zeuthen)에 의해 연구되었다. 이 연구를 통해 기하학적 언어에서의 이런 유형의 대수의 장단점이 드러났다. 그 최초의 성공에 대하여 스터디(E. Study)는 "기하학에서의 정확성은 늘 우연한 것으로 취급될 수는 없다"고 강조했다.

샤슬르는 수학사 특히, 기하학의 역사에 무척 조예가 깊었다. 그의 잘 알려진 「기하학 방법의 기원과 발달에 관한 역사적 고찰(*Aperçu historique sur l'origine et le développement des méthodes en géométrie*, 1837)」은 현대적인 수학사의 시작이다. 그것은 그리스와 현대 기하학에 관해 쉽게 읽을 수 있는 교재이며 생산적인 과학자들에 의해 쓰여진 수학사의 좋은 예이기도 하다.[7)]

18

새로운 사영기하학과 대수기하학에서 많은 결과가 산출되고 있는 동안, 이와는 다른 새롭고 더욱 혁명적인 유형의 기하학이 무명의 출판물에 감추어져 있었는데, 선도적인 대부분의 수학자들이 그것을 폐기하고 있었다. 유클리드의 평행선 공리가 독립된 공리인지 아니면 다른 공리로부터 유도될 수 있는 것인지의 문제는 수학자들을 2천년 동안 괴롭혀 왔다. 고대에는 톨레미가, 중세에는 나시르 알딘이, 그리고 18세기에는 람베르트와 르장드르가 답을 알아내려고 노력했다. 이 모든 사람들이 공리를 증명하려고 하였지만 연구 과정에서 흥미 있는 어떤 결과를 얻기는 했어도 결국 실패했다.[8)] 가우스는 평행선 공준의 독립성을 믿은 최초의 사람이었다. 공준의 독립성은 다른 공리를 선택하여 얻어진 다른 기하학이 논리적으로 가능하다는 것을 의미한다. 가우

---

7) 샤슬르는 문서 위조꾼의 희생양으로도 유명한데, 위조꾼은 그에게 1861년부터 1870년 사이에 파스칼이 쓴 편지에서 플라톤이 쓴 편지까지 수천 개의 가짜 문서를 팔았다.

8) 당시에 버클리의 시각 이론을 비판한 스코틀랜드 철학자 레이드가 비유클리드 기하학의 개요서인 『인간 사고의 탐구』(*An Inquiry into the Human Mind* 1764)를 출판하였는데, 그것이 인정받지 못한 것은 이상한 사실이다.

스는 이러한 생각을 전혀 출판하지 않았다. 공개적으로 2천년의 권위에 도전하여 비유클리드 기하학을 구성한 최초의 사람은 러시아의 로바체프스키(Nikolai Lobačevskiĭ)와 헝가리의 야노스 볼리아이였다. 자신의 생각을 출판한 최초의 사람은 로바체프스키인데 그는 카잔의 교수였고 1826년에 유클리드 평행선 공리에 대해 강의했다. 그의 첫 번째 책은 1829－1830년에 러시아어로 출판되었는데 거들떠보는 사람이 거의 없었다. 「평행 이론에 관한 기하학적 연구(*Geometrische Untersuchungen zur Theorie der Parallellinien*)」라는 제목의 독일어판도 가우스가 관심을 보였을 뿐 거의 주목을 받지 못했다. 그러나 그 때 볼리아이는 그 주제에 관한 그의 아이디어를 벌써 출간했다.

야노스 볼리아이(János Bolyai)는 헝가리의 변두리 지역의 수학 교사의 아들이었다. 그의 아버지 볼프강 볼리아이는 가우스가 학창 시절을 보낸 괴팅겐에서 공부했었다. 이 두 부자는 서신 교환을 했다. 아버지는 유클리드의 제 5 공준을 증명하는 데 많은 시간을 허비했지만 명확한 결론을 얻지는 못했다. 그의 아들은 아버지의 열정을 이어받아 아버지가 다른 것을 하라는 요구에도 불구하고 그 증명을 찾는 일에 착수했다.

> 너는 이 일을 추잡한 육체 관계만큼이나 싫어해야 한다. 그것은 너의 여가 시간, 건강, 휴식, 그리고 삶의 모든 행복을 빼앗아갈 것이다. 이 깊은 어둠은 천 명의 위대한 뉴턴을 삼켜버리고 결코 지구에 빛을 주지 않을 것이다.(1820년의 편지)

아들 볼리아이는 군대에 들어가서 용감한 장교로서 명성을 쌓았다. 그는 유클리드의 공준을 독립적인 공리로 인정하여, 평면에서 한 점을 지나서 평면에 있는 한 직선과 만나지 않는 무한히 많은 직선이 있을 수 있다는, 다른 공리에 기초하여 기하학을 구성할

슈타이너(1796－1863)

케일리(1821－1895)

로바체프스키(1793－1856)

수 있음을 발견했다. 이러한 생각은 이미 가우스나 로바체프스키가 생각했었던 것과 같은 것이다. 볼리아이는 1832년에 그의 아버지의 책의 부록에 *Appendix scientiam spatii absolute veram exhibens*[9])라는 제목으로 그의 생각을 출판했다. 걱정이 된 아버지는 아들의 이단적인 견해에 대해 가우스에게 충고를 요구하는 서신을 보냈다. 괴팅겐에서 온 회답에는 그의 아들의 연구에 대한 열렬한 찬성의 내용과 함께 '부록'의 생각은 자신도 오랫동안 가지고 있었던 것이기 때문에 볼리아이를 칭찬할 수는 없다는 소견이 들어 있었다.

젊은 볼리아이는 그를 위대한 과학자의 반열로 격상시켰지만 그의 우선권을 강탈한 이 승인 편지에 매우 실망했다. 볼리아이는 허수의 기하학적 표현 등 수학 분야에서 계속 글을 썼지만 인정을 받지 못하면서 실망이 더해만 갔다. 볼리아이는 1840년에 독일어 번역물을 통하여 로바체프스키의 저서를 알게 되었을 때 깊이 감동받았지만 1860년에 죽을 때까지 은둔 생활을 계속했다.

볼리아이와 로바체프스키의 논문은 매우 달랐지만 이론은 원리상 유사했다. 새로운 아이디어가 어떻게 2천 여 년의 잠복기간 이후 같은 시기에 괴팅겐과 부다페스트, 카잔에서 독립적으로 분출되었는지는 주목할 만한 일이다. 또한 그 아이디어가 어떻게 수학 연구 세계의 지리학적인 범위 밖에서 부분적으로 완성되었는지가 주목할 만하다. 때때로 위대한 새로운 아이디어는 학계 내부가 아닌 외부에서 탄생된다. 그렇지만 괴팅겐에 있는 가우스는 아버지 볼리아이의 학교 친구이며 카잔에 있는 로바체프스키의 선생은 가우스의 선생인 바텔스(J. M. Bartels)라는 관련이 있다.

(가우스가 명명한) 비유클리드 기하학은 수십 년 동안 수학의 밝혀지지 않은 분야로 남아있었다. 널리 인정된 칸트 철학이 비유클리드 기하학을 진지하게 받아들이지 않았기 때문에 대부분의 수학자들이 그것을 무시했다. 비유클리드 기하학의 중요성을 이해한 최초의 선도적 수학자는 리만이었는데, 그의 다양체의 일반 이론은 기존의 비유클리드 기하학뿐만 아니라 많은 다른, 소위 리만 기하학에도 적용되었다. 그러나 리만 이후 세대가 리만 이론의 의미를 이해하기 시작했을 때에야(1870년과 그 이후) 비유클리드 기하학이 충분히 인정받게 되었다.

리만 이전 시대에 생겨났지만 그가 죽은 후에야 비로소 제대로 이해된 고전 기하학의

---

9) G. B. Halsted가 "절대 공간의 과학"(*The Science of Absolute Space*)이라는 이름으로 번역하였고, 볼로냐에서 『비유클리드 기하학』(*Non −Euclidean Geometry*)로 재인쇄되었다.

또 다른 일반화가 있다. 이것은 3차원 이상의 기하학이었다. 그것은 1884년 그라스만(Hermann Grassmann)의 「**확장 이론**(*Ausdehnungslehre*)」의 세계로 만개되었다. 그라스만은 슈테틴의 김나지움 교사였는데 비범하고 다재다능한 사람이었다. 그는 전류, 색깔과 음향학, 언어학, 식물학, 민속학과 같은 다양한 주제에 관해 글을 썼다. 그의 **리그베다**의 산스크리트 사전은 아직도 사용된다. 「**확장 이론**」은 1861년에 개정되고 좀 더 읽기 쉽게 수정되어 출판되었는데 엄밀하게 유클리드 형식으로 쓰여졌다. 그것은 n차원 공간에서 기하학을 세우는 것인데, 처음에는 아핀 공간에서 다음에는 거리 공간(metric space)에서 만들었다. 그라스만은 불변 기호를 사용하였는데, 현재의 우리는 거기서 벡터와 텐서 표기법을 보게 되지만 그 때문에 그 당시의 사람들은 그의 연구를 거의 이해하지 못했다. 후대 사람들은 아핀 공간과 거리 공간에 대한 벡터 해석학을 확립하기 위해 그라스만의 구조를 일부 사용했다.

1843에 케일리(Caley)가 n차원 공간이라는 같은 개념을 보다 접근 가능한 형태로 도입했지만 사람들은 3차원 이상의 기하학을 불신하고 의심했다. 1854년의 리만의 제안은 이를 더 쉽게 이해할 수 있게 했다. 공간의 요소가 점이어야 할 필요는 없다는 플뤼커의 아이디어가 리만의 아이디어에 추가되어 3차원에서의 직선의 기하학은 4차원 기하학으로, 그리고 클라인이 강조한 것처럼 5차원 공간 안에서 4차원 쿼드릭(quadric)의 기하학으로서 간주될 수 있었다. 3차원 이상의 기하학을 완전히 인정하게 된 것은 19 세기 후반에서야 가능하게 되었는데, 주로 세 개 이상의 변수를 가지는 대수적 형식과 미분적 형식의 이론을 해석하는 데 기하학을 사용하게 되면서이다.

19 1840년경에 이르러 해밀턴과 케일리의 등장으로 영어권 수학자들이 대륙 수학자들을 따라잡기 시작했다. 19 세기에 접어들 때까지 케임브리지와 옥스퍼드의 교수들은 유율론의 개선에 대한 어떤 시도도 뉴턴의 신성한 명성에 대항하는 사악한 반란으로 간주했다. 그 결과 영국의 뉴턴 학파와 대륙의 라이프니츠 학파는, 오일러가 그의 미적분학(1768)에서 표현의 두 가지 방법의 결합은 무용하다고 생각했을 정도로, 서로 소원했다. 이러한 금기는 1812년에 우드하우스(Robert Woodhouse)의 격려하에 미분 표기법을 보급시키기 위해서 해석학 학회를 결성한 케임브리지의 젊은 수학

자들 집단에 의해 깨어졌다. 그 집단의 지도자는 피콕(George Peacock), 배비지(Charles Babbage), 허셜(John Herschel)이었다. 배비지에 따르면 그들은 "대학의 점(dot) 시대에 반대한 순수 d－주의의 원리"를 주창하려고 노력했다. 이 운동은 처음에 맹렬한 비판을 받았는데, 1816년에 라크로아의 「미분과 적분의 기초 이론(*Traité élémentaire de calcul différentiel et de calcul intégral*, 2nd ed., 1806)」의 영어 번역 출판과 같은 활동에 의해 극복되었다. 이제 영국의 신세대들이 현대 수학에 참가하기 시작했다.

그러나 최초로 중요한 공헌을 한 것은 케임브리지 집단이 아니라, 독립적으로 대륙 수학을 연구한 수학자들이었다. 이런 수학자 중 가장 중요한 사람이 해밀턴과 그린이었다. 이 두 사람과 뉴잉글랜드에 있는 보디치에게서 '순수한 d－주의'를 연구하려는 영감이 라플라스의 「천체 역학(*Mécanique céleste*)」의 연구에서 비롯되었다는 것을 주목하는 것은 흥미롭다. 노팅검의 방앗간집 아들인 그린은 독학하였으며 전기학에 커다란 관심을 가지고 새로운 발견을 했다. 당시(1825)에 전기 현상을 설명하기 위한 수학적인 이론은 거의 없었다. 1812년의 푸아송은 시작에 불과했다. 그린은 라플라스를 읽고 다음과 같이 말했다.

> 전기와 같은 보편적인 매개체의 힘을 가능한 한 계산할 수 있다는 것이 얼마나 바람직한 일인지를 생각했을 때, 그리고 어떤 체계의 여러 부분을 작동시키는 각각의 요인을 특별하게 조사하지 않고서도 그들 모두가 의존하는 미분에 대한 특별한 함수에만 주의를 집중하여 많은 어려운 문제를 해결했을 때 얻게 되는 장점을 고려할 때, 나는 이 함수와 전기를 생산하는 부분에서의 전기 양 사이에 존재하는 일반적인 관계를 발견할 수 있는지를 알아보고 싶었다.

그 결과는 전자기학의 수학적 이론에 대한 첫 번째 시도인 그린의 「전기와 자기의 이론에 대한 수학적 분석의 적용에 관한 소론(*Essay on the Application of Mathematical Analysis to Theories of Electricity and Magnetism*, 1828)」이다. 그것은 영국에서의 현대 수리물리학의 시작이며, 1839년 가우스의 논문과 함께 수학의 독립적인 분야로서의 퍼텐셜 이론을 확립했다. 가우스는 그린의 논문을 알지 못했는데, 그 논문은 톰슨(William Thomson)이 1846년에 크렐레의 **잡지**에서 다시 인쇄했을 때에야 널리 알려졌다. 그러나 가우스와 그린은 매우 유사해서 그린이 '퍼텐셜 함수'라는 용어를 사용한 곳에서 가우스는 라플라스의 방정식의 해결을 위해 거의 같은 용어인 '퍼텐셜'을 사용했다. 직선과 곡면 적분을 연결하는 두 개의 밀접히 관련된 항등식을 '그린의 공식'과 '가우스의 공식'으로 부른다. 편미분방정식의 해결에서의 '그린 함수'라는 용어는 또한 여가 시간에 라플라스를 공부했던 제분업자의 아들의 명예를 기리고 있다.

우리는 영국과 독일에서 수리물리학의 계속적인 발전에 대해 약술하지는 않을 것이다. 스토크스, 레일리, 켈빈, 맥스웰, 키르히호프, 헬름홀츠, 깁스 등 많은 사람들이 수리물리학의 발달에 관련되어 있다. 이 사람들은 수학 물리학과 2차 선형 편미분방정식의 이론이 때로는 동일한 것처럼 보이기도 할 정도로 편미분방정식의 해결에 공헌했다. 그러나 수리 물리학은 기하학은 물론 확률과 복소함수 이론과 같은 수학의 다른 분야에 풍부한 아이디어를 제공했다. 맥스웰의 「전기와 자기에 대한 논문(*Treatise on Electricity and Magnetism*, 2 vols., 1873)」은 특히 중요한데, 그것은 페러데이의 실험에 기초한 전자기학의 이론을 체계적이고 수학적으로 설명한 것이다. 맥스웰의 이 이론은 결국 수리전기학을 지배하였고 후에 전자에 관한 로렌츠의 이론과 상대성에 관한 아인슈타인의 이론에 시사점을 주었다.

20 영국의 19세기 순수 수학은 첫째가 대수인데, 주로 기하에 적용하였으며 이 분야에 세 명의 수학자 케일리, 실베스터, 샐먼이 선도적이었다. 케일리는 법을 연구하고 변호사 개업을 했었는데 1863년에 케임브리지 대학의 교수가 되어 30년 동안 강의했다. 케일리는 런던에서 변호사 개업을 하고 있던 40대에 보험 계리사였던 실베스터를 만나게 되었고 그 때부터 형식의 대수(algebra of forms), 즉 케일리가 동차 다항식이라고 부르는 것에 대한 두 사람의 공통 관심이 시작되었다. 이들의 공동 연구는 대수적 불변량 이론의 시작을 의미했다.

이 이론은 수년 동안, 특히 행렬식이 연구의 주제가 되기 시작한 후 그 분위기가 형성되어 있었다. 케일리와 실베스터의 초기 연구는 단순한 행렬식을 능가했다. 그것은 대수적 형식의 불변량에 대한 체계적인 이론을 찾고 그 자체의 기호 체계와 합성 규칙으로 완성하려는 의식적인 시도이다. 이 이론은 나중에 독일의 아론홀트와 클레브쉬에 의해 개선되었으며 퐁슬레의 사영기하학의 대수학적인 상대가 되었다. 케일리의 풍부한 연구는 유한군, 대수학적 곡선, 행렬식, 대수적 형식의 불변량 등의 분야에서 아주 다양한 주제를 망라하고 있다. 케일리의 「동차다항식에 대한 논문집(*Memoirs on Quantics*, 1854－1878)」 9권은 가장 잘 알려져 있다. 이 시리즈의 여섯 번째 논문(1859)에는 원뿔곡선에 관한 거리(metric)의 사영적 정의가 포함되어 있다. 이 정의로 인해 케일리는 유클리드적 거리를 사영적으로 정의할 수 있게 되고 이런 식으로 사영기하학의 틀 내에서의 위치를 거리 기하학에 부여할 수 있게 되었다. 케일리는 이러한 사영적 거리와 비유클리드 기하학의 관계를 간파하지 못했으며 나중에 클라인이 이것을 발견했다.

실베스터는 수학자이며 시인이고 재담꾼이었다. 라이프니츠와 함께 수학의 전체 역사에서 새로운 용어의 위대한 창조자이기도 했다. 1855년부터 1869년까지 그는 울리치 군사학교에서 강의했다. 그는 미국에 두 번 있었는데 첫 번째는 버지니아 대학의 교수로서였고(1841 – 42), 두 번째는 볼티모어에 있는 존스홉킨스 대학에서의 교수로서였다.(1877 – 83) 두 번째 기간 중에 그는 미국 대학에서 수학의 대학원 과정을 확립한 최초의 사람이다. 실베스터의 가르침과 함께 수학은 미국에서 융성해지기 시작했다.

대수학에 대한 실베스터의 많은 공헌 중 두 가지, 즉 초등 약수 이론(1851, 1868년에 바이어슈트라스가 재발견함)과 2차 형식의 관성의 법칙(1852, 야코비와 리만이 먼저 알고 있었지만 출판되지는 않음)은 이제 고전이 되었다. 지금 일반적으로 받아들여지고 있는 불변량, 공변(covariant), 반변(contravariant), 코그리디언트(cogredient), 연접(syzygy)과 같은 많은 용어는 실베스터의 덕분이다.

영국의 세 번째 대수학자 겸 기하학자는 샐먼(George Salmon)이다. 그는 긴 생애 동안 트리니티 대학, 더블린, 해밀턴의 모교와 관계하여 수학과 신학을 가르쳤다. 샐먼의 가치는 명쾌함과 매력이 빼어난 그의 유명한 교재에서 발견할 수 있다. 「원뿔곡선(*Conic Sections*, 1848)」, 「고차 평면 곡선(*Higher Plane Curves*, 1852)」, 「현대 고등 대수(*Modern Higher Algebra,* 1859)」, 「삼차원 해석기하(*Analytic Geometry of Three*

실베스터(1814–1897)

해밀턴(1805–1865)

Dimensions, 1862)」 등인데, 이 책들은 많은 나라에서 여러 세대의 학생들에게 해석기하학과 불변량 이론으로의 길을 열어 주었으며 지금도 그것을 능가하는 교재는 거의 없다. 기하학을 공부하는 모든 학생들에게 아직도 이 책이 추천된다.

21 영국에서 대수학의 두 가지 업적인 해밀턴의 4원수(quaternion)와 클리퍼드의 쌍4원수(biquaternion)는 우리가 특별히 주목할 만하다. 아일랜드의 왕립 천문학자인 해밀턴은 역학과 광학 연구를 마친 다음 1835년에 대수학으로 연구 분야를 바꾸었다. 그는 「대수적 쌍의 이론(*Theory of Algebraic Couples*, 1835)」에서 대수를 순수 시간의 과학으로 정의하고 복소수를 수의 쌍으로 개념화하여 엄밀한 복소수의 대수를 만들었다. 가우스는 4차 잉여 이론(1831)에서 엄밀한 복소수의 대수를 만들면서 복소평면기하에 기초하였는데, 그것과 이것은 아마도 독립된 것일 것이다. 두 가지의 개념화는 지금 똑같이 수용된다. 이어서 해밀턴은 3중의 수, 4중의 수 등의 대수를 이해하려고 시도하다가 1843년 10월의 어느 날 더블린 다리를 걸으면서 4원수를 발견하게 되었다. 4원수에 관한 그의 연구는 두 권의 큰 책 「4원수 강의(*Lectures on Quatermions*, 1853)」와 사후의 「4원수 원론(*Element of Quaternions*, 1866)」으로 출판되었다. 이 4원수의 계산에서 가장 잘 알려진 부분은 벡터 이론인데(그 이름은 해밀턴에 기인한다), 그것은 또한 그라스만의 확장 이론의 일부이다. 해밀턴과 그라스만의 대수적 연구가 지금 자주 인용되는 것은 바로 이러한 사실 때문이다. 그러나 해밀턴 시대에 그리고 그 후 오랫동안 4원수 자체는 과장된 동경의 주제였다. 어떤 영국 수학자들은 4원수의 계산에서 일종의 라이프니츠식 보편 산술을 발견했는데, 그것은 물론 4원수가 많은 영광을 잃게 되는 반작용을 일으킨다. 퍼스, 스터디, 프로베니우스, 카르탕 등이 고안해 낸 다원수(hypercomplex number)로 인해 4원수는 두 개 이상의 단위를 가진 가장 단순한 결합적인 수체계로서의 정당한 지위를 갖게 되었다. 4원수의 전성기에는 4원수와 수학의 유사체계의 연구를 장려하는 국제 협회도 결성되었는데 1차 세계대전의 희생양으로 사라졌다. 4원수 논쟁의 또 다른 국면은 미국의 깁스와 영국의 헤비사이드의 노력으로 벡터해석학이 수학의 독립 분야로 발전했을 때 일어난 해밀턴파와 그라스만파의 싸움이었다. 1890년에서부터 1차 세계대전까지 이러한 논쟁이 벌어졌는데 자신의 연산 분야에서 각

각의 방법의 장점이 확립된 군론의 적용으로 마침내 해소되었다.

1879년 33세의 나이로 죽은 클리퍼드(William Kingdon Clifford)는 케임브리지의 트리니티 대학과 런던 대학에서 강의했다. 그는 리만을 이해한 최초의 영국 사람이었고 공간 개념의 기원에 대해 그와 깊은 관심을 가졌다. 그는 해밀턴의 4원수를 쌍4원수라 불리는 것으로 일반화하기 위해서 운동 기하학을 개발했다.(1873－76) 이것은 복소수 $a+b\epsilon$(ϵ^2은 1, －1, 0일 수 있다)의 체계에서 얻어지는 계수를 가지는 4원수이며, 비유클리드 공간에서 운동의 연구에 이용될 수 있다. 클리퍼드의 「정밀과학의 상식(*Common Sense of the Exact Sciences*)」은 아직도 읽어볼 만한 책이다. 이 책을 보면 클리퍼드가 클라인과 유사한 생각을 갖고 있음을 알게 된다. 이러한 유사점은 비유클리드 기하에서 어떤 닫힌 유클리드적 다양체에 대하여 '클리퍼드－클라인의 공간'이라는 용어를 사용하는 데서도 드러난다. 만약 클리퍼드가 살아있다면 리만의 아이디어는 실제보다 한 세대 먼저 영국 수학자들에게 영향을 미쳤을 것이다.

수십 년 동안 영어권 국가에서의 순수 수학은 형식적인 대수학을 매우 강조해 왔다. 보디치의 제자인 하버드 대학의 퍼스의 연구는 형식적인 대수학에 영향을 받았다. 그는 천체의 역학에서 뛰어난 연구를 하고 1870년에 「선형 결합 대수(*Linear Associative Algebras*)」를 출판하였는데 그 책은 다원수에 대한 최초의 체계적인 연구이다.[10)] 영국 수학 중에서 가장 형식적인 경향은 더블린에 있는 그린 대학의 불(George Boole)이 쓴 「사고 법칙의 연구(*An Investigation of the Laws of Thought*, 1854)」에서 드러날 것이다. 아리스토텔레스에 의해 규정되고 대학에서 수 세기 동안 가르쳤던 형식 논리의 법칙이 어떻게 계산의 주제로 바뀔 수 있는지를 여기서 볼 수 있다. 그것은 라이프니츠의 일반특성(characteristica generalis)이라는 아이디어와 일치하는 원리를 확립했다.

불은 드 모르간의 기호 논리학 연구에 영향을 받았는데, 드 모르간은 1826년부터 1866년까지 런던 대학의 교수이며 명제 논리의 형식을 처음으로 제시했다. 드 모르간은 영국 수학에 상당한 영향을 미쳤다. 드 모르간이 죽은 뒤에 출판된 「역설 모음집」(*Budget of Paradoxes*, 1972)을 보면 재치가 있음도 알 수 있다.

'논리 대수학'은 논리와 수학을 통합하려는 사고 학파를 만들었다. 그것은 논리로부터 산술 개념을 유도하는 것을 보여주는 프레게(Gottlob Frege)의 「산술의 기초(*Die*

10) 벤저민의 아들인 찰스 산더스 퍼스는 그의 아버지처럼 유능한 응용 수학자임은 물론 최근에야 널리 인정을 받고 있는 수리철학의 중요한 기여자이다.

Grundlagen der Arithmetik, 1884)」에서 자극을 받았다. 이러한 연구는 20세기에 러셀과 화이트헤드의 「수학의 원리(*Principia Mathematica*, 1910~13)」에서 절정을 이루었다. 그들은 또한 후에 산술의 기초를 세우고 무한의 역설을 제거하려 한 힐베르트의 연구에 영향을 주었다.

22 케일리와 실베스터의 불변량 이론에 관한 논문은 독일에서 가장 주목을 받았고 여러 수학자들이 그 이론을 완전한 알고리즘에 기초한 과학으로 발전시켰다. 주요 인물로는 헤세, 아론홀트, 클레브쉬, 고르단 등이 있다. 헤세는 쾨니스베르크의 교수였으며 나중에 하이델베르크에서 교수를 역임하였는데 플뤼커처럼 해석기하학에서 축약된 방법의 힘을 보여주었다. 헤세는 동차좌표와 행렬식을 이용하여 추론하는 것을 좋아했다. 아론홀트는 1858년 논문에서 소위 이데알 인수(쿠머의 것과는 아무 관련이 없다)를 이용하여 불변량 이론에서 일관성 있는 기호 체계를 개발했다. 클레브쉬가 1861년에 이 기호 체계를 더욱 발전시켜서, '클레브쉬－아론홀트' 기호 체계는 대수적 불변량의 체계적 연구에서 거의 보편적으로 인정되는 방법이 되었다. 우리는 지금 해밀턴 벡터와 이 기호 체계에서 그라스만의 빈틈 곱(gap product), 깁스의 다이아딕(dyadic), 텐서의 특별한 측면을 보게 된다. 이 불변량 이론은 나중에 에르랑겐 대학의 고르단에 의해 더욱 발전되었다. 그는 모든 다른 유리 불변량과 공변량이 유리 형식에서 표현될 수 있는 유리 불변량과 공변량의 유한 체계는 모든 이진 형식에 속한다는 것을 증명했다. 이 고르단 정리는 1890년에 힐베르트에 의해 n개 변수의 대수 형식으로 확장되었다.

클래브쉬는 카를스루에, 기센, 괴팅겐의 교수였고 39세에 죽었다. 그는 프랑스의 라메(Lamé)와 생브낭(Saint－Venant)의 지도를 받아 탄성에 관한 책을 출판했다(1862), 클래브쉬는 불변량 이론을 사영기하학에 적용했다. 클레브쉬는 최초로 리만을 이해한 사람들 중의 하나였고, 리만의 함수 이론과 다중연결곡면 이론이 실대수곡선에 적용된 대수기하학 분야의 창시자이다. 클레브쉬는 또 「수학연보(*Mathematsche Annalen*)」을 창간하였는데, 60년 이상이나 수학 잡지를 주도했다. 그의 기하학 강의(1876－77)는 제자인 린데만에 의해 출판되었는데 사영기하학의 표준 교재로 남아 있다.

23 1870년까지 수학은 거대하고 까다로운 구조로 성장했으며 전문가만이 그 방법을 알 수 있는 많은 분야로 분리되었다. 에르미트, 바이어슈트라스, 케일리, 벨트라미와 같은 위대한 수학자들도 이 많은 분야 중의 몇 분야에만 정통했다. 이러한 전문화는 현재까지 계속 발달했다. 그러한 분화가 전혀 멈추지 않는 데 대한 반발로 수학의 다른 영역을 종합하려는 연구가 있었는데, 최근 100년간의 가장 중요한 성취의 일부는 이와 같이 종합화하려는 연구의 결과이다.

18세기에 라그랑주와 라플라스의 역학에 관한 연구에서 그러한 종합이 실현되었었다. 그들은 다양한 특성의 아주 강력한 연구를 위한 기반을 남겼다. 19세기는 이 새로운 통합 원리에 군론과 리만의 함수와 공간에 대한 개념이 추가되었다. 그 의미는 클라인, 리, 푸앵카레의 연구에서 가장 잘 이해될 수 있다.

클라인은 1860년대 후반에 본에서 플뤼커의 조교로 있으면서 기하학을 배웠다. 클라인은 22세 되던 1870년에 파리를 방문했다. 여기서 그는 그보다 여섯 살 위이고 얼마 전에야 수학에 관심을 갖게 된 노르웨이 사람 리(Sophus Lie)를 만났다. 그들은 프랑스 수학자, 그 중에서도 에꼴 폴리테크닉의 조르당(Camille Jordan)을 만났으며 프랑스 수학자들의 연구를 공부했다. 조르당은 1870년에 치환군과 갈루아의 방정식 이론에 관한 책 「대입론(*Traité des substitutions*)」을 저술했다. 클라인과 리는 군론이 매우 중요하다는 점을 이해하기 시작했고 수학의 분야를 두 부분으로 분리했다. 대략적으로 클라인은 이산 군에, 리는 연속 군에 집중했다.

1872년에 클라인은 에를랑겐의 교수가 되었다. 그는 취임 연설에서 군 개념이 수학의 다른 분야를 분류하기 위해 중요하다는 점을 설명했다. 클라인은 '에를랑겐 프로그램'(Erlangen program)으로 알려진 연설에서 모든 기하학은 특별한 변환군의 불변량 이론임을 선언하였다. 군을 확장하거나 축소함으로써 한 유형의 기하학이 다른 유형의 기하학으로 바뀔 수 있다. 유클리드 기하학은 거리군의 불변량을 연구하는 학문이며, 사영기하학은 사영군의 불변량을 연구하는 학문이다. 변환군을 분류하는 것은 기하학을 분류하는 것을 의미한다. 개개의 군의 대수적이고 미분적인 불변량의 이론은 기하학의 해석적 구조를 제공한다. 케일리의 거리에 대한 사영적 정의는 사영기하학의 틀 안에서 거리기하학을 생각할 수 있게 한다. 평면에서의 사영기하학에 불변적 원뿔곡선을 '첨가'하면 비유클리드 기하가 된다. 우리가 비교적 잘 모르는 위상기하학도 연속적으로 점을 변환할 때의 불변량 이론으로 적절히 자리매김된다.

그 전 해에 클라인은 비유클리드 기하학이 어떻게 케일리 거리를 가지는 사영기하학으로 이해될 수 있는지를 보일 때 가졌던 사고 양식의 중요한 예를 보여주었다. 이로 인해, 무시되었던 볼리아이와 로바체프스키의 이론이 마침내 충분히 이해되게 되었다. 그들의 논리적 일관성이 이제 확립되었다. 만일 비유클리드 기하학에 논리적인 오류가 있었다면 사영기하학에서 그 오류가 발견될 수 있었을 것이고, 그러한 이단을 받아들이려는 수학자는 거의 없을 것이다. 수학의 한 분야의 다른 분야에서의 '상'(image)이라는 이런 아이디어는 후에 힐베르트의 기하공리계에서 종종 사용되고 중요한 역할을 했다.

군론으로 인해 몽주, 퐁슬레, 가우스, 케일리, 클레브쉬, 그라스만, 리만의 기하학적 연구와 대수적 연구의 종합이 가능해졌다. 에를랑겐 프로그램에서 구체화된 많은 제안들을 제공한 리만의 공간 이론은 클라인뿐만 아니라 헬름홀츠와 리에게 영감을 주었다. 헬름홀츠(1868년에서 1884년에)는 부분적으로는 그의 색 이론의 기하학적 이미지를 찾아보고 부분적으로는 우리의 시각적 측정의 기원을 탐구하면서 리만의 공간 개념을 연구했다. 그렇게 해서 기하학적 공리의 본질과 특히 리만의 2차 측도의 본질을 탐구하게 되었다. 리는 기초가 되는 변환군의 본질을 분석함으로써 리만 측도의 본질에 관한 헬름홀츠의 생각을 개선했다.(1890년) 이 '리 – 헬름홀츠 공간 문제'는 상대성 이론과 군론뿐 아니라 생리학에도 중요하다.

클라인은 「대수적 함수의 리만 이론에 관하여(*Über Riemann's Theorie der algebraischen Funktionen*, 1882)」에서 복소함수에 대한 리만의 개념화를 설명했다. 클라인은 이 책에서 물리적 고찰이 가장 미묘한 유형인 수학에까지 영향을 미칠 수 있다는 점을 강조했다. 그는 「이십면체에 대한 강의(*Vorlesungen über das Ikosaeder*, 1884)」에서 현대 대수학이 고대 플라톤 다면체에 대해 새롭고 놀라운 많은 것을 가르쳐줄 수 있음을 보였다. 이 책은 정다면체의 회전군과 회전군의 대수 방정식에 대한 갈루아군의 관련성에 관한 연구이다. 클라인은 수십 명의 제자와 함께 한 방대한 연구에서 군 개념을 선형미분방정식, 타원모듈라함수, 아벨함수, 새로운 '보형'(automorphic) 함수에 적용하였는데, 마지막 것은 푸앵카레와의 흥미 있고 우호적인 경쟁 관계에 있는 것이다. 가우스, 디리클레, 리만의 전통이 있는 괴팅겐은 클라인의 지도 아래 수학 연구의 세계적인 중심지가 되어 여러 나라의 젊은 남녀들이 수학의 중요한 분야로서의 그 특별한 주제를 연구하기 위해 모여들었다. 클라인은 매우 고무적인 강의를 했는데 그 강의 노트는 등사인쇄물로 유포되었고, 여러 세대의 수학자들에게 전문적인 정보를 특히 수학의 통합에 대한 이해를

클라인(1849–1925)

리(1842–1899)

제공했다. 클라인이 사망한 1925년 이후 강의 노트 중 일부는 책으로 출판되었다.

그 동안 리는 파리에서 접촉변환을 발견하였고, 접촉변환을 이용하여 군론의 일부로서의 해밀턴적 역학 전체에 대한 열쇠를 발견했다. 리는 노르웨이로 돌아와서 크리스티아니아(오늘날의 오슬로) 대학의 교수가 되었고, 1886년부터 1898년까지 라이프치히에서 가르쳤다. 그는 기하학, 역학, 일반적인 미분방정식과 편미분방정식에서 분류 원리로서의 연속변환군과 그 불변량의 중심적인 역할을 입증하기 위해 전 생애를 연속변환군과 그 불변량의 체계적인 연구에 헌신했다. 이러한 연구 결과는 리의 제자인 쉐퍼스(Scheffers)와 엔젤(Engel)의 도움으로 편집되어 몇 권의 책으로 출판되었다. 후에 프랑스 수학자 카르탕(Elie Cartan)의 영향 하에서 리의 연구는 상당히 풍부해졌다.

24 독일에서 수학이 엄청나게 발전하고 있을 때 프랑스에서도 계속하여 모든 방면에서 특출한 수학자가 등장했다. 독일과 프랑스의 수학자, 예를 들면, 에르미트와 바이어슈트라스, 다르부와 클라인, 아다마르와 힐베르트, 탠너리와 칸토어를 비교하는 것은 매우 흥미 있다. 1840년대부터 1860년대까지의 주도적인 수학자는 파리에 있는 프랑스 대학의 교수로서 훌륭한 교육자이자 수년 동안「순수 및 응용 수학 잡지」의 발기인이자 편집자였던 리우빌이었다. 그는 둘 이상의 변수의 2차 형식의 산술 이론

을 체계적인 방식으로 연구했다. 그러나 그는 통계역학에서의 '리우빌 정리'로 인해 완전히 다른 분야에서의 생산적인 연구자로 알려져 있다. 리우빌은 초월수의 존재를 입증하였고 1844년에는 e와 e^2은 유리 계수를 갖는 2차 방정식의 근이 될 수 없음을 증명했다. 이것은 π가 무리수라는 1761년의 람베르트의 증명에서부터 e가 초월수라는 에르미트의 증명(1873), 그리고 π가 초월수라는 린데만의 증명(1882)에 이르는 일련의 논증 과정의 한 단계이다. 리우빌과 몇몇 동료들은 곡선과 곡면의 미분기하학을 발전시켰으며, 프레네－세레의 공식(1847)은 리우빌의 원으로부터 나온 것이다.

소르본 대학과 에꼴 폴리테크닉의 교수인 에르미트(Charles Hermite)는 1857년 코시의 사후 프랑스에서 해석학의 주도적인 대표자가 되었다. 리우빌의 연구도 에르미트의 연구도 가우스와 야코비의 전통을 잇는 것이다. 그것은 또한 리만과 바이어슈트라스의 연구와 유사성을 보인다. 그는 '에르미트 수'와 '에르미트 형식'이라는 이름이 증언하듯이, 타원함수, 모듈러함수, 세타함수, 수와 불변량 이론 모두에 주목했다. 에르미트의 소개로 툴루즈 대학에 자리를 얻었던 네덜란드 수학자 스틸체스와의 우정은 스틸체스에게 스틸체스 적분을 발견하고 모멘트 이론에 연분수를 적용하도록 하는 데 커다란 자극이 되었다. 그들은 서로에게 감사해 했으며 에르미트는 일찍이 그의 친구에게 "당신은 항상 옳고 나는 항상 잘못했다."라는 글을 썼다. 에르미트와 스틸체스 사이의 「서신왕래(*Correspondence*, 1905)」는 주로 복소변수 함수에 관한 풍부한 내용을 담고 있다.

프랑스의 기하학적 전통은 다르부(Gaston Darboux)의 논문과 책에서 훌륭하게 이어지고 있다. 군과 미분방정식에 정통하여 기하 문제를 접근하고 생생한 공간 직관으로 역학의 문제를 연구하는 다르부는 몽주의 의미로 기하학자였다. 다르부는 프랑스 대학의 교수였고 반세기동안 교수에 적극적이었다. 그의 가장 영향력 있는 연구는 「곡면에 관한 일반 이론 강의(*Leçons sur la théorie générale des surfaces* 4권, 1887－96)」인데, 이것은 곡선과 곡면의 미분기하학에 대한 한 세기에 걸린 연구 결과를 수록하고 있다. 미분기하학은 다르부에 의해 역학은 물론 일반 미분방정식과 편미분방정식에 아주 다양한 방법으로 연결되었다. 행정적, 교수학적 재능이 있는 다르부는 해석적 기법을 숙달하고 리만을 이해하고 있기 때문에 프랑스에서 한 영역을 차지하고 있는데, 이것은 독일에서 클라인의 위치와 다소 유사하다.

19세기의 후반부에 프랑스에서 해석학과 그 응용에 관한 훌륭한 교재가 많이 등장했다. 교재는 선도적인 수학자들에 의해 쓰여졌으며 제목은 종종 「해석학 강의(*Cours d'analyse*)」로 정해진다. 가장 유명한 것은 조르당(Camille Jordan)의 「해석학 강의(*Cours d'analyse* 3권, 1882 – 87)」와 피카르(Emile Picard)의 「해석학 이론(*Traité d'analyse* 3권, 1891 – 96)」이며, 구르사(Edourd Goursat)의 「수학적 해석학 강의(*Cours d'analyse mathématique* 2권, 1902 – 05)」도 있다.

25 19세기 후반기의 가장 위대한 프랑스 수학자는 푸앵카레(Henri Poincaré)이다. 그는 1881년부터 1912년 사망할 때까지 파리 소르본 대학의 교수였다. 당시의 어떤 수학자도 그렇게 다양한 범위의 주제들을 다루고 그 모두를 발전시킬 수 없었다. 그는 매년 다른 주제에 대하여 강의했다. 퍼텐셜 이론, 빛, 전기, 열의 전도, 모세관 현상, 전자기학, 유체 역학, 비행 역학, 열역학, 확률 등 여러 분야를 강의했으며, 이 강의는 학생들에 의해 편집되었다. 이 모든 강의는 그 자체로 훌륭했으며, 다른 연구에서 열매를 맺게 된 아이디어, 그리고 좀 더 정교화되어야 할 아이디어를 제공했다. 푸앵카레는 또 몇 편의 인기 있는 연구물을 저술하였는데 거기에서 현대수학의 문제에 대한 일반적인 이해를 제공하려고 시도했다. 「과학의 가치(*La valeur de la science*, 1905)」와 「과학과 가설(*La science et l'hypothèse*, 1906)」 등이 그런 책이다. 이런 강의와 별개로 푸앵카레는 순수 수학과 응용 수학의 모든 관련된 분야에의 완전한 이해와 기법의 숙달이 없이는 다루기 어려운 이른바 보형함수와 푸크스함수, 미분방정식, 위상수학, 수학기초론 등에 관하여 많은 논문을 썼다.

푸앵카레의 업적은 천체 역학에 대한 명상록, 특히 삼체 천체 문제 「천체 역학의 새로운 방법(*Les méthodes nouvelles de mécanique céleste*, 3권, 1893)」을 보면 알 수 있다. 여기서 그는 라플라스와 직접적인 유사점을 보여주었고 19세기 말에도 생산적인 수학자들이 우주에 관련한 고대 역학 문제에 관심을 갖고 있음을 보여주고 있다. 푸앵카레가 발산하는 급수를 연구하고 점근적 전개(asymptotic expansion) 이론을 발전시키며, 적분의 불변량과 궤도의 안정성, 천체의 형 등을 연구한 것은 바로 이 문제와 관련해서이다. 미분방정식의 적분 곡선의 개형뿐만 아니라 특이점 근처에서의 국소적 행동에 관한 그의 중요한 발견은 천체 역학에 관한 그의 연구와 관련이 있다. 이것은 푸앵카레가 라플라스와 관심을 같이 한 다른 분야인 확률의 본질에 관한 그의 연구에서도 역시 참이다.

스틸체스(1856–1894)

푸앵카레(1854–1912)

푸앵카레는 우리가 그에게 어디로 접근하든지 독창성을 발견하게 된다는 점에서 오일러나 가우스와 동일하다. 상대성 이론, 우주 기원론, 확률, 위상 수학과 관련된 현대 이론은 모두 푸앵카레의 연구에서 중대한 영향을 받았다.

26 이탈리아의 국가적 부활인 통일 운동은 또한 이탈리아 수학의 부활을 의미했다. 몇몇 이탈리아 현대수학의 창시자들은 오스트리아로부터 해방되고 통일하려는 투쟁에 참여했다. 그들은 후에 정치적 지위와 전문적 자리를 겸비하게 되었다. 리만의 영향이 컸으며, 클라인, 클레브쉬, 케일리를 통하여 이탈리아 수학자들은 기하학과 불변량 이론에 대한 지식을 얻게 되었다. 그들은 또한 강한 기하학적 매력을 가지는 탄성 이론에 관심을 가지게 되었다.

이탈리아의 새로운 수학 학파의 창시자 중에 브리오슈와 크레모나, 베티가 있다. 브리오슈(Francesco Brioschi)는 1852년에 파비아의 교수가 되었고, 1897년에는 밀라노에서 전문학교를 설립하고 1897년에 사망할 때까지 강의했다. 그는 「순수 및 응용 수학 연보(*Annali di matematica pura ed applicata*, 1858)」를 창간하였는데, 명칭에 나타나 있는 바와 같이 크렐레와 제르곤의 잡지에 필적하려는 의도가 있다. 그는 1858년에 베티, 카소라티와 함께 프랑스와 독일의 뛰어난 수학자들을 방문했다. 나중에 볼테라는 "국가로서의 이탈리아의 과학적 존재"가 이 여행에서부터 시작되었다고 말했다. 브리오슈는 이탈리아에서 대수적 불변량에 대한 케일리 – 클레브쉬 유형의 연구를 대표한다. 크레모나(Luigi Cremona)는 1873년 이후 로마의 공업학교 교장을 지냈는데, 평면과 공간의 쌍유리변환(birational transformation)을 '크레모나 변환'(1863 – 65)이라고 부를 정도로 이 분야를 연구했다. 그는 또한 그래프 정역학을 창시했다.

벨트라미(Eugenio Beltrami)는 브리오슈의 제자이고 볼로냐, 피사, 파비아, 로마에서 교수로 있었다. 기하학에서 주된 연구는 미분 매개변수가 미분 불변량의 계산을 곡면 이론에 도입했을 때인 1860년과 1870년 사이에 이루어졌다. 그 기간 동안에 가우스 곡률이 음의 상수인 곡면, 소위 유사구면 곡면도 연구했다. 그러한 유사곡면 위에서 우리는 볼리아이의 이차원 비유클리드 기하학을 볼 수 있다. 이것은 클라인의 사영적 해석에 의하면 비유클리드 기하학에서 만약 내적 모순이 존재한다면 일상적인 곡면 이론에서도 그런 모순이 나타나야 할 것이기 때문에, 비유클리드 기하학에서 내적 모순이 존재하지 않는다는 것을 보여주는 방법이다.

1870년까지 리만의 아이디어는 젊은 세대 수학자들의 상식이 되어 갔다. 그의 2차 미분형식 이론은 독일 수학자 크리스토펠(E. B. Christoffel)과 리프시츠(R. Lipschitz)가 쓴 두 논문(1870)의 주제가 되었다. 첫 번째 논문에서 '크리스토펠 기호'가 도입되었다. 이러한 연구가 벨트라미의 미분 매개변수 이론과 결합되어, 파두아에 있는 리치(Gregorio Ricci – Curbastro)가 소위 절대미분학을 연구했다.(1884) 이것은 원래 편미분방정식의 변환이론을 다루기 위해 만들어진 새로운 불변적 기호체계였지만, 동시에 2차 미분형식의 변환론에 적합한 기호 체계를 제공한다.

리치와 그의 제자들, 특히 레비 치비타(Tullio Levi – Civita)에 의해서 절대미분학은 우리가 지금 텐서 이론이라고 부르는 것으로 발전했다. 텐서는 많은 불변량 기호 체계를 통합할 수 있고 탄성학, 유체역학, 상대성 이론에서의 일반적인 정리를 다룰 때 효과가 있다. 텐서라는 명칭은 탄성학에 그 기원을 두고 있다.

이탈리아에서 미분기하학의 가장 뛰어난 대표자는 Luigu Bianchi이다. 그의 「미분기하학 강의(*Lezioni di geometria differenziale*, 2판, 3권, 1902 – 09)」는 다르부의 「곡면의 일반 이론(*Théorie générale des surfaces*)」과 함께 19세기 미분기하학의 고전으로서 자리 잡았다.

27 괴팅겐의 교수인 힐베르트는 1900년 파리에서 열린 국제 수학자 회의에서 23개의 연구 계획을 제시했다. 그때 힐베르트는 이미 대수적 형식에 관한 연구에서 인정받고 있으며 기하학의 기초에 관한 책 「기하학의 기초(Grundlagen der Geometrie, 1900)」를 준비하고 있었다. 이 책은 많은 면에서 파쉬(Moritz Pasch)의 선구적 연구, 특히 「새 기하학에 관한 강의(*Vorlesungen über neuere Geometrie*, 1882)」에서 많은 영향을 받았는데 이 책에서 파쉬는 공리적인 사고 양식을 기하학의 기초에 확장시켰고, 여기에 자극받아 프레게는 산술의 기초에 관한 연구를 했다. 힐베르트는 그의 책에서 유클리드 기하학이 기초하고 있는 공리를 분석하고 현대의 공리적 연구가 어떻게 그리스인들의 업적을 개선할 수 있었는지를 설명했다.

힐베르트는 1900년의 연설에서 과거 몇 십 년의 수학 연구 동향을 파악하려 했으며 미래의 생산적인 연구의 개요를 그리려고 했다. 그의 계획을 요약하면 19세기 수학의 의미를 더 잘 이해하게 될 것이다. 그것은 또한 20세기 수학에서 발전되기를 기대하는 것이므로, 다음 장(2절 참조)에서 개요를 소개할 것이다.[11)]

힐베르트의 프로그램은 19세기 말 수학의 활력성을 증명하고 있는 바, 18세기 말까지 존재하였던 비관적 견해와 분명히 대조된다. 현재 힐베르트의 문제 중 일부는 해결되었지만 나머지는 여전히 마지막 해답을 기다리고 있다. 1900년 이후의 수학의 발달은 19세기 말에 나타난 기대를 헛되게 하지 않았다. 그런데 힐베르트의 천재성조차도 실제로 일어났고 오늘날 일어나고 있는 놀라운 발달의 몇 가지는 예견할 수 없었을 것이다. 20세기 수학은 그 자신의 새로운 길을 따라 전성기로 들어섰다.

11) 힐베르트가 약술한 문제에 대한 논의가 30년 후 L. Bieberbach, "Über den Einfluss von Hilberts Pariser Vortrag über 'Mathematische Probleme' auf die Entwicklung der Mathematik in den letzten dreissig Jahren", *Naturwissenschaften*, Vol. 18(1936), pp.1101－11에서 나타난다. 더욱 최근에는 P. S. Alexandrov가 편집한 *Die Hilbertschen Probleme*, Vol. 252 (Leipzig, 1971)가 있다.

참고문헌

Klein, F. *Vorlesungen über die Entwickelung der Mathematik in 19. Jahrhundert Ⅰ, Ⅱ*. Berlin, 1926 - 27.

Sarton, G. *The Study of the History of Mathematics*. Cambridge, Mass., 1936, pp. 70 - 98.

Dunnington, G. W. *Carl Friedrich Gauss: Titan of Science*. New York, 1956.

Gauss, C. F. *Gedenkband anlässlich des 100. Todestages*, ed. H. Reichardt. Leipzig, 1957.

Worbs, E. *Carl Friedrich Gauss: Ein Lebensbild*. Leipzig, 1955.

Quaternion Centenary Celebration. *Proc. Roy. Irish Acad. A*, Vol. 50 (1945), pp.69 - 98. (논문 중에 A. J. McConnell의 "The Dublin Mathematical School in the First Half of the Nineteenth Century."가 포함되어 있다)"A Collection of Papers in Memory of Sir William Rowan Hamilton." *Scripta mathematica Studies*, New York, 1951.

Black, M. *The Nature of Mathematics*. New York, 1934. (기호 논리학에 관한 저서 목록이 포함되어 있다)

Hadamard, J. *The Psychology of Invention in the Mathematical Field*, Princeton, 1945. Dover reprint, 1954.

Prasad, G. *Some Great Mathematicians of the Nineteenth Century: Their Lives and Their Works*. 2 vols., Benares, 1933 - 34.

Coolidge, J. L. "Six Female Mathematicians." *Scripta math.*, Vol. 17 (1951), pp.20 - 31. (Hypatia에 관해서는 M. G. Agnesi, E. du Châtelet, M. Somerville, S. Germain, and S. Kovalevsky 참조.)

Wheeler, L. P. *Josiah Willard Gibbs*. New Haven, 1951.

Kolman, E. *Bernard Bolzano*. Berlin, 1963.

Ore, O. *Niels Henrik Abel. Mathematician Extraordinary*. Minneapolis, 1957.

Infeld, L. *Whom the Gods Love*. New York, 1948. (Galois에 관한 소설.)

Dalmas, A. *Évariste Galois révolutionnaire et géomètre*. Paris, 1956.

Manning, K. "The Emergence of the Weierstrassian Approach to Complex Analysis." *AHES*, Vol. 14 (1975), pp. 297 - 383.

Dugac, P. *Richard Dedekind et les fondements des mathématiques*. Paris, 1976.

_____. "Eléments d'analyse de Karl Weierstrass." *AHES*, Vol. 10 (1973), pp.41 - 176. (Bibliography, pp. 297 - 383.)

I. Grattan - Guinness. *The Development of the Foundation of Mathematics from Euler to Riemann*. Cambridge, Mass., 1970.

Herivel, J. *Joseph Fourier, the Man and the Physicist*. Oxford, 1975. (I. Grattan - Guinness, *Annals of Science*, Vol. 32 [1975]. pp.503 - 14 참조.)

Dauben, J. W. *Georg Cantor, His Mathematics and Philosophy of the Infinite*. Cambridge, Mass., 1979. (P. E. B. Jourdain, *Arch. Math. Phys.*, Vol. 3, pp. 10, 14, 16, 22 참조.)

Morrison, P. and E. *Babbage's Calculating Machine or Differential Engine*. New York, 1965.

Grabiner, J. V. *The Origins of Cauchy's Rigorous Calculus*. Cambridge, Mass., and London, 1981.

[Rüdenberg, L., and Zassenhaus, H., eds.] *Hermann Minkowski: Briefe an David Hilbert*. Berlin, etc., 1973. (힐베르트(Hilbert)가 민코우스키(Minkowski)에게 보낸 편지는 아직 발견되지 않았다)

Reid, C. *Hilbert*. New York, 1970.

Kennedy, H. C. "Karl Marx and the Foundations of the Differential Calculus." *HM*, Vol. 4 (1977), pp. 303 - 18. (*Science and Nature*, Vol. 1 [1978], pp. 59 - 62 참조.)

Bos, H. J. M., and Mehrtens, H. "The Interactions of Mathematics and Society in History. Some Explanatory Remarks." *HM*, Vol. 4 (1977), pp. 7 - 30.

제9장 20세기 전반

01 20세기가 시작되었을 때 수학은 번영 일로에 있었다. 그러나 창조적인 수학은 특정지역의 대부분 전문적인 학자들에 한정되어 있었으며 그것도 거의 예외 없이 유럽의 백인 남성에게 국한되어 있었다. 수학을 주도하는 국가는 여전히 프랑스와 독일이었다. 프랑스에서는 파리가 중심이었고, 독일에서는 이보다는 덜 집중적이긴 하지만 괴팅겐이 중심이었으며 베를린 같은 대학들이 활발하게 활동하였다. 러시아, 대영 제국, 이탈리아, 스위스, 스칸디나비아, 벨기에와 네덜란드에서도 놀랄만한 업적들이 나왔다. 유럽이 수학의 선두 주자이기는 하지만 르네상스 이래로 강세를 보이던 것과 같이 수학을 더 이상 독점할 수는 없음을 미국과 일본이 보여 주기 시작했다. 괴팅겐의 힐베르트, 파리의 푸앵카레가 지도적인 수학자이었으며, 이탈리아의 볼테라, 프랑스의 다르부와 아다마르, 취리히(그리고 곧 괴팅겐에서 활동한)의 민코프스키 등도 영향력 있는 활동을 하였다.

아카데미들은 여전히 활기가 있었고, 파리 과학원은 매우 활동적이었다. 그러나 대부분의 수학자들은 교육기관에서 재정적인 수입을 얻었으므로 수학자들은 대학 교수로 가기 위해 연구에 몰두했다. 스칸디나비아와 네덜란드에서처럼 어떤 이들은 보험회사의 고문으로 종사하였다. 그러나 공업대학나 기술대학에는 공학도를 훈련시키기 위한 수학 요원들이 있었다. 이들 수학자들은 산업과 밀접한 관계를 갖고 있었음에도 불구하고 직접 생산에 관여한 경우는 거의 없었다. 이렇게 대학 이외에서 전문적인 수학자들을 고용한 것은 시작에 불과했다. 브레스라우와 취리히에서 수학하고 1985년부터 뉴욕의 제너럴 일렉트릭 회사에 고문엔지니어로 있던 스테인메츠(Charles P. Steinmetz)는 복소함수 이론을 交流에 적용하였다. 이 방법은 1902년부터 하버드(후에는 MIT에서도)에서 공학을 가르쳤던 케넬리의 것과 동일한 방법이었다. 오퍼레이션 분석과 "텔레그래프 방정식"으로 알려 지게 된 헤비사이드(Oliver Heaviside)는 1880년대 이미 영국에서 미적분을 산업 분야의 전자기에 응용하고 있었다. 그는 바닷가에서 은둔생활을 하였다. 케넬리와 헤비사이드의 이름은 전리층으로 알려진 기층의 이름과도 관련이 있다[1].

산업에 대한 수학의 중요성이 점차 증가하고 있음을 의식하고 있었던 클라인(Felix Klein)은, 개인적인 관심에서 물리학자와 엔지니어를 위한 응용 수학 연구에 조직적이고 재정적인 지원을 얻는데 크게 기여하였다. 그 결과의 하나가 기계공학자인 프랜틀(Ludwig Prandtle)이 책임자로 있는 괴팅겐의 **기체 역학 및 유체 역학 연구기관**의 설립이다. 그러한 기관은 당시로서는 매우 희귀한 것이었다.

이 시기의 수학자들을 살펴보려면 대학으로 눈을 돌려야 한다. 수학자들은 동료 전문가들처럼 이미 특별한 학회를 조직했거나 조직하고 있었다. 함부르크(1690)와 암스테르담(1776) 학회는 이전부터 있었다. 새로 조직된 학회 중에는 모스크바학회(1860), 런던학회(1865), 파리학회(1872), 에딘버러학회(1883), 팔레르모학회(1884), 베르린학회(1899), 뉴욕학회(1888, 이것이 1894년에 미국수학회(AMS)로 발전됨)가 있다. 그밖에 인도에 1907년과 1908년에 각각 하나씩, 스페인에 1911년에, 폴란드에 1911년에 학회가 생겨났다. 그래서 수학자들은 정기적으로 만날 수 있게 되었다.

콜럼버스 전시회가 열린 1893년에 시카고에서 최초로 중요한 국제적 만남이 이루어졌으며 거기에서 클라인이 일련의 강의를 했다. 최초의 국제회의로 알려진 다음 모임이 1897년 취리히에서 개최되었다. 취리히 회의의 참석자는 약 200명이었고 통용어는 독일어와 불어였다. 취리히의 허르위츠(Adolf Hurwitz)는 주요 연설에서 그때까지 상대적으로 새로운 것이었던 해석함수와 칸토어의 집합론을 다루었다. 최신 주제 두 개, 즉 논리적인 기초(슈뢰더, 페아노)와 함수의 함수(볼테라)가 이 토론에서 다루어 졌다. 아다마르는 함수의 함수를 **범함수**("*fonctionnelles*")로 부르자고 제안했다.

---

1) (역자주) 전리층의 존재를 처음으로 시사한 것이 이들 두 사람이었으며, 따라서 전리층을 케넬리－헤비사이드 층이라고도 부른다.

다음 회의는 1900년, 역시 세계박람회 기간에 파리에서 열렸다. 이 회의는 힐베르트가 제시한 23개의 문제 때문에 많은 사람들의 기억에 남아 있다. 그 해에 파리에서는 많은 전문적인 모임이 개최되었다. 그 중 하나가 제1회 국제 철학회의로 페아노, 화이트헤드와 러셀이 참가하여 수학의 논리적인 기초에 관해 논쟁을 벌였다. 19세기에는 분리된 방법이었던 수학과 철학이 (리만과 부울과 같은 경우는 예외이지만) 서로를 다시 찾고 있었다. 1897년 취리히에서 피카르(Emil Picard)가 말한 대로 "수학은 철학을 유혹하고 있었다." 그런데 여기서 철학은 어떤 철학을 말하는가?

다음 국제회의는 하이델베르그(1904), 로마(1908), 영국의 케임브리지(1912)에서 열렸다. 1차 세계대전과 긴장 고조로 인하여 진정한 국제회의는 열리지 못하다가 1928년 볼로냐에서 회의가 재개되었다.

순수수학과 응용수학이 급격히 발전하고 다양한 분야가 생겨남으로써 이들을 개관할 필요성이 대두되었고 이에 클라인과 그의 동료들이 「수학적 지식의 백과사전(*Encyklopädi der mathematischen Wissenschaften*)」을 편찬하였다. 이 사전은 1898년에 출판되기 시작하여 1935년까지 모노그래프를 모아 출판하였는데, 수학의 서로 다른 영역간 상호관계를 발전시키기 위한 클라인의 노력으로 어느 정도 성공을 거두었다. 이 백과사전의 초점은 1절 **산술과 대수**로부터 6.2절 **천문학**에까지 이른다. 1904년에 프랑스에서 개정판이 나오기 시작했으나 제1차 세계 대전으로 인하여 무산되고 말았다. 모노그래프들의 짧은 모음을 좋아하는 사람들은 파스칼(ernesto Pascal)이 편집한 「레퍼터리(*Repertorio*, 1897－1900)」를 활용할 수 있었다. 이것은 독일의 「고급 수학의 레퍼토리(*Reperotorium der höheren Mathematik* 5권, 1910－29)」의 원형이며 몇몇 저자의 기하학과 해석학에 관한 글을 싣고 있다.

수학 보고서의 또 다른 형태는 「수학 발전을 위한 연보(*Jahrbuch über die Fortschritte der Mathematik*)」에 나타나 있다. 이 연보는 1868년까지 나타난 출판물에 관한 간략한 보고서로 1871년에 창간되어 매년 계속되었다. 1900년 연보에는 약 1,500명의 저자가 쓴 2,000개의 항목이 열거되어 있다. **연보**에 있는 보고서와 보고서 출판 사이의 시간 간격은 3년이었으므로, 암스테르담 수학회는 1892년 6개월마다 수학잡지를 발행하기 시작했다. 이 잡지에 제목 이상의 것을 싣는 일은 거의 없었으나 간행 간격은 훨씬 짧았으며 이것은 1938년까지 계속되었다.

수학 저널의 수는 크렐레와 리우빌 저널의 출현 이후 증가했다. 그 중에 주목할 만한 것으로는 *Annali di mathematica*(1858), *Mathematičeskiĭ Sbornik*(모스크바, 1866), *Mathematische Annalen*(1968), *Bulletin des sciences mathématiques* (1870), *American Journal of Mathematics*(1878), *Acta Mathematica*(스웨덴, 1882), *Rendiconti di Palermo*(1885), *Transaction of the American Mathematical Society*(1899)가 있다. *Mathematische Zeitschrift*(1918)과 폴란드의 *Fundamenta Mathematica*(1920)는 후에 생겼다. 이 모든 저널들은 지금까지 지속되고 있다. 파리의 에꼴 노르말과 후의 MIT 뿐 아니라 학술원들도 역시 독자적인 출판물들을 내놓았다. 이 모든 정보를 계속해서 따라가려면 상당한 노력이 필요하며, 특히 가우스와 야코비와 더불어 국제적인 언어로서의 라틴어가 사라져 버린 이후 더욱 모든 저널을 읽기가 어려웠다. 그러나 *Mathematische Annalen* 같은 명망 있는 저널에 실린 논문들은 널리 읽힐 수 있었다.

이때 출판된 많은 책들이 지금은 시대에 뒤떨어진 것이지만, 어떤 것들은 여전히 흥미를 끌고 있다. 예를 들면 힐베르트, 하우스도르프, 보렐, 러셀, 화이트헤드, 르베그, 시어핀스키의 책들이 그렇다.

02 네덜란드의 역사학자 루메인은 풍부한 문서 연구[2])에서 대략 1890년과 1910년 사이에, 경제, 역사, 음악을 포함하여 인간 노력의 거의 전 분야에 일어난, 1914년 파국의 원인이 되었을지 모르는 많은 구조적인 변환에 주목하였다. 수학도 예외가 아니었는데, 수학의 경우도 주로 내적인 역동성의 결과였다. 이 변환의 주요 요인들은 칸토어의 집합론이 – 어려움이 없지 않았으며, 저항을 받기도 하였지만– 수학의 여러 분야 가운데서 점차 되살아나는 것과, 또 수학의 기초와 대수, 논리, 일반 공간의 추상적인 구조의 발달과 밀접하게 관련시켜 탐구한 것에서도 발견된다. 수량의 이론으로 수학을 보는 고대의 개념을 점차 포기하면 할수록, 수학은 일반적인 구조의 이론으로 이해되었다. 새로 생겨난 분야 중에 르베그의 적분이론, 연산자법, 텐서가 있으며, 또 형식주의자, 직관주의자, 논리주의자들 사이의 논쟁이 있다. 그러나 그러한 발전이 순수하게 내재적인 것은 아니었으며, 수리물리학으로부터 강력한 영향을 받았다. 수리물리학은 1905

---

2) J. Romain, The Watershed of Two Eras, Europe in 1900. (Middletown, Conn, 1978) 네덜란드어에서 번역 (Leiden and Amsterdam, 1967) 참조.

년 양자론과 상대성 이론 이후 수학자, 물리학자, 천문학자, 철학자, 그리고 화학자와 신학자들의 정신에 도전을 주었다. 그 외에 생물학과 공학 같은 다른 외적인 변화의 요소가 있었다.

나이든 세대들을 주도하는 인물은 괴팅겐에서 활동하던 힐베르트(David Hilbert)였다. 그는 특히 1912년 푸앵카레의 사망 이후부터 1925년 그의 동료 클라인(Felix Klein)이 세상을 떠나기 전 10년 동안 클라인의 영향으로 교육에 점차 관심을 쏟고 있었다. 1900년경의 수학의 상태는 이미 8장에서 언급했던 대로 힐베르트가 1900년 파리에서 제기한 문제를 연구해 보면 잘 알 수 있다. 여기에서 후속연구를 위한 영역으로 강력히 서술된 것들을 요약한다.

1. **연속체의 농도에 관한 칸토어의 문제.** 가부번 집합 다음의 연속체 농도가 있는가? 연속체는 순서가 정렬되어(well ordered) 있다고 간주할 수 있는가?
2. **산술 공리들의 일관성 문제.** 만일 이 일관성이 존재한다면 기하학적 공리의 일관성이 성립한다.
3. **밑면, 넓이, 높이가 같은 두 사면체에서 등적성(等積性) 문제.** 이것을 (무한소 개념 없이) 분할과 결합만으로 증명하라.
4. **직선을 두 점 사이의 최단 연결로 보는 문제.** 이 질문은, 예를 들면, 민코프스키의 기하에서와 변분법의 어떤 문제에서 제기된다.
5. **群을 정의하는 함수들의 미분가능성을 가정하지 않은 경우 리(Lie)의 연속 변환群 개념.** 이 질문은 함수 방정식으로 인도한다.
6. **물리학 공리를 수학적으로 취급하는 문제.** 기하학적인 공리들로부터 이론적 역학(rational mechenics)과 통계적 역학과 확률 등의 분야로 나갈 수 있다.
7. **특정 수의 무리성과 초월성.** 예를 들면, $\alpha \neq 0$ 이고 β가 대수적인 무리수인 경우에 α^{β}, $2^{\sqrt{2}}$, 또는 $e^{\pi} = i^{-2i}$와 같은 수가 무리수인가? 아니면 초월수인가? 힐베르트는 π에 관하여 에르미트와 린데만에 관심을 보였다.(VIII장의 24절)
8. **소수론(素數論) 문제.** 여기에서 리만의 제타(Zeta) 함수와 (1742년 오일러에게 보낸 편지에 기록된) 모든 짝수는 두 소수의 합으로 나타낼 수 있는 방법이 적어도 한 가지 있다는 골드바흐의 추측을 생각하게 된다.
9. **임의의 數體에서 가장 일반적인 상호법칙(law of reciprocity)의 증명.** 이는 상대적인 이차 수체에 관하여 힐베르트가 해 낸 최근의 몇 가지 연구를 바로 지칭하는 것이다.

10. **유리 정수들이 포함된 디오판투스 방정식이 유리정수 안에서 해를 가질 수 있는 지 여부의 결정**. 이는 2차를 넘는 고차 방정식으로 이미 고대에 연구대상이 된 문제이며 "페르마의 대정리"와 관련되어 있다.
11. **대수적 계수를 가진 이차 형식의 이론**. 이는 수체에 관한 연구를 힐베르트가 직접적으로 해 낸 분야이다.
12. **임의의 유리체(field of rationality)에 아벨군에 관한 크로네커 정리의 일반화**. 이는 우리로 하여금 대수함수, 수론, 그리고 추상대수가 만나는 영역에 이르게 하고 있다.
13. **일반 7차 방정식의 해를 이변수 함수에 의하여 구하는 것의 불가능성**. 이것은 도-까뉴우(Maurice d'Ocagne)가 설명했던 대로[3] 계산도표학에 의해 제안되었던 문제이다.
14. **"상대적인 정(integral)" 함수의 어떤 체계에서 유한성의 증명**. 여기에서 정함수(整函數)개념을 *relativeganz*로 확장함으로써, 이 문제는 힐베르트와 조르당의 고전적인 불변이론(theory of invariant)에서 유한성에 관한 정리의 일반화를 요구하고 있다.
15. **슈벨트(Schbert)의 可算 기하(enumerative geometry)의 엄밀한 기초**. 이를 위해서 대수에서의 엄밀성이 필요하다.
16. **대수곡선과 곡면의 위상적 문제**. 이 문제의 해답은, 우리가 약간의 지식이 있기는 하지만, 오직 초보적이며 특히 곡면의 경우에는 더욱 그렇다.
17. **함수의 제곱의 합의 몫으로 (변수가 실수값을 가질 때 음이 아닌) 한정함수를 표현하는 것**.
18. **합동인 다면체로 공간 채우기**. 이는 군론과 結晶學, 그리고 페도르프(E. S. von Fedorv)와 쉔플리즈(A. Schoenfliesz)의 연구와 관련이 있다.[4]
19. **정칙인 변분 문제의 해답은 항상 해석적인가?** 여기에서 정칙(regular)이란 용어는 특별하게 정의되어 있다. 힐베르트는 양의 상수 곡률을 가진 표면은 모두 해석적이지만 음의 상수 곡률을 가진 표면은 그렇지 못함에 주목하였다.

---

3) 파리 공과대학의 도-까뉴(D'Ocagne)는 방정식을 그래프 표(그가 이름을 지음)로 푸는 기술을 창시한 인물이다. 그는 1891년에 『계산도표학』, 1899년에 『계산도표론』을 저술하였다. 그 원리는 훨씬 오래된 것으로 매소(junius Massau of Ghent)가 사용하던 것이다.

4) 페도로프(E. S. von Fedorov)는 우랄에 있는 광산 책임자였다. 후에 프랑크푸르트의 교수였던 쉔플리즈(Arthur Schoenfliesz)는, 페도로프의 연구와 자신의 연구(공간의 230개의 결정군)가 1890년과 1891년에 각각 독자적으로 발표되었을 때, 클라인(Klein)과 함께 괴팅겐에 있었다. *AHES*, Vol. 4 (1967), pp. 235-40 참조. 페도로프는 1891년에 반복되는 패턴의 2차원의 대칭군이 (벽지에서 보는 바와 같이) 17개 뿐이라는 것도 발견하였다. 이것은 1924년에 폴리아(G. Polya)와 니글리(P. Niggli)에 의해서 재발견되었다. H. S. M. Coxeter, *Introduction to Geometry* (New York, 1981), Chap. 4 참조.

20. **일반적인 경계문제.** 특히 주어진 경계값에서 편미분방정식의 해의 존재, 그리고 정규적인 변분문제의 일반화를 보이는 일.
21. **주어진 모노드로미 군**(monodromy group)**을 갖는 선형미분방정식의 존재 증명.** 이 문제는 Fuchsian 함수에 관한 푸앵카레 정리에 의해 제안되었다.
22. **보형**(automorphic) **함수들에 의한 해석적 관계들의 균일화**(uniformization), 이것 역시 어떠한 대수적인 관계의 균일화도 변수가 하나인 보형함수에 의해 이루어질 수 있다는, 힐베르트의 증명에 의해 제안되었다.
23. **변분법의 확장.** 힐베르트는 "선전적인" 제안을 추가했는데, 그 이유는 이 분야에 바이어슈트라스가 공헌을 했음에도 불구하고 연구가 미비한 분야가 많았고 수학과 역학의 여러 분야에서 유용하게 사용될 수 있기 때문이었다.

힐베르트의 친구인 민코프스키는 파리연설이 있은 후 취리히에서 그에게 보낸 편지에 "이제 당신은 20세기를 위한 수학을 모두 차용하게 되었다"고 적고 있다. 이러한 주목이 약간 멜로 드라마 같지만 이 스물세 가지 문제에 지적된 주제들은 오늘날까지도 지속적으로 깊이 있게 연구되어 오고 있는 것이 사실이다. 이 문제들 중 어떤 것은 해결되었다. 3번 문제는 덴(Max Dehn)이 (1904년에 그는 그 증명이 항상 가능한 것이 아님을 보였다), 17번 문제는 아르틴(Emil Artin, 1920)이 해결하였다. 7번 문제 같이 (예를 들어 1924년, 겔폰드에 의해) 부분적으로 해결된 문제도 있다. 이것은 이들 "문제들"이 보다 프로그램의 본질에 속한 것이기 때문에 이해할 수 있다. 수학의 완전히 새로운 영역의 가능성을 시사하는 문제 16도 그러하다. 그리고 변분법이 순수수학 뿐 아니라 상대성 이론 같은 분야에서도 널리 사용되는 것이 문제 23이 포함되게 된 이유임을 알 수 있다.[5)]

1900년은 쉔플리즈가 점집합론의 발달에 대하여 독일수학회에 제출한 2권의 보고서가 출판된 해이기도 하다. 그것은 점집합들의 측도의 개념 뿐 아니라 실변수함수의 응용과 적분론도 다루고 있는데, 거기에서 저자는 칸토어, 페아노, 조르당과 보렐을 포함한 몇 가지 접근을 논의하고 있다. 이 개념과 관련하여 계속적인 발전이 이루어졌으며 현재는 프랑스에서 연구가 계속되고 있다.

---

5) 8장의 각주번호 26 참조. H. Freudenthal, *DSB*, Vol. Ⅵ (1972), pp. 393 – 94 참조. 이 고대의 도전적인 문제의 일반해는 1907년과 1912년 사이에 헬싱키의 선드만(K. F. Sundman)에 의해 주어졌으나 그것은 수치계산 때문에 실용성이 없으며 지금은 컴퓨터를 이용하는 문제이다.

03 19세기 후반 실함수론에 근본전인 발전이 이루어 졌다. 특히 범함수 종속성, 적분, 미분과 같은 개념에서, 그리고 종종 삼각 급수의 탐구와 연관되어 실함수론이 발전하였다. 이 탐구는 칸토어의 집합론뿐 아니라 적분도 새로운 조건으로 이끌었다. 이런 연구는 베를린의 레이몬드(Paul Dubois Reymond), 피사의 딘니(Ulisse Dinni), 파리의 조르당(Camille Jordan)에 의해 이루어 졌다.

조르당은 1880년대와 후에, 특별히 그의 「해석강의론(*Cours d'analyse* 3권, 1882－4)」에서 유계인 변분(variation)함수 개념을 도입하였고, 거의 동시에 푸앵카레가 했던 것 같이, 위상적인 고려를 하였다. 그는 평면 위의 단일폐곡선은 평면을 외부와 내부로 나눈다는 "조르당의 정리"에 대한 엄밀한 증명을 요구하였다. 그는 적분을 "가측(measurable)" 집합에 한정시켰다.

이 생각은 보렐(Emile Borel)에 의해 더욱 발전되었다. 보렐은 1890년경 파리의 에꼴 노르말 학생이었는데, 칸토어의 정리에 "극히 매료되어" 있었다. 1894년 그는 학위논문에서 "하이네－보렐" 피복 정리[6]와 가부번 집합의 측도가 0이라는 증명을 제시하였다. 여기서의 측도는 구간의 유한 집합에서부터 보다 광범위한 집합("보렐 측도")까지 정의된 것이다. 1898년 보렐은 「함수론 강의집(*LeÇons sur la théorie des fonctions*)」을 출판하였다.

같은 1890년대에 역시 에꼴 노르말에 재학하던 르베그의 작업이 시작되었다. 그는 후에 지방에서 교수로 취직했다가 1910년 파리로 돌아와서 소르본과 파리대학에(1921년) 재직하였다.

에꼴 노르말에서 르베그는 4년 연상인 보렐과 그의 동연배인 베르(René Baire)[7]와 가깝게 지냈다. 1899년 베르의 학위논문, 「실변수 함수에 대하여(*Sur les fonctions de variables réelles*)」는 서로 다른 "Baire class" 함수를 도입하면서, 칸토어의 집합론을 연속함수의 극한함수와 관련지었다. 베르의 학위논문의 뒤를 이어 1902년에 르베그의 학위논문 「적분, 길이, 넓이(*intégrale, longueur, aire*)」가 나왔다. 르베그는 조르당과 보렐의 업적에 직접적으로 힘입어 그의 측도개념을 소개하였다. 그는 1931년에 인간 역사에 있

---

6) 이렇게 이름을 복합시킨 것은 현명하지 못한 것으로 여겨져 왔다. Halle 대학의 교수였던 하이네(Eduard Heine)가 1872년에 보렐의 정리와 동등한 정리를 알린 바 있으나 그 중요성을 지적한 사람은 보렐뿐이었다.

7) 르베그와 베르는 가우스와 몽쥬와 함께 노동자 계급(장인)의 배경을 가진 몇 안 되는 과거의 뛰어난 수학자들에 속한다. 루진의 할아버지는 농노였다. 뉴턴은 농사 배경을 가지고 있다. 17, 18, 19세기의 지도적인 수학자의 대부분은 중위 또는 중상위 계급이었다.

어서의 측도 개념의 역할을 언급하면서, "이것 보다 더 기본적인 것은 없다"고 했다. 그는 지금은 표준적인 그의 측도개념에 기초하여, 르베그 적분을 정의하였다. 르베그 적분으로 이 분야에서의 통일성을 꾀할 수 있게 되었으므로, 르베그 적분 역시 지금은 표준적이다. 르베그의 정리 가운데 하나는 변량이 유계인 연속함수는 측도가 0인 집합의 경우를 제외하고는 하나의 유한인 미분계수를 갖는다는 것이다.

르베그의 연구는, 역시 에꼴 노르말에 있던 프레쉐(Maurice Fréchet) 등 다른 수학자들이 계속 이어 받게 되었고, 처음에 많은 수학자들이 (왜 이러한 이상한 "병적인(pathological)" 함수들을 가지고 못살게 하는가?) 회의를 품던 그의 이론들이 점점 인정받게 되었다. 르베그 적분은, 리만이 리만 적분을 정의하고 바이어슈트라스가 그의 실함수론을 정의한 이래로 제기되었던 많은 어려움을 해소하였다. 프레쉐가 추상공간을 소개하였고(1908), 베르의 제자이었던 덴조이(A. Denjoy)가 르베그 적분을 일반화하였다. 프레쉐의 생각은 다른 사람들에게 전해 졌고, 그 중 하나인 바나흐는 1920년과 그 이후에 "바나흐 공간"을 발전시켰다.

젊은 르베그가 그 당시의 함수론에 만족하지 못하였음이 구겨진 손수건은 잘 펴져야 한다는 그의 말에 나타나 있는데, 이것은, 표면이 평면에 놓이기 위한 필요충분조건은 표면은 직선들을 만들 수 있고 그러므로 직선들로 이루어져 있는 것이라고 가르쳤던, 그의 교수 낸시 때문이라고 전해지고 있다. 그밖에 그러한 "변칙적인 것(anomalies)"들 중에는, 정사각형 위에서 변수 x와 y의 연속함수에 의한 선분의 사상으로 평면도형을 채우는 곡선인 "페아노 곡선"(1890)이 있다. 다른 "변칙적인" 여러 곡선이 힐베르트 등에 의해서 발견되었다.

점집합 위상학이 수학의 주요 부분에 더 깊이 들어가도록 중요한 기여를 한 것은 1914년 본에서 교사로 있던 하우스도르프(Felix Hausdorff)가 출판한 「집합론개론(*Grundzüge der Mengenlehre*)」이다. 이 책은 위상공간을 공리적으로 정의하였다.

공간 개념의 또 다른 일반화가 힐베르트 공간이다. 좀 더 나이가 든 세대의 수학자들은 그들이 익숙해 있던 "매끈한" 함수와 매우 다른 "병적인" 함수에 흥미를 갖는 것에 대하여 회의적이었음은 이미 언급하였다. 에르미트(Hermite)은 언젠가 스틸체스(Stieltjes)에게 보낸 편지에 "미분계수가 없는 함수들의 이 통탄할 재앙을 놀라움과 공포에 전율하며 외면하였다"고 기록하였다[8] 그들은 그 새로운 경향을 수학적인 기형의 일종으로 생각했다. 그러나 페아노 곡선(1890) 같은 "별난 것들"이 계속 모습을 드러냈다.

페아노는 1890년부터 1932년까지 튜린 대학의 교수로 있었다. 그는 엄밀성의 필요성을 강조하는 기호논리와 공리적 방법의 선구자였다. 그래서 그는 삼단논법에 의하여 논리적으로 세밀하게, 5권의 수학정리의 종합지인 「수학공식(*Formulario mathematico*, 1895－1908)」을 출판하였다. 페아노가 수학적 세계에 관해 아주 확신을 한 것은 아니지만 논리와 수학의 의문을 가지는데 영향을 주었다는 데에는 의심의 여지가 없다.

04 실함수론은 매우 발전을 하고 있었다. 르베그가 1906년의 책에서 그의 이론을 적용한 삼각 급수 탐구가 어떤 영향을 끼쳤는가는 이미 언급한 바 있다. 다른 영역은 함수해석학과 특히 적분방정식 이론이다. 이미 우리가 알고 있는 대로 "범함수"라는 이름은 아다마르(1897)에 기원을 두고 있다. 범함수라는 용어는 보다 좁은 의미의 용어인 "직선 함수"를 대체하였다. 수(또는 점)보다는 (곡선과 같은) 함수를 독립변수로 갖는 함수를 보다 명확하게 연구하려는 이 아이디어는 특히 이탈리아에서 비롯되었다. 이탈리아에서 베티와 딘니의 학생이었고 1893년부터 1900년까지 튜린의 교수였으며 그 후 40년간 로마에 있었던 볼테라는 1889년에 "직선들의 함수"를 도입하였다. 볼테라는 전기에너지는 전기장에서 운동하거나 구부려진 철사의 모양에 의존한다는 등의 물리학적 사실을 그의 연구에 적용하였으며 이 같은 물리학적 영향은 그의 연구의 다른 측면에서도 발견된다.

아다마르와 그 후의 프레쉐는 변분미적분에서 출발하였으며, 이것이 프레쉐가 함수보다 훨씬 더 추상적인 원소를 갖는 그의 추상공간에 이르는 한 가지 방법이었다. 당대에 가장 영향력있는 수학자였던 아다마르는 논리와 수론에서부터 물의 역학에 이르기까지－ 테일러급수의 해석적 연장에 관한 1892년 학위논문에서 1950년에 이르기까지(그는 거의 98년을 살았다)－여러 다른 영역에서 활동적이었다. 그의 1901년의 「테일러 급수와 그 연장적 해석(*Série de Taylor et son prolongenment analttique*)」은 그 주제에 매혹당한 사람들의 "성서"로 불렸으며 사실 이 분야에서 오랫동안 영향력을 미쳤다.

---

8) 내가 1910년 라이덴 대학에 머물러 있는 동안 르베그에 대하여 아무 것도 들은 일이 없다. 심지어 1925년 괴팅겐에서도 어떤 교수들은 거의 관심을 보이지 않았다. 거기서 위너와의 만남에서 나는 처음으로 르베그의 업적의 중요성을 알게 되었다.

함수해석이 시작된 방법의 하나는 적분방정식의 연구였다. 라플라스변환(1792년), 아벨의 적분방정식(1823년), 리우빌의 적분방정식(1823년과 그 이후)에서 보듯이 이 주제는 오래된 것이다. 그러나 적분방정식을 체계적인 연구에 이르게 한 것은 특히 퍼텐셜 이론에서의 경계값의 이론과 (연속체에서 진동 같이) 미분방정식이 중심이 되는 다른 분야였다. 볼테라는 1887년에 1차 적분방정식을 소개하여 이름이 세상에 알려졌다. 1900년과 1903년 스톡홀름에서 프레드홀름(Ivar Fredholm)이 동일한 형태의 방정식을 소개하였다. 두 사람 모두 1차 적분방정식의 해를 구하였으나 볼테라보다는 프레드홀름이 더욱 영향력이 있었다. 그 주요 이유는 1900－01년 겨울 프레드홀름의 제자가 힐베르트 세미나에서 프레드홀름의 연구를 강의하였기 때문이다. n개의 변수를 가지는 n개의 일차방정식으로부터 일차 적분방정식을 유추한 것은 특히 관심을 끌었다[9].

힐베르트의 마음은 단번에 불타올랐다. 그는 퍼텐셜 이론이 주어진 경계에서의 그린 함수 의 구성과 관련됨을 알았고, 직교함수의 급수에 대한 관계 뿐 아니라 변수가 n개인 이차 형태를 표준적인 형태로 간단히 하는 것과 유사한 문제로서 **고유값**(eigenvalue)과 **고유함수**를 확인할 수 있었다. 이것은 다시 무한행렬에 이를 수 있게 하였다. 무한행렬 개념은 모두 수리물리학에서 역할을 감당하였고 계속 역할을 감당할 것이다. 그래서 1912년 힐베르트의 「적분방정식 일반이론 개론(Grundzüge einer allgemeinen Theorie der Integralgleichungen)」은 수학의 새로운 분야를 하나 추가하였다. 많은 오래된 결과들은 보다 새로운 것들에 의해 보강되어 넓은 맥락에서 이해될 수 있게 되었다. 유한한 길이를 갖는 벡터에 의해 만들어진 공간은, 힐베르트의 이름을 따라 힐베르트 추상 거리 공간으로 명명하였다. 다른 예는 헝가리인 리스(F. Riesz)와 퀼른의 피셔(E. Fisher)의 이름을 따라 명명된 평균에서 수렴에 관한 리스－피셔 정리이다. 리스는 후기의 책 「함수해석 강의집(*Leçons d'analyse fonctionnelle*, 1952)」에서 보듯이 보렐－르베그의 아이디어를 힐베르트의 아이디어와 연합시켜 함수 해석에 크게 공헌하였다.[10] 바나흐의 공헌도 주목할만 하다.

---

9) "Fredholm의 발견은 그것이 왔을 때 항상 오랫동안 연체되었던 것처럼 느껴졌다. 무엇이, 많은 점들의 이산적 집합과 관련된 일차방정식들의 집합이 적분방정식에 양보한다는 생각보다 자연스러울 수 있겠는가?" (*American Mathematics Monthly, vol.58 [1951]*) Hermann Weyl의 지적이다. Fredholm의 방정식은 $\phi(x)+\int f(x,y)\phi(y)\,dy=\psi(x)$, ϕ는 미지 함수로 나타낼 수 있다.

10) B.Szökafnalvy－Nagy와 공저이며, 영어로는 *Functional Analysis* (1955)로 번역되었다.

이 시기에는 실해석과 복소해석 함수의 고전적인 영역에서 새로운 결과가 산출되었다. 푸앵카레와 피카르가 이에 크게 기여하였고, 보렐, 아다마르와 다른 사람들로 이어지며 지속적으로 발전하였다. 아다마르는 자신의 결과를 수의 해석적 이론에 적용하였고, 리만의 제타 함수를 연구하면서 x 보다 작거나 같은 소수(prime number)들의 개수 $\pi(x)$는 $\frac{x}{\log x}$에 점근한다는 것을 증명함으로써 가우스의 제안을 정당화하였다. 같은 해(1896년) 푸생(Charles de la Vallée Paussin)교수는 이 “소수 정리”를 다르게 증명했다. 푸생은 후에 그 정리를 다듬었고 공식에 있는 $\log x$를 $\log x - 1.08366$로 해야 한다는 르장드르의 제안을 증명하였다. 그의 책 「무한소 해석 강의록(*Cours d'analyse infinitésimale* 2권, 1903－06년에 초판)」은 오랫동안 표준적 저서로 사용되었으며 여러 판을 거듭하였다.

1909년부터 1940년까지 소르본에 있던 보렐은 해석함수에 관한 여러 논문을 썼다. 예를 들어, 1917년에는 정의역의 모든 점에서 하나의 미분계수를 갖는, 단일(monogenous) 함수에 관하여 썼다. 그는 1898년에서 1952년까지 「함수론에 관한 논문 모음집(*Collection de monographies sur la théorie des fonctions*)」을 편집했는데, 50권이 넘는 책들 중에, 확률에 관한 7권 중 한 권(1930－31년)을 포함하여 다른 **모음집**들과 함께 10권에 보렐의 논문이 들어있다.

푸앵카레는 1883년에 두 변수 사이의 해석적 관계는 균일화될 수 있다는 사실, 즉 변수들은 한 가지 값을 갖는 일변수 “보형” 함수로 나타낼 수 있다는 것을 알아냈다. 그러나 이 일반적인 균일화정리에의 만족할만한 증명은 1908년 푸앵카레와 쾨베(Paul Koebe)에 의해서 만들어 졌다. 쾨베는 괴팅겐의 대학원생이었고 후에 예나와 라이프찌히의 교수였으며 등각사상에서 여러 결과를 얻어냈다.

푸앵카레 보다 9세 연하인 팽르베(Paul Painlevé)는 처음에는 릴에서(1887년), 후에는 파리에서 교수로 있었다. 팽르베는 해석함수에 관한 학위논문를 쓴 이후에 대수곡선과 미분방정식과 특이점에 관한 연구로 방향을 전환하였으며, 연구 결과들을 유리역학(rational mechanics)에 적용하였다. 그는 수학과 동시에 정치와 과학에 뛰어난 사람이었다. 팽르베는 1915년에 교육부장관, 1917년에는 국방부장관이 되었으며 같은 해 국무총리가 되었다. 팽르베는 선구적인 비행사였으며 비행술을 가르치기도 했다. 그는 1925년에 다시 국무총리가 되었다. 그의 업적 중에는 2권으로 된 「점성이 높지 않은 유체 저항에 관한 강의집」(1930－31)이 있다.

05 이 시기의 수학에서 전형적인 일반화와 보다 심층적인 추상화의 경향을 띠고 있었는데, 이러한 경향은 미국까지 확대되었다. 1892년부터 시카고 대학의 교수였던 무어(Eliakim Hasting Moore)[11]는 미국 수학 학파를 만든 최초의 인물이다. 무어가 미국 수학파 형성에 기여한 바는 체비셰프가 1870년대에 러시아에서, 시어핀스키(Sierpiński)가 1910년 이후 10년간 폴란드에서 했던 것과 유사하다. 무어는 그 당시에 다른 많은 미국 학생들처럼 독일에 유학을 했다. 베를린에서 그는 크로네커와 바이어슈트라스의 엄밀성에 감명을 받았다. 무어는 공리계에서부터 적분방정식까지 여러 분야를 연구했으나 그의 이름은 "일반해석학"으로 널리 알려져 있다. 일반해석학은 일반적인 범위에서 함수류의 이론을 발전시킨 것으로 칸토어와 러셀의 영향을 받았으며 특정한 이론들의 기초를 이루고 통합하기에 충분히 일반적인 것이며 적절한 표기가 지원되는 것이었다.[12]

무어는 훌륭한 교사이며 행정가였다. 그의 제자 중에는 로버트 무어(Robert L. Moore), 베블렌(Veblen), 버코프(George Birkhoff)와 딕슨(Leonard Dickson)이 있는데 이들은 미국 내에서 훈련받은 수학자들로 미국수학을 이끄는 제1세대의 대표자들이다.

로버트 무어와 베블린은 처음에는 해석학에서, 1900년 이후부터는 (점집합 위상학과 대비하여) **조합론**이라고 불리는 위상학의 한 분야에서 미국의 대표적인 수학자였다. 조합론은 오일러의 쾨니스베르그의 일곱 다리 문제라든지 뫼비우스의 띠같이 퍼즐 같은 문제[13]에서부터 시작되었으며, 복소함수론에서의 리만 곡면, 조르당의 폐곡선 정리, 특히 1895년부터 1904년 사이의 단체(simplex), 복합체, 다양체의 베티 수(Betty number)에

---

11) 그의 제자로서 1920년 이후 텍사스 대학에서 공리론과 위상학에서 두각을 나타냈던 Robert Lee Moore와 혼동해서는 안 된다. 1904년부터 1931년까지 MIT에서 미분기하학과 텐서 이론에서 활발히 활동하던 Clarence L. E. Moore와도 혼동하지 않도록 한다.

12) 무어는 이 목적을 위하여 스위스 태생의 미국 수학사학자 캐조리(Florian Cajori)에게 2권으로 된 저서 *History of Mathematical Notations* (1928－29)를 쓰도록 재촉하였다.

13) 수학적인 오락으로서의 퍼즐은 여러 세기에 걸쳐 대중적인 것이 되어 왔다. 그러나 시간제한 때문에 "진지한" 수학으로 발전되게 하는 일은 거의 없었다.

관한 푸앵카레의 저서들과 더불어 발전하였다.

호몰로지군, 연쇄, 사이클 이론을 연구한 많은 수학자들 중에 베블렌과 그의 동료인 프린스톤의 알렉산더(James Alexander)가 있다. 여기서 특히 중요한 것은 네덜란드인 브로우베르(L.E. J. Brouwer)의 발견이다. 브로우베르는 암스테르담에서 「수학의 기초에 관하여(1907, 네덜란드)」란 학위논문으로 처음 등장했다. 그러나 그 당시는 힐베르트의 문제들(특히 5번째)이 주목을 받던 때였으므로 브로우베르는 연속군과 위상을 포함하여 몇몇 분야로 방향을 돌렸다. 브로우베르는 1908년과 1912년 사이에 n차원의 구(球)에서 자신으로의 연속사상은 적어도 하나의 점을 불변으로 한다는 그의 부동점(fixed-point) 정리를 발견하고 이를 증명했다. 칸토어와 페아노 곡선 이래, 차원의 불변에 관한 질문들은 계속 제기되어 왔다. 이제 브로우베르는 차원이 다른 두 다양체는 위상동형이 될 수 없다는 사실, 즉 1-1 연속사상이 존재하지 않는다는 것을 증명했다. 이것이 브로우베르의 "불변성정리"(1910)이다. 그는 원판을 동일 경로(contour)에 따라 세 부분으로 나눌 수 있다는 것을 증명했다. 이 시기에 위상에 관하여 알려진 것의 대부분은 베블렌의 「해석학(*Analysis situs*, 1922)」과 베블렌의 동료(1928년 이후)인 레프쉐츠의 「해석학과 대수기하학(*L'analysis situs et la géométrie algébrique*, 1924)」에서 찾아 볼 수 있다.

06 이 시기에 대수는 예전의 특성에서 벗어났다. 대수방정식의 이론을 불변식과 공변식 관련 이론에 단순히 얽어 놓는 대신에, 대수는 환, 체, 이데알, 관련 개념들을 가진 오늘날의 추상적인 원리가 되었다. 보다 새로운 대수의 기원 중 하나는 대수방정식의 갈루아 이론으로부터 고유한 추상적 이론으로의 군론의 발달, 특히 전체적으로 대수변환의 모델을 이룩한 유한군 이론의 발달을 들 수 있다. 이런 변화를 쾨니스베르그와 후에 스트라스버그의 교수였던 하인리히 베버(Weber) (쾨니스베르그에서 제자 중에 힐베르트와 민코프스키가 있음)의 「대수교과서(*Lehrbuch der Algebra* 2권, 1895-96)」에서 연구해 볼 수 있다[14]. 베버의 책에는 군과 대수체에 별도의 장을 할애하고 있다. 프

14) 베버는 그의 친구 데데킨트와 함께 리만의 연구(1986)의 편집인이었고, "Riemann-Weber"로 오랫동안 유명했던 편미분방정식에 관한 리만의 강의(1900-1901)를 묶은 책의 편집인이기도 하였다. 이 책은 1924년과 후에 지금까지도 유명한 "Courant-Hilbert": *Methoden der mathematischen Physik*가 나오고 나서야 그 명성이 다소 사라졌다.

레게와 페아노 역시 이 주제에 관하여 선구적인 연구를 했고 그 결과는 슈타이니츠(Ernest Steinitz)가 「체의 대수적 이론(*Algebraishe Theorie der Körper*, 1910)」에서 검증하였다. 이 책에서 체(Körper)는 중심적인 추상 개념으로, 덧셈과 곱셈 두 연산이 있고 교환, 결합, 배분법칙이 성립하는 원소들의 체계이다. 슈타이니츠의 프로그램은 그러한 가능성이 있는 모든 체들을 조사하는 것이었다. 슈타이니츠는 "p 진체"에 대해 연구한 헨젤(Kurt Hensel)의 「대수학의 계산이론(*Theorie der algebraischen Zahlen*, 1908; 헨젤은 말브르크에서 가르쳤음)」이 자기의 연구에 영향을 주었다고 언급하였다.

이 새로운 대수는 슈타이니츠로부터 계속되었으며 특히 1차 대전과 2차 대전 사이에, 에르랑겐 교수였던 막스 뇌터의 딸, 에미 뇌터(Emmy Noether)의 영향아래 계속되었다. 막스는 대수곡선에 관한 "뇌터의 정리"(1873)로 이름이 알려져 있었으며 에미의 논문 후원자였던 고르단(1907)의 동료였다. 에미는 1915년 힐베르트의 후원으로 괴팅겐에서 강의를 시작했다. 그러나 그녀는 여성이고 또 유대인이라는 것 때문에 사회적 편견과 싸워야 했다. 에미는 히틀러의 침공과 함께 박봉의 대수학 대리강의를 그만두고 1933년부터 1935년 세상을 떠나기까지 필라델피아 근교의 브린모어 대학에서 가르쳤다. 괴팅겐에서 에미는 학생들과 함께 비가환대수의 기본문제들 뿐 아니라 가환환의 일반이론과 (데데킨트에게서 영감을 받아) 이데알(ideal)과 환에서의 모듈이론을 발전시켰다. 에미는 이 모든 것들을 엄밀하게 공리적으로 다루었다.[15] 에미의 제자 중에 에밀 아틴, 리차드 바우어, 바르텔이 있다. 널리 사용되는 책「현대대수학(*Moderne Algebra*, 1930)」을 쓴 붸르덴은 아틴과 에미 뇌터의 강의에서 영감을 받았다. 소련에서는 오토 슈미트가 새로운 대수학을 발전시켰는데, 그는 지구물리학자와 극지방 연구책임자로도 알려져 있다.

대수의 이러한 발달과 다른 분야, 특히 대수기하와 집합론 사이에는 여러 가지로 연관이 있다. 슈타이니츠는 어떤 정리는 체르멜로(Ernest Zermelo)의 **선택공리**로 증명할 수 없다는 것을 지적하였다.

또한 그는 스트라스버그에서의 그의 동료 웰스타인등과 함께 3권으로 된 *Encyklopädie der Elementar – Mathematik* (1903 – 07)를 편찬하였다.

Enciclopedia delle mathematiche elementari, edited by L. Berzolari of Pavia. (1930 – 50)

15) *Abstrakter Aufbau der Idealtheorie in algebraischen Zahl – und Funktionenkörpern* (Math. Ann., vol. 96[1927])

그런데 체르멜로는 1902년 괴팅겐에서 그의 정렬정리(well－ordering theorem)를 발표했다. 이 정리는 모든 집합에서 관계 $a<b$("a가 b 앞에 온다")를 임의의 두 원소 a, b는 $a=b$, $a<b$, $a<b$ 중 어느 하나를 만족시키며, 세 원소 a, b, c에 대하여 $a<b$이고 $b<c$이면 $a<c$이며 모든 부분집합은 첫 번째 원소를 가지는 것으로 도입할 수 있다는 것이다. 이 정리는 칸토어 자신이 많은 미해결 문제를 남겨 놓았던 칸토어 이론의 일반적 영향으로 생겨난 것이다. 이 중의 하나는 차원문제(힐베르트의 첫 번째 문제)이며, 다른 하나는 이 정렬의 가능성이다. 체르멜로는 그의 증명의 기초를 －주어진 집합의 각 부분집합에서 원소들 중 하나를 떼어낼 수 있다는－ 선택공리에 두었다. 수학자들은, 그러한 원소를 발견하기 위한 아무런 구성적인 과정이 주어질 수 없는 증명을 수용하는데 차이를 보였다. 힐베르트와 아다마르는 그것을 수용할 용의가 있었으나 푸앵카레와 보렐은 그렇지 않았다.

이 논쟁은 칸토어의 집합론에 의해 초래된 증명의 본질에 관한 일반적 논의의 일부분에 불과했다. 이 논쟁은 모순, 바로 수학의 기초에서의 모순인 "역설"들을 야기했다. 이와 유사한 일이 이전 역사에 두 차례 있었다. 하나는 피타고라스가 수의 본질(*arithmos*)에 모순이 되는 무리수를 발견한 사건이고, 다른 하나는, 수량 h 또는 dx를 0으로 생각해야 하기도 하고 0이 아닌 것으로도 생각해야 하는, 뉴턴 시기의 미적분의 기초에서의 모순이 그것이다. 결국 그 모순은 변증법적 방법으로 우회적으로 제거되었다. 두 경우 모두에서, 대부분의 수학자 전체가 다 그런 것은 아니지만 대부분은 이러한 모순에 신경을 쓰지 않았고 그들의 학문이 "참"이라는 것을 확신하며 각자의 연구를 계속하였다. 똑같은 일이 다시 일어날 것인가?

칸토어의 이론에서 기인하는 역설들은 그 성질이 달랐다. 러셀의 역설(1903)이 그 대표적인 예이다. 그 자신을 원소로 갖지 않는 모든 집합들의 집합을 S라고 하자. 그러면 다음과 같이 질문할 수 있다. S는 그 자신의 원소인가? 그렇다면 S는 그 자신의 원소가 아니다. 그렇지 않다면 S는 자신의 원소이다. 이는 모든 크레타인이 거짓말쟁이라고 말했다는 고대 크레타인의 역설을 생각나게 한다. 여기에서 우리가 특히 "모든"이라는 용어를 사용할 때 집합론을 주의 깊게 다루어야 하며 부주의하게 의미론적으로 되는 것을 피해야 한다는 것이 분명해졌다.

07 수학의 참·거짓을 보이기 위한 몇 가지 시도들이 있었다. 한 가지 방법은 칸토어의 집합론을 위해 공리의 집합을 설정하는 것이다. 이것이 1908년 체르멜로가 사용한 방법이다. 그의 일곱 개의 공리체계는 "집합"과 "∈"("~의 원소")라는 오직 두 개의 기술적인 용어를 사용하였고, 러셀의 역설을 피하기 위하여 부분집합의 성질을 명확히 하기 위해 한정적 형식화를 첨가하였다. 여섯 번째 공리가 선택공리이다. 체르멜로는 독립성과 일관성 문제를 그대로 남겨두었다. 마르부르크에 있던 프랭켈(Adolf Fraenkel), 오슬로의 스콜렘(Thoralf Albert Skolem)이 이 문제를 진전시켰으나, 여섯 번째 공리는 특히 괴델(Kurt Gödel)의 비판 (1930년과 이후) 이후에, 논점으로 남았다.[16)]

프랭켈은 그의 「집합론 입문(1919, 증보판, 1923)」으로 전문가 집단 외부에도 잘 알려졌다. 이 책은 1차 대전 동안 동료 군인과 함께 참호에 있을 때 썼다. －퐁슬레가 러시아에서 1812년 이후 동지와 함께 러시아 감옥에 있던 상황을 생각나게 하는 부분이다.－ 프랭켈은 이스라엘로 편입 예정된 지역에서 가르쳤다.

힐베르트는 기하학의 기초에 대한 저서(1899)에서 공리의 무모순성을 산술의 무모순성으로 환원시켰는데, 이제 구성과 그 기초에서의 명백한 모순에 대한 논쟁의 구름이 드리워진 산술 공리의 무모순성에 깊이 심취하였다. 이를 위하여 **형식주의**라는 방법을 생각하였다. 형식주의는 수학을 유한적으로 정의된 무한한 공식들의 도구를 가지고 하는 유한한 게임으로 환원시킨다. 게임의 법칙은 모순이 없어야 하며, 게임에서 0＝1이라는 종류의 모순은 결코 용납되지 않는다. 이는 이른바 **메타수학**, 혹은 증명이론이라는 학문을 탄생하게 하였다. 메타수학은 형식화된 수학을 연구하며 순환논리를 피하고 비일관성을 제거할 수 있는 수준에서 이루어지는 학문이다.

후에 1928년에 애커만(W. Ackermann), 1934년에 베르나이스(Paul Bernays)와 공저에 나타난 힐베르트의 아이디어는 심각한 도전을 받게 되었다. 가장 예리한 비평은 브로우베르에 의한 것이다, 브로우베르는 1907년에 일관성보다는 구성에 의한 참(true)이 수학의 진수라고 주장한 논문을 발표함으로써 학문의 세계에 등장하였다. 브로우베르는 1913년과 1919년 사이에 수학을 자연수에 관한 기본 직관인 原직관(*Ur－Intuition*)으로 시작되는 것이라고 보는 **직관주의**를 발전시켰다. 직관주의에서는 오직 구성의 방법이

---

16) 져멜로의 연구는 여러 분야에 영향을 끼쳤다. 내 기억으로는, 당대에 (미국의 J. L. Coolidge 처럼) 유명한 점심 식사－후 연사였던 Alfred Pringsheim이 한 연설에서 "함수론은 져멜로의 집합론으로 옷을 입었다"고 선언하였다. 이에 덧붙이면, 바이어슈트라스 학파의 함수 이론가이며 1901년부터 나치 지배 때까지 Munish 대학에 교수로 있던 프링쉐임은 Thomas Mann의 장인이었다.

주어질 수 있는 실재들만 허용된다. 이 과정에서 무한집합에 배중률이라는 개념을 반드시 받아들일 필요가 없다. 고전수학의 상당 부분을 거부하는 이 직관주의는 1920년대 자주 격렬한 논쟁을 초래하였다. 이 논쟁에서 그 당시 취리히에 있던 바일(Hermann Weyl, 바일은 힐베르트 밑에서 논문을 썼다)이 브로우베르를 옹호하였다. 바일은 그 때 이미 적분방정식과 경계값 문제에서 두각을 나타내고 있었으며, 브로우베르의 위상 정리의 도움을 받아 쓴 저서 「리만 면의 아이디어(*Die Idee der Riemannschen Fläche*, 1913)」에서 복소함수론에서의 자신의 정의들을 세련시켰다. 바일은 후에 기초 문제에 관한 자신의 입장을 어느 정도 수정하였다. 그의 아이디어는 1926년 논문에 기초하여 저술한 「수학과 자연과학의 철학(1949)」에 잘 나타나 있다.

대부분의 수학자들은 구성의 요건을 갖추지 않은 수학의 일부를 거부하는 브로우베르를 추종하지 않음에도 불구하고, 비록 공리와 모순이 없는 정의라 해도 단지 정의보다는 실질적인 구성이 우월하다는 것에 동의할 수밖에 없었다. 1931년 괴델(Kurt Gödel)이 힐베르트의 프로그램이 실현될 수 없음을 보인 이후 브로우베르의 직관주의는 특히 동료 네덜란드인 헤이팅(Arend Heyting, 1930년과 그 이후)에 의하여 새로운 형태로 살아남을 수 있었다.

힐베르트의 희망을 단숨에 깨뜨린 괴델의 논문, "수학의 원리와 「Principia Mathematica」와 관련 체계에서의 형식적으로 결정될 수 없는 명제들에 관하여"(1931)는 힐베르트가 1934년에 쓴 **기초론** 이전에 나타났다. 이 논문의 주요 결과는 모순 없는 산술 체계 S의 무모순성은 이 체계의 방법들만으로는 증명될 수 없다는 것이다. 완전성, 의사결정, 일관성을 다루고 있는 이 논문은 기초 문제의 연구에 새로운 전기를 마련하였다.

「수학원리(*Principia Mathematica* 3권, 1910－13)」는 프레게, 칸토어, 페아노에게서 영향을 받은 캠브리지의 러셀과 화이트헤드가 저술한 책이다. 이 책은 논리주의 프로그램의 절정이다. 논리주의는 적은 수의 개념과 원리로부터 논리적 연역에 의하여 전체 수학을 구성하려는 시도로 힐베르트의 형식주의와 구분된다. 이 책은 복잡하지만 정밀한 기호체계를 사용하여 저술되었으므로 이 책을 읽은 사람들은 논리의 아름다움에 감탄하게 된다. 그러나 이 책은 (힐베르트가 공헌한 것처럼) 수학적 논리에 공헌하였음에도 불구하고 힐베르트의 접근과 같이 궁극적인 목적은 실패하였다.

러셀보다 11세 연상인 화이트헤드는 이미 그라스만, 불, 헤밀턴에 기초하여 「일반 대수학(Universal Algebra, 1898)」을 저술하였으며, 사영기하와 화법기하의 공리들에 관하여도 저술하였다.(1906, 1907) 그는 1924년에 하버드 대학에 정착하여 철학자로 널리 알려졌다. 그의 「과학과 현대 세계(*Science and Modern World*)」는 플라톤적 색채를 강하게 띄고 있다. 러셀도 「기하의 기초에 관한 에세이」를 저술하였다.

08

파쉬, 화이트헤드, 러셀의 연구주제인 기하학의 기초는 힐베르트(Hilbert)의 「기하학 기초론(*Grundlagen der Geometrie*)」의 출현과 함께 수학 세계와 이를 훨씬 더 넘어서도 전반적인 흥미를 끄는 주제가 되었다. 이 책은 1899년에 출간되었으며 여러 차례의 판을 거듭하였고 1943년 힐베르트의 죽음 이후 그의 오랜 협력자이며 자신도 심오한 **기초론 연구자**인 베르나이스에 의해 취리히에서 개작, 수정되었다.(9th ed., 1962) 이 책은 유클리트 기하뿐만 아니라 다른 여러 기하들의 기초에 대하여 신선하게 탐색할 수 있는 길을 열어 주었다. 하나의 예가 (평면 삼각형의 세 내각의 합이 2 직각보다 더 크지 않다는) 르장드르 정리에 필수적인 아르키메데스 공리를 다룬 덴(Max Dehn, 1903)의 괴팅겐 정리이다. 후에 덴은 힐베르트의 세 번째 파리 문제를 해결하였다.

힐베르트는 그의 책 서두에서 파두아 교수 베로네세(Giuseppe Veronese)를 언급하고 있다. 베로네세는 비아르키메데스 기하학을 처음으로 구상한 사람이며, 쌍곡공간 Sn의 측도 및 사영 이론에서 선구자이기도 하며 5차원에서의 표면은 그의 이름을 따서 베로네세면이라 부른다.(3차원에서 그 사영은 슈타이너면이다. 앞의 8장 16절 참조) 베로네세의 동료 세그레(Corrado Segre)는 Sn에서 선형변환과 대수곡면(특히 2차 곡면)을 연구하였다. 1908년 이후 하버드에서의 제자 중 하나가 쿨리지(Juilan Lowell Coolidge)였으며 스터디(Eduard Study) 역시 본 대학에서의 제자였다. 스터디는 기하학에서 엄밀하지 않은 한 형식을 비평한 사람이며, 세그레와 함께 복소수 영역에서 기하학의 엄밀한 견해를 취한 최초의 인물로 알려져 있다.

이탈리아－독일에서 활발히 연구되던 이 Sn을 연구한 네덜란드인이 그로닝겐의 쇼우트(Pieter Hendrik Schoute)이다. 그는 S_4의 쌍곡정육면체(tessaract) 같은 정다면체에 관한 전문가였다. 그의 여러 논문은 논리학자 죠지 불(George Boole)의 딸인 스콧(Alice Boole Stott)과 공동으로 쓰여졌다.[17)]

쌍곡 공간에 관한 완전히 다른 그리고 좀 더 근본적인 접근은 위상 다양체(topological manifold)를 도입한 1854년 리만(Riemann)의 논문으로 거슬러 올라간다. 이는 (현재 표기로) $ds^2 = g_{ij}\,dx^i dx^j$를 위한 이차 선형 요소로 기여하였으며 크리스토펠, 리프쉬츠, 벨트라미의 연구를 거쳐 (1883년과 그 이후) 파두아의 리키쿠바스트로(Gregorio Ricci − Curbastro)의 절대미분학을 이끌어낸다. 리만은 「수학연보」(1901, 54권)에 자신의 연구에 공헌한 제자 레비 − 치비타(Tullio Levi − Civita)와 함께 발표한 논문 "절대미분 방법"에서 자신의 연구를 요약하고, 미분불변식, Sn의 미분기하학, 탄성, 유리역학에 연구를 광범위하게 적용하여 정리하고 있다. 리만의 이 논문은 아인슈타인이 그의 일반상대성을 위해 이 미분학을 적용하고, 이것을 텐서미적분(tensor calculus)라고 명명한 1913년 이후에 매우 유명해 졌다. 아인슈타인의 적용은 텐서가 단지 상대성 뿐 아니라 많은 문제에 적용되는 상당히 많은 연구들을 이끌어냈고, 텐서미적분의 개념은 리만기하학의 개념을 넘어서 확장되었다. 이것은 레비 − 치비타가 1917년 그의 이름을 딴 평행성 논문을 소개함으로써 크게 박차를 가하였다. 여기에 바일(1918)과 에딩턴(A. S. Eddington, 1923)이 새로운 아이디어를 제시하였으며, (1918년에 독립적으로 평행성을 발견한) 델프트의 쇼우텐(J. A. Schouten)이 쓴 「리키 미적분학(Ricci − Calcül, 1924, 독일에서, 1954년 영어판으로 완전히 개작됨)」에서 새로운 미적분학 전체가 체계화되었다.

카르탕(Elie Cartan)은 1894년의 파리 논문의 주제인 리(Lie)군 이론의 관점에서 시작하여 1909년 이후 파리에서 미분체계 연구를 통해 그의 외미분형식(exterior differential forms)의 방법을 얻었다. 그는 1923년 이후 리군의 전체적인 성질에 위상적 방법을 도입하여 완전히 독창적인 방법으로 일반 다양체의 미분기하를 첨가했다. "유클리트, 아핀, 사영 연결의 공간"에 관한 그의 논문과 저서들은 몽주와 다르부의 전통에서 해석학을 기하학에 결합시키고 거꾸로 기하학을 해석학에 결합시키는 등 다른 영역에 대한 탁월한 이해를 보여준다.[18)]

---

17) 죠지 불은 딸이 다섯 명이었는데 모두가 매우 재능이 있었다. 그 중 하나인 메리 엘렌(Mary Ellen)은 대중적 인기를 얻은 저서, *The Fourth Dimension* (1909)의 저자인 프린스턴 수학교수 C. H. Hinton과 결혼하였다. 다른 딸, 에델 빈 보이닉(Ethel Boole Voynich)은 소설 「쇠파리(*Gadfly*)의 작가로 특히 러시아에서 유명하게 되었다.
이 시기에 초등기하에 몇 개의 새로운 정리들이 추가되었으며 그 중 '삼각형의 이웃한 각의 3등분선의 세 교점은 정삼각형을 이룬다'는 프랭크 모올리(Frank Morley)의 정리가 여러 해 동안 널리 논의되고 증명되었다. (c. 1899), (처음으로 말로 전파되었다) H. S. Coxeter의 *Introduction to Geometry* (1967), pp. 23 − 25 참조. 영국 태생의 모올리는 볼티모어에 있는 죤스 홉킨스 대학의 교수가 되었다.

18) 예를 들면, E. Cartan의 『적분 불변식에 대한 강의집』(*Leçons sur les invariants intégraux*) (1992); 『사영연결에

현대적 의미의 텐서 용어는 1908년에 괴팅겐의 물리학자이며 결정학자(結晶學者)인 보익트(Woldemar Voigt)에 의해 도입되었다. 텐서는 (대수와 미적분학이 조화된) 벡터 해석을 가능하게 하였다. 1830년과 40년대에 해밀턴과 그라스만의 연구 아이디어에서 시작된 벡터해석은 1880년대에 깁스(J. W. Gibbs)와 헤비사이드(O. Heaviside)에 의해 공학과 물리학 도구로 발전되었다. 19세기말까지 이 아이디어는 라이프치히에서 푀플(A. Föppl)이 맥스웰 이론에 관한 책을 쓰면서 독일에서 시작하여, 널리 유행하였고 이에 관한 교재들이 정기적으로 출간되었다. 깁스의 아이디어는 그의 제자 윌슨(E. B. Wilson)이 쓴 「벡터해석학(*Vector Analysis*, 1901)」에서 확장되었다. 깁스를 포함하여 이 분야의 많은 저자들이 기타 방향이 있는 양(direct quantity)으로 벡터개념을 확장시켰고, 극과 축벡터, 다이애드, 아피노르, 로터, 텐서 등의 개념으로 풍성하게 했다. 그러나 나라마다 표기 방법이 달라 매우 혼란스러웠으며, 1905년 이후 특수 상대성이 이러한 개념을 4차원으로 확장시켰을 때 새로운 개념의 등장으로 인하여 그 혼란이 더욱 심해졌다. 텐서미적분의 이론적 기초는 보통 존재하지 않았다. 1908년 클라인이 (1914년에 슈우텐이 뒤를 이음) 군론의 기초 위에서 직접 양의 분류를 제안하고, 카르탕도 묵묵히 독자적인 방법으로 도달했던 그 입장에 도달하면서 비로소 이 텐서미적분의 기초가 명료화되기 시작하였다. 1912년 이후 일반 상대성과 더불어 리키의 텐서미적분이 이 분야를 이해하는 전반적인 수단으로 사용가능하게 되었다. 뿐만 아니라 그 기초 또한 명백히 될 수 있었다.

09 이 시기는 고전적인 정수론의 확장을 크게 목격한 시기이기도 했다. 해석적 정수론에서 소수의 분포에 관한 아다마르와 발레 푸생의 결과를 이미 언급하였다. 「소수분포에 관한 강의핸드북(1909)」에서 볼 수 있듯이, 괴팅겐에서 이 분야의 대표자는 간결하고 유클리트를 닮은 형식화로 잘 알려진 란다우(Edmund Landau)였다. 영국에서는 하디와 리틀우드가 활동하였다. 러시아에서 보로누이는 수의 기하학에 공헌하였는데, 수의 기하학은 허만 민코프스키의 「계산기하학(*Geometrie der Zahlen*, 1896;

관한 공간 이론 강의집」(Leçons sur la théorie des espaces à connexion projective) (1937) 참조. 1929년과 1932년 사이에 "teleparallelism"(또는 "절대 평행")을 가진 다양체에 관한 아인슈타인과의 서신왕래가 1979년 프린스턴 대학교 출판부에서 출간되었다.

2nd., 1910)」에서 새로운 영역으로 소개되었다. 이 책은 볼록다면체의 이론과 구(와 기타 물체들)의 "짐꾸리기(packing)"로 이끈 3원 2차식에 관한 그의 연구 결과이다.

(정수를 5개의 제곱수의 합으로 나타내는 것[1881]으로 18세의 나이에 파리 과학원에서 대상을 수상한) 민코프스키는 1896년부터 1902년까지 취리히 대학의 교수였고, 후에 친구 힐베르트와 괴팅겐의 교수진에 합류하였으며 1909년 45세의 나이로 세상을 떠날 때까지 괴팅겐에서 가르쳤다. 전기역학에도 관심이 깊은 그는 「공간과 시간(*Raum und Zeit*, 1908)」이라는 른 강의로 학술계를 놀라게 했다. 이 강의에서 그는 아인슈타인의 특수상대성을 4차원의 "민코프스키 공간"에 적용시켰으며, "이 시간 이후로 공간과 시간은 스스로 그림자 속으로 완전히 빠져들어 갈 것이며 시간과 공간 두 개의 일종의 결합만이 자율성을 유지할 것"이라고 강조하였다. 이 "선언"은 아인슈타인의 일반상대성뿐만이 아니라 그것에 영감을 받은 순수 수학에서 연구의 다양성에도 길을 열어 주었다.

10 1914－18년의 세계대전은 국제 관계를 가로막고, 종종 관계를 무너뜨렸다. 수학 역시 예외는 아니었다. (비록 힐베르트는 예외였으나) 독일 수학자들은 공공연히 프랑스 수학자를 비난했으며 프랑스 수학자들은 이에 반격을 가했다. 이것은 두 문화의 대결이었다. 볼테라 같은 수학자는 정부에 조언을 했다. 베블렌은 (메릴랜드의) 에버딘 탄도 실험장에서 수학자들의 모임을 이끌었다. 그러나 2차 세계대전 동안 군사력이 더욱 증강되면서 수학자들은 탁월한 지위를 차지하게 되었다. 클라인의 사회로 로마 회의에서 설립된 **수학교육 국제회의**(*The International Commission on the Teaching of Mathematics*)는 1914년 4월 파리 회의 이후에 사라졌다. 우리는 이미 프랑스 백과전서파의 운명을 언급한 바 있다.

전쟁 이후 첫 번째 국제회의는 1920년 스트라스부르그에서 열렸다. (당시 이 도시가 프랑스에 의해 막 재탈환되었기 때문에 이곳을 회의개최지로 택한 것은 자극적인 선택이었다) 스트라스부르그 회의에서 패전국들은 제외되었다. 동일한 일이 1924년 토론토에서도 일어났다. 그러나 볼로냐의 핀컬의 사회로 진행된 1928년 볼로냐 회의에서 이러한 차별이 사라졌다. 유럽이 여전히 주도하였다. 볼로냐 회의의 836명의 대표자 중 유럽인이 아닌 52명은 모두 미국에서 왔다. 1919년 브뤼셀에서 설립된 국제수학연합(IMU)

이 진정한 의미의 국제적인 모임이다. 1928년에는 소련 연방의 37명의 대표가 참여하였다. 1932년 취리히 회의에는 미국에서 66명, 소련에서 10명을 포함하여, 40개국에서 667명이 참가했다. 다음 국제회의는 1936년 오슬로에서 열렸다. 여기에는 이전보다 적은 인원이 참가하였으며 (27개국에서 487명 참가), 히틀러의 등장과 함께 세계의 위기가 격화되었다. 그리고는 2차 세계대전이 일어났고, 다음 국제회의는 1950년에야 개최되었다.

여전히 유럽의 전통적 부분이 수학의 중심이었을지 모른다. 그러나 미국과 새롭게 형성된 소련은 빠르게 진보해 나갔다. 하버드, 프린스턴, 시카고, 모스코바, 레닌그라드는 이미 수학의 중요한 중심지가 되었다. 위상학과 기초로 문제에 전념한 강력한 수학학파가 폴란드에 존재했으며, 독일과 오스트리아에서 파시즘의 그림자가 드리워지기 시작했을 때 헝가리와 이탈리아, 특히 폴란드에서 활기찬 연구가 계속되었다. 이제 현대수학은 캐나다, 일본, 오스트레일리아, 인도에서도 볼 수 있었다. 전체 수학 출판물은 꾸준히 늘고 있었다.

특정분야 만을 다루는 전문적인 잡지가 출간되었다. 1920년 폴란드에서 설립된 「기초수학」은 위상과 기초를 전적으로 다루었다. 독일의 *ZAMM*(*Zeitschrift für Angewandte Mathematik und Mechanik*)은 1921년에 창간되었다. 전공 논문 시리즈도 나왔다. 예를 들면, *Mémorial des sciences mathématiques*, 독일의 *Ergebnisse der exakten Wissenschaften*과 *Grundlehren* (Springer의 "yellow series"), 폴란드의 *Monografie Matematyczne* 등을 들 수 있다. 델프의 응용수학과 역학에 관한 학회(1924), 모스크바의 텐서에 관한 학회(1934), 위상에 관한 학회(1935)와 같은 특별한 주제에 관한 국제학회가 있었다.

11 바이마르 공화국 기간 동안, 괴팅겐 대학은 1886년 클라인이 도착한 이래 수행해 온 지도적인 역할을 줄곧 수행해 왔다. 이곳에서 힐베르트는 1930년 은퇴 이후에도 여전히 위대한 수학자로서 존경을 받았다. 괴팅겐 대학은 정수론의 란다우와 더불어 강력한 교수진으로 구성되었다. 미분적분방정식 같은 해석학의 몇 분야에서 헤르글로츠(Gustav Herglotz), 클라인의 후계자이며 디리클레의 원리를 따라 경계 문제에 클라인과 힐베르트의 아이디어를 적용한 쿠랑(Richard Courant), 1931년 이후 취리히에

서 힐베르트의 후임자로 부임하며 힐베르트와 같은 비젼을 가지고 거의 수학 전체를 섭렵한 바일(Hermann Weyl)(힐베르트는 그의 논문 지도교수였음) 등이 교수진에 포함되어 있었다. 민코프스키 역시 1902년부터 1909년 요절하기까지 괴팅겐 대학의 교수로 재직하였다. 괴팅겐에는 수학의 기초를 다시 세우기 위하여 힐베르트와 협력하였던 베르나이스(Paul Bernays)와 새로운 대수학의 개척자인 뇌터(Emmy Noether)도 있었다. 응용 측면은 1921년 이후 수학통계협회장이며 집합론에서 칸토어－번스타인 동치정리의 번스타인(Felix Bernstein) 외에도 프랜틀(Ludwig Prandtl(공기 역학))과 룬게(Carl Runge(수치 문제))에 의하여 연구되었다. 물리학과 역시 수학과와 같이 거의 타의 추종을 불허했다. 물리학과에서 본(Max Born)은 양자역학의 시대로 젊은 물리학자 집단을 이끌었다－젊은 물리학자들 중 두 명은 하이젠베르그(Werner Heisenberg)와 파울리(Wolfgang Pauli)였다. 학생과 방문객들은 이 메카로 꾸준히 몰려들어 그 강의와 세미나를 가득 채웠다. 이 분주한 활동에서 부상한 책은 이미 언급한 바 있는 "힐베르트－쿠랑"의 「수리물리학 방법(*Methoden der mathematischen Physi*, 1924년과 이후)」이었다. 이 책은 새로운 물리학이 (경계 문제와 같은) 유형의 수학을 요구하던 바로 그 시기에 나타났다.

1922년 60세의 힐베르트는 1896년 (클라인의 주도로) 퀘니스베르그로부터 괴팅겐으로 초청 받았었다. 그의 초기 연구는 대수적 불변량과 대수적 정수론이었으며, 거기에서 독일수학회에 제출한 「수 보고서(*Zahlbericht)*」는 몇십 년간 **대표적인 보고서**(*the* report)가 되었다. 그 후 1900년경 기하학의 기초, 1906년경 변분법(calculus of variation), 디리클레의 원리, 특별한 분야로서 적분방정식이 확립되었다. 수리물리학에서 (1913년경, 상대성에서) 공리적 관심을 보인 후 마침내 1918년 이후 수학기초론에서 연구(형식주의 학파)를 성취하였다. 그는 중요한 이론적 분야를 확립했을 뿐 아니라 워링의 정리－ 3차원 공간에서 일정한 음의 곡률을 가지는 모든 표면은 특이점을 가진다는 정리－와 같이 특별한 문제의 해법에도 기여했다. 힐베르트는 수학의 기초에 대한 형식주의적 접근뿐 아니라 수리물리학에도 매우 큰 관심을 가졌다. 힐베르트는 출판물, 제자들, 세미나를 통하여 수학 전체 세계에 영향을 주었으며, 연구 대상과 사고의 엄격한 논리적 방법 두 가지 모두에 방향을 제시하였다. 그는 1943년에 세상을 떠났다. 이미 언급한 바와 같이 1930년 힐베르트의 은퇴 후 그의 뒤를 이은 수학자는 바일(Hermann Weyl)이었다.

바일은 힐베르트의 제자였으며, 1913년부터 1930까지 취리히에서 가르쳤다. 그는 적분방정식과 경계문제에 관한 연구에서 힐베르트의 뒤를 이었고 힐베르트 공간에서 스텀－라우빌 문제와 연산자를 연결시켰다. 1913년에 그의 「리만면의 개념」을 발표하였다. 그리고는 그의 영향력 있는 「공간－시간－물질(1918)」과 더불어 일반상대성 이론으로 방향을 돌렸다. 이 후에 많은 분야를 탐구했는데 특히 군론과 군론이 양자물리학과 가지는 관계에 관하여 많은 연구를 하였다. 1933년 이후 프린스턴 고등연구원에서 활동을 계속하면서, 그의 아이디어를 수많은 저서와 논문으로 발표했다. 이미 인용한 그의 「수학과 자연과학(1949)」에서 수학과 자연 세계의 이해에 관한 그의 상세한 견해를 역사 철학적 배경과 함께 알 수 있다.

새로운 대수, 이데알(ideal)의 선구자로서 에미 뇌터(Emmy Noether)를 이미 언급한 바 있다. 뇌터는 수학사에서 가장 주목할 만한 여성 수학자였으며 지금도 그렇다. 그녀는 대수적 형식(여기서는 3원 4차식)(1907)의 고르단의 불변량 이론(invariant theory) 연구를 에르랑겐에서 시작하여 이후 괴팅겐에서 하였다. 뇌터는 힐베르트의 초청으로 1915년에 괴팅겐에 도착하여 힐베르트, 클라인과 협력하여 그들의 공리군적 접근을 새로운 아인슈타인 이론에 적용하였다. 그러나 뇌터의 주요 관심은 새로운 추상 대수학에 있었다. 뇌터에 대한 모든 편견 때문에 비정규직 교수보다 더 나은 지위를 가질 수 없었다. 1928－29년에 뇌터는 모스크바에서 가르쳤다. 문제의 핵심을 추상적인 방법으로 이해하는 에미의 능력은 매우 특출했다.

독일의 다른 대학들에도 강력한 수학과가 존재했다. 베를린 대학에는 대수와 군론에서 슈르(I. Schur), 힐베르트 공간에서 "슈미트 직교화 절차"(1907)의 슈미트(Erhardt Schmidt)가 재직하였다. 1924년 이후 뮌헨 대학의 교수진에는 변분학과 복소함수의 미적분 및 균일화 연구로 알려진 베를린 태생 그리스인인 카라데오도리(Constantin Carathéodory)가 있었다. 그는 「전집(*Opera omnia*)」을 위해 오일러의 「변분법」을 편집했다.

이런 많은 눈부신 결과들은 1933년 나치 정권이 들어서면서 끝났다. 특히 괴팅겐 대학은 최고의 교수들이 망명하거나(쿠랑, 뇌터, 바일) 추방당하는(란다우) 고통을 겪었다.

12 프랑스 수학은 젊은 수학자들이 전쟁에서 목숨을 잃음으로 더 많은 고통을 겪었다. 그러나 프랑스에는 아다마르, 프레쉐, 쥴리아, 레비, 보렐, 카르탕 등 여전히 뛰어난 인물들이 있었다. 그들의 연구 범위는 추상공간과 함수론에서 군론과 확률론에 이르렀다. 파리는 퀴리, 브로글리(1908)의 논문을 지도한, 랑게빈으로 대표되는 물리학의 활발한 연구 중심지로 남아 있었다. 연구결과들은 종종 **과학뉴스지**(*Actualités scientifiques et industrielles*, 1929년, 이후) 그리고 이미 언급한 *Mémorial*과 같이 시리즈 저서로 출판되었다. 푸앵카레 연구소의 **과학뉴스지**와 **학술지**(*Annales*, 1930년과 그 후) 둘 다 응용 수학과 순수수학, 물리학 연구들을 담고 있다. 보다 연로한 그룹의 사람들은 1940년에 브루바키 계획을 시작한 세대를 오랫동안 가르치고 출판하였다.

특별한 특징을 지닌 또 다른 중심지는, 대영 제국의 오랜 고립을 깨뜨리며, 영국의 캠브리지에서 발달하고 있었다. 여기에서 다시 훌륭한 수학이 훌륭한 물리학에 의한 측면 자극을 받았다: 1919년부터 러더포드(Ernest Rutherford)는 카벤디쉬 실험실(Cavendish Laboratory)을 관장하였다. 거기에서 해석학에서의 현대 시대는 리틀우드(J. E. Littlewood)와 하디(G. H. Hardy)에 의해 대표되었다. 하디는 1919년에서 1931년까지 옥스포드에 머무른 것을 제외하고는, 1896년 학생 시절부터 1942년 은퇴할 때까지 (캠브리지 소재한) 트리니티 대학에 있었다. 리틀우드는 3년간 맨체스터에 있던 것을 제외하고는, 그의 학생시절부터 (1910년부터) 1950년 은퇴할 때까지 캠브리지에(역시 트리니티 대학에) 있었다. 하디의 「순수 수학 강좌(1908)」는 해석학의 그 당시의 현대적인 개념들 (수, 극한, 함수)을 엄격한 형태로 영국에 소개했다. 하디는 1911년부터 계속하여 리틀우드와 공동으로 많은 연구 – 그의 자주 인용되고 논쟁의 여지가 있는 「수학자의 변명(1940)」에서 그가 격찬했던 "순수 수학" 안에 있는 모든 것 – 를 이루었다. 이 연구 가운데 푸리에 급수에서의 "하디 – 리틀우드" 정리, Waring과 골드바흐 문제, 디오판투스 어림셈과 소수 정리가 있다. 하디의 생애에서 "로맨틱한 사건"(하디가 그렇게 불렀음)은 그가 마드라스에서 온 인도 사람, 수 이론의 천재 라메누얀(Srinivara Ramanujan)을 발견한 것이다. 하디는 1917년부터 1919년까지 라메누얀을 캠브리지에 머물 수 있도록 하였으며 그 후 라메누얀은 인도에 돌아가 1920년 32세의 나이로 세상을 떠났다. 이 두 사람의 협력으로 많은 결과를 얻었는데 특히 수의 분할(*partitio numerorum*)에서 많은 결실이 있었다.

하디는 러셀의 제자이었다. 러셀은 하디와 함께, 「대전(*Principia*)」의 공저자인 화이트헤드(A. N. Whitehead)가 그랬듯이, 캠브리지에 많은 방문객들을 끌어들였다. 하디의 가까운 동료로는 해석학자 베시코비치(A. E. Besikovitch)와 유명한 저서 함수론(*Theory of Functions*, 1932)의 저자인 티취말쉬(E. C. Tichmarsh)가 있다. 하디의 순수 수학과 러더포드의 물리학 사이에 파울러(R. H. Fowler)가 있었다. 파울러의 제자 중 하나가 디락(D. M. Dirac)이었다. 디락과 리틀우드는 모두 파울러가 그의 표준적인 「통계역학(*Statisical Mechanicas*, 1929)」을 저술하는 데 도움을 주었다.

이 모든 사람들 때문에 학생들과 방문객들이 캠브리지로 몰려들었다. 특히, 1930년대에는 옥스포드에서 돌아온 하디와 함께 파시즘과 혁명으로부터의 망명한 많은 수학자들이 캠브리지로 와서 캠브리지 대학은 수학적인 삶의 거대한 중심으로서 괴팅겐 대학을 대체하게 되었다.

1912년부터 1946년까지 에딘버러 대학에서 활동하던 휘태커(Edmund T. Whittaker)는 수리물리학자 (그리고 카톨릭 철학자)였다. 그러나 그는 모든 학생들에게 캠브리지에서 왓슨(G, N. Watson)과 함께 쓴 훌륭한 “휘태커－왓슨”「현대해석학(*Modern Analysis*, 1915)」을 읽도록 강요했다. 이 책은 초월 복소함수들을 잘 설명하고 있다. 여기에는 연습문제들이 있었는데, 어떤 것들은 매우 까다로운 문제들이었다. 이는 하디와 티치마쉬의 책에서도 마찬가지였는데, 이것은 옛날 캠브리지 우등생 졸업시험에서 비롯된, 문제해결 훈련을 강조하는 전통으로서 지금은 점차 사라져 가는 전통이었다.

캠브리지에서 교육을 받은 영(William Henry Young)은 몇 가지 학술적인 직책을 맡고 있었는데, 하나는 캘커타(1913－16)에서이다. 독자적으로 그는(1902년경) 르베르그(Lebesgue)와 베르(Baire)의 프랑스 학파의 방법을 영국에 소개했으며, 푸리에 수열과 해석학의 다른 분야를 연구했다. 이 일은 그의 아내 그레이스 영(Grace Chisholm Young)과 협력하여 이루어졌는데, 그녀는 클라인(Felix Klein)의 지도로 군론의 입장에서 구면 삼각법에 관한 박사논문을 썼다.(1895) 그들은 레이드(Constance Reid)가 괴팅겐의 분위기를 기술했듯이, 하디－리틀우드 시기의 캠브리지의 매우 개인적 기사를 제공한 로렌스 영(Laurence Young)의 부모이다.[19]

---

19) L. Young. [수학자와 그들의 시대](*Mathematicians and Their Times*)(Amsterdam, etc., 1981); C. Leid, [힐베르트](*Hilbert*)(New York, 1970); [괴팅겐과 뉴욕에서의 쿠랑](*Courant in Götingen and New York*) (New York, 1976) Young의 초기 교사들 중 하나가 애보트(Edwin A. Abott)였다. 애보트의 2차원 세계, *Flatland*(1884)의 환상이 널리 각광을 받았는데 그때는 특히 민카오스키와 아인슈타인이 1920년대와 30년대에 아니쉬타인 이론에 대중의 관심을 받고 있었던 4차원의 세계를 소개했을 때이다.

13

1917년 10월 혁명은 러시아 과학의 성장에 강력한 영향을 미쳤고 그 영향이 수학에도 미쳤다. 로바체프스키(Lobačevskiĭ), 오스트로그라드스키(M. V. Ostrogradskiĭ), 그리고 특별히 성 페테르부르크 학파의 창시자인 체비셰프(P. L. ČebyŠev 또는 Tschebycheff)에 기초한 강력한 전통이 이미 존재하고 있었다. 그리고 마르코프(A. A. Markov)와 랴프노프(A. M Ljapunov)가 그들에게 교육을 받았다. 체비세프는 1847년부터 1894년 그가 죽을 때까지 성 페테르부르크에서 순수 학문과 응용 사이의 관계에 관한 예리한 감각을 가지고 수론(소수 이론), 근삿값 문제, 적분 그리고 미분기하로부터 운동학과 확률에 이르기까지 많은 분야에 걸쳐 왕성한 활동을 했다. 체비셰프는 확률에서 예리한 정의를 강조했고, 그의 도움으로 마르코프(Markov)는 확률변수의 "마르코프 연쇄"(Markov Chains, 1906년 그리고 그 후)를 얻었다. (마르코프는 성 페테르부르크에서 1886년에서 1905년까지 교수로, 1922년 까지 명예교수로 있었다) 이 연쇄는 통계물리학, 유전학, 경제학에서 중요성이 부각되었으며 콜마고르프(A. N. Kolmogorov)가 그 이론적 기초를 다졌다.

랴프노프(Ljapunov)의 연구는 그가 기초 극한이론을 일반화시킨 확률이론(1900－01)과 천체역학에 관한 그의 탐구 두 가지 모두 라플라스의 맥을 잇는다.

성 페테르부르크 학파에는, 1894년 이후 바르샤바(그때는 러시아의 통치하에 있었음)의 교수였고 정수론에서 연구가 뛰어난 보로노이(G. F. Voronoĭ)가 있었다.

혁명 이후 모스크바는 소련의 수도가 되었다. 이제, 가측 함수에 관한 정리(1911)로 잘 알려진 에고로프(D. T. Egorov)의 제자였던 루진(N. N. Luzin)의 다중적 영향으로 수학의 모스크바 학파가 발달하였다. 루진은 괴팅겐과 파리(1901, 1910)에 갔었고, 1914년부터 1953년 세상을 떠날 때까지 모스크바에서 가르쳤다. 그는 측도론을 실함수에 적용한 최초의 사람들 중 하나였으며, 특히 삼각 급수를 연구하였다. 그는 세미나와 강의, 교과서를 통해서 해석학, 적분, 집합론의 많은 분야에서 젊은 세대를 교육하였다. 루진이 모스크바에 한 것과 마찬가지로 폴란드에서 활동한 시어핀스키는 루진과 친밀한 관계에 있었다.

루진의 영향을 받은 젊은이들 중에는 알렉산드로프(Paul S. Aleksandrov), 킨친(A. Ja. Hinčin(Khintchin)), 유리손(P. S. Urysohn), 콜모고르프(A. N. Kolmogorov), 류스테르닉(P. A. Ljusternik) 그리고 퐁트랴진(L. S. Pontrjagin)이 있었다. 알렉산드로프는 퐁트랴진, 유리손(1924년에 26세의 나이로 익사했다)과 함께 모스크바 위상학교를 설립하였으며 거기서 서양(Göttingen, Brouwer, Hausdorff)과의 접촉을 유지하였다. 이들 젊은이들 중 몇 명은 함수론에 대한 연구에서 루진의 뒤를 이었다. 이 전반적인 활동 영역에서 전형적인 것은 이론과 기계, 물리학, 산업에의 응용 사이의 연결성에 관한 고려였으며 이는 소련정부에 의하여 장려되었다. 확률 연구는 살아남았다; 가장 잘 알려진 이론적 결과의 하나는 콜모고르프의 집합론에 기초한 공리계 *Grundegriffe der Wahrsheinlichkeitsrec-hnung*(1934)였다.

지도적인 산술학자는 비노그라도프(I. M. Vinogradov)였다. 그는 처음에는 레닌그라드에 1934년 이후에는 모스크바에 있었다. 보로노이(Voronoĭ)에 의해 영향을 받았고 여러 가지 면에서 하디, 리틀우드와 유사한 비노그라도프는 Waring과 골드바흐의 문제인 수의 위치이론(position theory)을 다루었다. 이런 점에서 우리는 힐베르트의 여덟 번째 문제를 생각하게 된다.

기하학은 카간(V. F. Kagan)으로 대표된다. 그는 처음에는 오뎃사에 1922년 이후에는 모스크바에 있었다. 초기에 카간은 힐베르트 정신에 입각하여 기하학의 기초를 연구하였다. 그러나 모스크바에서 그는 자신의 이론을 미분기하학과 텐서 계산에 응용했다. 그는 1933년 그리고 그 후에 출판된 회보 *Trudy*("Transactions")로 국제적으로 알려진 세미나를 미분기하학과 텐서 미적분학에 전적으로 할애했다. 이 시기에 그는 이미 로바체프스키의 권위자가 되었다.

우크라이나의 중요한 대학은 하르코프(Harkov or Kharkov)였다. 거기에서 번스타인(Serge Bernstein)이 1907년부터 1933년까지 가르쳤다. 그 후에 그는 성 페테르부르크로 갔고, 1943년 모스크바로 갔다. 번스타인은 파리와 괴팅겐에서 공부를 했고, 파리에서(1904) 학위논문을 썼다. 그리고 그 후의 연구에서, 체비쉐프(근삿값, 확률)와 바이어슈트라스(Weierstrass) 둘 다의 영향을 발견할 수 있다. 여기서 우리는 다시 응용수학(생물학)의 문제에의 깊은 관심을 발견하게 된다.

1919년에 폴란드는 독립하였다. 우리는 이미 1911년에 시어핀스키(Sierpiński)가 오직 한 가지 주제를 위한 최초의 잡지 「수학 기초(*Fundamenta Mathematica*)」를 펴내서, 폴란드 위상학파의 기초를 다졌다는 것을 살펴보았다. 시어핀스키의 학생들 중에서 쿠라토프스키(K. Kuratowski)와 타르스키(Alfred Tarski)를 찾을 수 있다. 탈스키는 논리학자로 알려졌으며 후에 버클리(California Berkeley)로 갔다. 두 번째 학파가 루우에 있는(그 당시는 폴란드에 속했음.) 바나흐(Stefan Banach)와 루블린의 스테인하우스(Hugo Steinhaus) 영향하에 발전하였다. 이 학파에서 바나흐는 볼테라와 힐베르트에 기인한 보다 특별한 측면의 연구로부터 포괄적인 영역에 이르기까지 함수 해석학에 크게 기여했다. 바나흐의 이 공헌은 노름 선형 공간(normed linear space) 개념의 도입과 밀접한 관계가 있으며 이 공간에서 완전 노름 선형공간은 바나흐 공간으로 명명되었다.(1922년 그리고 그 이후) 슈타인하우스는 확률로부터 생물학과 공학에 이르기까지 응용에 많은 관심을 가졌다. 그는 시각적 수학의 한 모델인 「수학적 스냅(Mathematical Snapshots)」[20]으로 많은 사람들에게 사랑을 받았다. 바나흐와 슈타인하우스는 1929년부터 줄곧 잡지 *Studia Mathematica*를 출판하였다.

폴란드 수학은 1939년부터 1945년까지 나치가 점령한 영향을 심하게 받았다. 그 나라에서 떠나지 않은 많은 수학자들은 죽임을 당했다. 어쨌든 바나흐와 슈타인하우스는 그 공포에서 살아남았다. 그러나 바나흐는 몇 달 밖에 살지 못했다.

14

이탈리아에서는 기하학적 경향이 강했었으며, 독일의 브릴(A. Brill)과 뇌터(Max Noether)에 의해 조성된 대수기하의 전통이 특히 강했다. 여기서 세그레와 별도로, 캐슬누보, 세베리, 엔리케스(Federigo Enriques)의 저서들과 가르침과 언급하겠다. 그들의 연구 결과의 많은 부분은 세베리의 책, 특히 독일어로 된 「대수기하 강독(*Vorlesungen über algebraische Geometrie*, (1921)」에 수록되어 있다. 이 책과 그 이후의 연구들은 대수곡선과 고차원의 변종(varieties), 리만 표면, 그리고 아벨 적분을 다루고 있다. 독일의 클라인과 같이 엔리케스 역시 교육적인 문제에 강한 관심을 갖고 있었으며, 그의 「과학적 사고의 역사(*Storia del pensiero scientifico*, 1932, 후에 MIT에서의

20) 수학의 심미적 가치에 관한 고려 뿐 아니라, 결정학 역시 시각적 수학의 측면이다. 영향력있는 저서는 미국의 화가이자 삽화가인 햄비지(Jay Hambidge)의 『대칭 역동의 원론』(*The Elements of Dynamics of Symmetry*)(1926)(Dover 재출판, 1967)이었다. 이미 언급한 벌콥프의 『심미적 측정』(*Aesthentic Measure*)(1933, 개정판, 1961), 스페이서(A. Speiser)의 *Theorie der Gruffen von endlicher Oradnung*(베를린, 1923; 4판 Basel, 1956) 뿐 아니라 바일(H. Wyle)의 『대칭』(Symmetry)(1952)을 참조. 이 책들에는 재미있는 삽화들이 많이 있다. 위의 각주 4도 참조.

제자 Giorgio de Santillana와 공저)」와 더불어 「과학의 문제와 논리(*Problèmes de la Science et la logique*, 1909)」는 엔리케스의 과학철학에 관한 관심을 보여 준다. 그 책에서 당시 실증적 이상주의 철학의 경향에 반대하여 실제주의(realist)의 입장을 보이고 있다.

이 사람들은 모두 로마에서 죽었으며, 많은 학생들과 방문객들을 끌어 들였는데 볼테라(Volterra)뿐 아니라 레비－치비타(Levi－Civita)가 로마에 거주한 (볼테라는 1900년 이후, 레비－치비타는 1918년 이후) 이래로 더 많은 사람들을 끌어 들였다. 레비－치비타는 텐서 이외에도 많은 분야에서 활동하면서 역학(세 천체 문제), 유체역학(운하 안에서의 파동) 그리고 상대성에 공헌했다. 레비－치비타와 카르탕(Cartan)은 모두 아인슈타인과 반가운 편지를 주고받는 사람들이었다.－치비타는 언제고 젊은이들에게 친절한 가이드를 해 줄 태세가 되어 있었다.

독일에서 더욱 점진적으로 일어난 파시즘은 이탈리아에서도 역시 희생자를 내었다. 볼테라와 레비－치비타는 모두 교수직을 잃었다. 다른 사람들은 물리학자 페르미(Enrico Fermi)처럼 외국으로 가야 했다.

네덜란드가 현대적 자본주의 국가가 되면서 물리학(반데르 발스와 로렌츠), 천문학(카프테인(J. C. Kapteyn)), 수학을 포함한 과학과 예술의 르네상스를 가져왔다. 로렌츠의 「전기이론(*Theory of Electrons*)」은 1909년 것으로 추정된다. 지도적인 수학자는 암스테르담의 코르테웨그, 레이덴의 클루이버, 그로닝겐의 쇼우트였다. 코르테웨그는 "코르테웨그－데브리(Korteweg－DeVries)" 정리로 역학과 유체역학 분야에 주로 공헌하였다. 클루이버의 논문은 샤슬르와 에르미트의 정신에 주로 기인하며, 쇼우트는 이미 언급한 대로 n－차원 다면체(polytope) 분야에 공헌했다. 코르테웨그는 브로우베르의 논문 지도교수였으며 호이겐스의 「전집(*Oeuvres*)」의 편집인이었다. 브로우베르는 위상과 기초론 연구를 네덜란드에 소개하였고 시그니피카(*significa*)라는 의미론을 창시한 독학한 수학자 만누리(G. Mannoury)에게서도 영향을 받았다. 젊은 세대에는 많은 학생들의 관심을 끈 텐서로 유명한 슈우텐(J. A. Schouten)이 있었다. 그의 조교 중에 사영미분기하와 위상에서부터 후에 수학적 통계까지 많은 영역에서 활동한 단치히(D. van Dantzig)가 있었다[21]. 반 데르 베르덴은 암스테르담 대학을 졸업했다.(논문: 1926) 한스

---

21) 『네덜란드의 수학 20년』(*Two Decades of Mathematics in Netherland, 1920－1940*), E. M. J. Bertin, H. J. M. Bos, and A. W. Grootendorst, eds. (2 parts; 암스테르담, 1970)를 참조. 또 Van der Corput의 논문 "Literature" 절 이하를 참조.

프로이덴탈(Hans Freudenthal)은 나치 시대에 네덜란드로 왔으며 1946년 이후에 유트레히트 대학에 있었다.

헝가리에서는 리쓰(F. Riesz)가 함수해석과 힐베르트 공간에서의 선형 연산에 관한 연구(우리는 Riesz－Fisher정리를 언급했었다)에 기여했으며, 페제르는 1911년부터 1959년 죽을 때까지 (잠깐 동안을 제외하고) 부다페스트에서 조화해석학 분야의 많은 연구를 했다. 비엔나에서 한스 한(Hans Hahn) 역시 주로 해석학자였으며 실함수와 추상공간을 연구했다.

한은 수리철학에 관심이 있었으며 슐리크(Moritz Schlick)를 비엔나로 오게 하는데 일조하였다. 1922년 이후 몇 년 동안 슐리크 주변에 소위 비엔나 서클(Vienna Circle)이 형성되었다. 비엔나 서클은 "형이상학 없이" 과학에 기초하여 세계를 관망하는 데 흥미를 가진 수학자와 과학자들로 구성되었다. 이 "논리 실증주의자" 집단에 수학자 한(Hahn), (한과 함께 수학한) 괴델(Gödel), 그리고 카르납(Rudolf Carnap)이 속해 있었다. 특히 비트겐슈타인(Ludwig Wittgenstein)이 영향이 컸다. 카르냅은 「언어의 논리적 문장론(1934)」의 저자이다. 「논리－철학 소책자(1922)」의 저자 비트겐슈타인은 자신의 방법으로 의미론, 수리 논리 그리고 과학적 탐구의 기초를 연결하는 길을 만들려고 노력하였다. 파시즘의 출현으로 비엔나 서클은 해산되었으며, 이 모임의 회원 중 몇은 외국에 영향력 있는 자리에 가게 되었다. 카르냅은 시카고로, 괴델은 프린스톤으로 그리고 비트겐슈타인은 영국의 캠브리지로 갔다.[22)]

스칸디나비아에서는 노르웨이의 스콜렘(T. A. Skolem)어, 스톡홀름의 칼리맨 그리고 코펜하겐의 보어(준－주기함수)가 있다. 스위스에서는, 바젤의 후르비츠(Hurwitz)와 민코프스키(민코프스키는 1896년부터 1902년 까지)가 활동하였다. 1911년부터 오일러(Euler)의 기념비적인 「전집」이 스위스의 후원으로 발간되었다.

일본은 이 기간 동안 수학의 현대기에 들어섰다. 우리는 대수학자 다카기(Tejii Takagi)와 그의 제자들(아벨 체, 힐베르트의 12번째 문제와 관련하여)을 언급한다. 가와구치(Kawaguchi, A.)와 그에게 영향을 받은 사람들은 미분기하와 텐서를 연구하였다. 수학의 새로운 학파가 인도, 캐나다, 체코에서도 발달하기 시작하였다.

---

22) 이러한 접근에서의 이상주의는 많은 비판을 받아 왔다. M. Cornforth의 『막스주의와 언어철학』(*Marxism and Linguistic Philosophy*)(New York, 1965)을 참조. Cornforth는 캠브리지에서 1930년 경 비트겐슈타인 주변에 모여 들었던 학생들 중 하나였다.

15 미국의 수학은 1880년대에 유럽 특히 독일에 유학했던 사람들에 의해 세계적인 표준이 세워졌다. 그들 중에 오랫동안 하버드 대학에 있던(각각 1890－1933, 1891－1918) 오스굿(W. F. Osgood)와 뵈커(M. Bôcher) 외에 시카고학파의 창시자 무어(E. H. Moore)가 있다. 오스굿의 「함수론 학습서(1907)」는 정확성과 설명 형태 때문에 오랫동안 표준 교과서로 사용되었다.

하버드의 조지 버코프(George D. Birhoff)와 프린스톤의 베블렌(Oswald Veblen, 각각 1912－44, 1905－60)은 이보다 젊은 세대에 해당된다. 베블렌은 새롭게 창립된 **고등연구원**23)에서 1932년부터 1950년까지 연구했다. 버코프는, 1913년 제한된 3체 문제에 관한 푸앵카레의 "마지막 정리"의 증명에 성공한 이래, 측도 추이(metric transitivity) 개념과 1931년 이후에는 에르고드 정리(ergodic theorem)로 연구를 풍성하게 한 푸앵카레의 정신으로 연구를 계속하였다. 그의 관심은 중력에 관한 이론을 포함해서 (1944에 특수상대성에는 아인슈타인에 동의했지만, 일반상대성 이론에는 동의하지 않았다) 여러 방향으로 나아갔다. 우리는 이미 그의 「심미적 측도(*Aesthetic Measure*, 1933, 그림이 풍부한)」를 언급한 바 있다. 1940년대에 불 대수(속) 분야에서 그의 연구를 시작한 가렛 버코프(Garrett Birkhoff)는 그의 아들이다.

베블렌은 공리론에서 시작하였다. 그 공리론은 1911년 다트머스24)에서 시작하여 영(John W. Young)과 함께 쓴 두 권으로 된 책 「사영기하(*Projective Geometry*, 1912, 1918)」에서 특징을 확고히 하였다. 그의 「해석학(*Analysis Situs*, 1922)」는 많은 수학자들에서 새로운 길을 열어 주었으며, 그들을 프린스톤 위상학파로 이르게 하였다. 프린스톤 위상학파는 알렉산더와 레프쉐츠와 더불어 조합위상학(Combinatory topology)의 연구에서 부터 대수적 위상학과 호몰로지 대수(후에 레프쉐츠가 이를 맥시코에 소개)로 이어졌다. 베블렌은 화이트헤드와 함께 「미분기하학 기초(1932)」를 저술하였다.

유한군을 연구하며 세 권으로 된 감동적인 저서 「수론의 역사(1919－23)」를 쓴 딕슨

---

23) 개인 기부금으로 설립된 순수 연구 기관. 교육자이며 학자인 플렉스너(Abraham Flexner)가 그의 비판적인 책, 『대학, 미국인, 영국인, 독일인』(*Universities, American, British, German*)(1930)에 쓴 아이디어에 따라 설립되었다. 이 기관은 수학학파와 더불어 시작되었는데, 그 초창기 회원으로는 아인슈타인, 바일과 나치 점령하의 다른 과학자들 뿐 아니라 베블렌, 폰 노이만, 모르스(Marston Morse)가 포함되어 있었다.

24) 미국의 기하학자 John W. Young(1879－1932)을 앞서 언급하였던 영국의 해석학자 William H. Young(1863－1942)과 혼동하지 마시오. 고오든과 프로베니우스의 정신으로 씌어진 『변환의 대수』(*The Algebra of Invariants*)(1930)를 캠브리지에서 함께 수학하였던 J. H. Grace와 함께 저술한 영국의 목사 Alfred Young(1873－1940)도 있다.

(L. E. Dikson)의 연구는 이 시기의 미국 수학자에 속한다. 헝가리인으로 괴팅겐에서 강사를 거쳐 1930년에 프린스턴에 온 폰 노이만(John von Neumann)의 초기 연구, 비너(Norbert Wiener)의 초기 연구 등도 이에 속한다. 힐베르트의 5번째 문제에 근본적인 공헌을 한 군론과 힐베르트 공간, 연산자와 에르고드 정리가 그 시기의 노이만의 연구이다. 노이만은 양자역학과 양자 열역학의 수학에도 헌신적인 노력을 했다. 비너는 초기에 잠시 논리를 연구하기도 하였으나 그 후 브라운 운동과, 일반 타우버(Tauber) 정리를 포함하며 인공지능학(cybernetics, 1948)의 형성에 이르게 하는 일반화된 조화해석학을 연구했다. 비너는 1919년부터 1964년 세상을 떠나기까지 MIT에서 가르쳤다. 이 시기의 다른 수학자들로는 위상학과 변분법에서 버코프의 연구를 계속한 모스(H. Marston Morse), 힐베르트 공간에서 선형 작용소와 불 대수를 연구한 스톤(Marshall H. Stone)이 있다.

나치 지배 하에서 우수한 유럽인들의 이주를 함으로써 미국의 수학은 거대한 힘을 갖게 되었다. 우리는 이미 망명자들 중에서 아인슈타인, 바일, 에미 뇌터를 언급한 바 있다. 아틴, 쿠랑, 폴리야, 라데마커, 후레빅츠, 노이게바우어, 바일, 폰 미제스 등도 망명자들이다. 브라운 대학의 타마킨은 러시아에서 이미 망명해 왔다.

16 2차 세계대전 이후에 컴퓨터의 위대한 시대가 도래하였다. 그러나 컴퓨터는 오랜 역사를 갖고 있다. 컴퓨터의 역사는 쉬카드, 파스칼, 라이프니츠까지 거슬러 올라간다. 1808년 직공이었던 자카드(John－Marie Jacquard)는 천공 카드를 사용하여 제비뽑기를 프로그램하는 방법을 고안했다. 이 아이디어는 베비지(Charles Babbage)의 "분석엔진"(1833)에 계승된다. (배비지는 바이런의 딸 러브레이스의 도움을 받았다) 이 엔진은 완성되지는 않았지만, 현대 컴퓨터의 많은 아이디어들을 포함하고 있다. 이것은 "저장"할 수 있었으며, 계산을 수행하고("제조"), 조정할 수 있었다. 그러나 그 작업이 전반적으로 기계적이었기 때문에 전자 공학 만이 그것을 실용화하였다.

1884년부터 1890년까지 1890년의 미국 인구조사에 종사한 미국 통계학자 홀러리스는 개인마다 하나씩 그리고 모든 천공의 위치는 상황(교수, 나이 등)을 의미하는 천공카드로 조작되는 기계를 발명하였다. 1934년 독일인 쥬세(Konrad Zuse)는 이 시스템을 2진법 사용에 대한 라이프니츠의 아이디어를 사용하여 개선하였다.

베네버 부시(Vannevar Bush)는 MIT에서 비너(Norbert Wiener)와 협력하여 어떤 적분을 계산하고 특정 형태의 미분방정식을 풀기 위한 아날로그 컴퓨터를 1939년에 제작하였다. 1936년 프린스턴에서 젊은 영국인 튜링(Alan M. Turing)은 가능한 논리 기계의 추상적 모델로서 힐베르트의 결정문제 같은 문제를 위하여 정신적으로 구성되는 "튜링 기계"를 정의하였다. 1945년 이후 영국의 맨체스터에서 튜링은 실용적인 컴퓨터 제작에 그의 아이디어를 적용했다. 그 다음에는 MIT에 있었던 섀넌은 그의 정보 이론에 대한 논리적 설계에서 몇 단계 진전하였다.

컴퓨터 계산의 새로운 시대는 1937년 하버드에서 아이켄(Howard H. Aiken)에 의해 IBM(International Business Machines Corporstion)의 도움으로 Mark I과 함께 시작하였다. 방대한 산업계가 흥미를 갖기 시작했다. 그래서 Mark Ⅰ은 현대 기술공학과 경제적 이익 모두를 소유하였다. 그러나 컴퓨터는 여전히 주로 기계적인 자기장치를 포함하였다. 이제 빠르게 진전이 찾아 왔다. 마크Ⅱ(1945－47)는 전자기 교대로 모든 산술과 전달 연산을 해냈다. 첫 번째 전자 컴퓨터인 ENIAC은 1946년 필라델피아의 펜실베이니아 대학에서 완성되었다. 이 모든 것은 여전히 대학에서 연구되었으나 1960년대에 와서 컴퓨터는 상업적인 목적에 유용하게 사용되었다. 비로소 컴퓨터 시대가 시작된 것이다.

참고문헌

Dubby, J. M. *Development of Modern Mathematics.* New York, 1970.

Freudenthal, H. "The Implicit Philosophy of Mathematics Today." In *Contemporary Philosophy, a Survey,* R. Klibansky, ed. Florence, 1968, pp. 342 – 68.

Prasad, G. *Mathematical Research in the Last Twenty Years.* Berlin, 1923.

Weyl, H. "A Half Century of Mathematics." *Amer. Math. Monthly,* Vol. 58 (1951), pp. 523 – 83.

저자는 다양한 출처에서 여러 언어로 된 원자료와 2차 자료를 참조하고 그 출처를 밝히고 있으나 이 책에서는 현재 입수가 어려운 저서, 논물 등은 참고문헌에서 제외하였다.(옮긴이)

찾아보기
(사항)

ㄱ

가부번집합 / 171
견인곡선 / 108
계산술(logistics) / 64
고바르 / 72
고유값 / 205
고유삼각형 / 117
고유함수 / 205
골드바흐의 추측 / 199
구장법 / 108
구장산술 / 33, 78, 79
구적법 / 99, 108, 115, 152
균일화 / 201, 206, 219
기수법 / 11, 23, 27, 28, 32, 65

ㄴ

나선체 / 127

ㄷ

대수 / 181, 183, 185, 197, 208, 209, 215, 219
대수학의 기본 정리 / 151
대합 / 111, 156, 174
데자르그의 정리 / 111
동차좌표 / 175, 185
등각나선 / 123
등시곡선 / 109, 125
등주곡선 / 124
뛰어난 계산술 / 93

ㄹ

라플라스 방정식 / 143, 158
라플라스 변환 / 144
러셀의 역설 / 172, 210, 211
로그 / 95, 96
로그곡선 / 108
로피탈의 법칙 / 118
리만면 / 219
린드 파피루스 / 23, 24
릴라바티 / 70

ㅁ

마방진 / 33
만유인력 / 113, 115, 133
매클로린 급수 / 138, 139
메르센의 수 / 107
모스크바 파피루스 / 23, 61
무리수 / 42, 44, 46, 51, 75, 76, 89, 169, 171, 210
무한곱 / 108, 128, 169
무한급수 / 87, 113, 126, 128, 133, 139, 160, 163, 164
무한소 / 42, 46, 53, 100, 105, 111, 114, 133, 141
무한원점 / 111, 156, 176
미적분학 / 99, 101, 106, 108, 109, 113, 117, 118, 119, 122, 129, 130, 133, 140, 155, 179, 214, 215, 223

ㅂ

바늘 문제 / 137
방법서설 / 102
범함수 / 196, 202, 204
베르누이의 수 / 124
베르누이의 정리 / 124, 144
변분법 / 118, 124, 127, 140, 141, 201, 218, 219, 228
보편 언어 / 117
보편산술 / 115
복소수 / 91, 151, 152, 153, 159, 168, 183
복소함수론 / 159, 207, 212
불가분량의 기하 / 101, 107
브라미(Brāhmī) 숫자 / 32
비유클리드 기하학 / 51, 168, 177, 178, 182, 187, 192

ㅅ

사영기하학 / 138, 155, 156, 172, 173, 174, 175, 176, 181, 182, 185, 186
사이클로이드 / 106, 109, 118, 124
산반서 / 85
산술삼각형 / 111
산학의 연구 / 82
삼각급수 / 125, 136, 158, 167
삼각법 / 60, 70, 74, 76, 77, 85, 88, 92, 126, 137, 164, 221
삼각수 / 12, 14, 41
삼등분 / 40, 63
삼체문제 / 128, 135, 136, 140, 143
상미분방정식 / 123, 125
셀류키드 / 29, 30, 31, 48, 49, 57
소수 / 79, 206
소피스트 / 39, 40
수(arithmos) / 64
수비학 / 15
수학기초론 / 172, 190, 218
술바수트라스 / 32
스와스티카 / 14
스콜라 철학 / 1, 100, 101, 106
신개선 / 108
실무한 / 43, 86, 101, 159, 170, 171, 172
실진 / 106
십진 기수법 / 27, 65
싯한타스 / 69, 71, 73
쌍대성 / 172, 175
쎄타 함수 / 164

| ㅇ |

아카데미 / 44, 107, 108, 122, 126, 134, 136, 154, 161
알고리즘 / 73, 86, 185
알마게스트 / 57, 60, 69, 74
알폰사인(Alfonsine)표 / 77
에를랑겐 프로그램 / 186, 187
역경 / 33
연주형 / 123
워링의 정리 / 218
원론 / 39, 44, 45, 46, 49, 50, 51, 60, 64
원적 / 40
유량 / 114
유율 / 113, 114, 115, 130, 133
유율론 / 115, 179
유율법 / 114, 138
음수 / 34, 78, 91, 107, 113
이분법 / 43
인도-아라비아 숫자 / 86
입문 / 105

| ㅈ |

자이나교 / 32
적분법 / 99, 127
적분판정법 / 139
점수문제 / 111
정육면체의 배적 / 40, 162
제타함수 / 169
좌표 / 118
주비산경 / 33
주판 / 83, 86
직관주의 / 172, 211, 212
집합론 / 150, 171, 172, 196, 198, 202, 209, 210, 211, 218, 222, 223

| ㅊ |

천체 역학 / 180, 190
초월성 / 199
초월수 / 189
초한기수 / 171
최단강하선 / 124
최소운동원리 / 134, 135, 140
최소제곱법 / 144, 152, 154
추측술 / 124
축폐선 / 53, 56, 108

| ㅋ |

카테시안 / 56
케플러의 법칙 / 113
코덱스 비길라우스 / 85
쾨니히스베르크의 일곱 다리 / 128
퀴포스 / 17
크래머의 역설 / 138

| ㅌ |

타원함수 / 153, 154, 163, 164, 170, 189
테일러 급수 / 119, 139, 160, 204
텐서 / 179, 185, 192, 198, 215, 217, 223, 225, 226
텐서미적분 / 214, 215

| ㅍ |

파스칼의 삼각형 / 79, 111, 124
파스칼의 정리 / 111
퍼텐셜 / 113, 143, 153, 166, 180, 190, 205
페르마의 정리 / 110
펜탈파 / 14
편미분방정식 / 125, 136, 155, 157, 158, 165, 180, 181, 188, 189, 192, 201
포락선 / 108
포물선 / 52, 53, 56, 77, 99, 101, 115, 124
푸리에 급수 / 57, 158, 159, 166, 167, 220
프린키피아 / 114, 115, 127, 134, 141
플라톤 다면체 / 187
피타고라스 학파 / 40, 41, 42
피타고라스의 세 수 / 29

| ㅎ |

학술기요 / 117, 123
할선곡선 / 40
함수 / 118
해석기하 / 104, 105, 182
행렬 / 34
허수 / 92, 93, 167, 178
헬레니즘 / 22, 48, 49, 53, 56, 58, 59, 61, 68
현수면 / 127
현수선 / 101, 108, 123
형식주의 / 73, 172, 211, 212
화법기하학 / 155

| 기타 |

10진법 / 71, 73, 78
20진법 / 11, 16
4과 / 82
5진법 / 11
60진법 / 27, 29, 33, 59, 60, 65, 85
7과 / 82

찾아보기
(인명)

ㄱ

가와구치(A. Kawaguchi) / 226

가우스(Carl Friedrich Gauss) / 2, 104, 126, 128, 145, 150, 151, 152, 153, 154, 158, 159, 161, 162, 163, 166, 169, 170, 176, 177, 178, 183, 187, 189, 191, 192, 198, 206

갈루아(Evariste Galois) / 140, 161, 162, 163, 186, 187, 208

갈릴레오(Galileo Galilei, 1564–1642) / 99, 100, 101

고르단(Paul Gordan, 1837–1912) / 185, 209, 219

골드바흐(Christian Goldbach, 1690–1764) / 199, 220, 223

괴델(Kurt Gödel, 1906–1978) / 211, 212, 226

구르사(Edouard Goursat, 1850–1936) / 190

굴댕(Paul Guldin, 1577–1643) / 99, 106

그라스만(Hermann Grassmann, 1809–1877) / 179, 183, 185, 187, 212, 215

그란디(Guido Grandi, 1671–1742) / 130

그레고리(James Gregory, 1638–1675) / 46, 70, 75, 119

그린(George Green, 1793–1841) / 143, 180, 184, 205

그림(Jakob Grimm, 1785–1863) / 11

깁스(Josiah Willard Gibbs, 1839–1903) / 181, 183, 185, 215

ㄴ

나시르 알딘(Nasǐr al–dǐn, 1201–1274) / 88, 176

나폴레옹(I. Napoleon, 1769–1821) / 142, 143, 149, 154, 156, 157

네비에르(Louis M.H. Nevier, 1785–1836) / 159

네이피어(John Napier, 1550–1617) / 95, 96

노이게바우어(O. Neugebauer) / 23, 228

노이만(John von Neumann) / 228

뇌터(막스)(Max Noether) / 209

뇌터(에미)(Emmy Noether, 1882–1935) / 209, 219, 228

뉴턴(Isaac Newton, 1642–1727) / 47, 105, 106, 108, 109, 113, 114, 115, 117, 119

니덤(Joseph Needham) / 33

니코마코스(Nichomacus, A.D. 100년경) / 60, 82

ㄷ

다르부(Gaston Darboux, 1842–1917) / 188, 189, 192, 195, 214

다카기(Tejii Takagi) / 226

단치히(D. van Dantzig) / 225

달랑베르(Jean Le Rond D'Alembert, 1717–1783) / 122, 125, 129, 130, 136, 137, 139, 140, 141, 142, 143, 144, 145, 150, 151, 158, 159, 160, 167

데데킨트(Richard Dedekind, 1831–1916) / 46, 170, 171, 174, 209

데모크리토스(Democritus, B.C. 약 460–370) / 40, 48

데자르그(Gerard Desargues, 1593–1662) / 107, 109, 111, 156

데카르트(Rene Descartes, 1596–1650) / 1, 2, 87, 94, 101, 102, 104, 105, 106, 107, 113, 117, 134

데커(Ezechiel de Decker, 약 1630년경) / 94, 95

데탄빌(A. Dettonville) / 106

덴(Max Dehn) / 201, 213

덴조이(Arnoud Denjoy) / 203

뒤러(Albrecht Dürer, 1471–1528) / 90

듀팽(Charles Dupin, 1784–1873) / 156, 157

드 모르간(Augustus De Morgan, 1806–1871) / 184

드 비트(De Witt, 1625–1672) / 111

드 무아브르(Abraham de Moivre, 1667–1754) / 137

디드로(Denis Diderot, 1713–1784) / 135, 136

디락(D. M. Dirac) / 221

디리클레(Peter Gustav Lejeune Dirichlet, 1805–1859) / 153, 158

디오판토스(Diophantus, 약 250년경) / 2, 59, 61, 62, 63, 66, 93, 109
딕슨(Leonard Dickson) / 207, 227

ㄹ

라그랑주(Lagrange, Joseph-Louis, 1736－1813) / 122, 126, 133, 135, 138, 139, 140, 141, 142, 143, 144, 145, 154, 157, 158, 159, 160, 161, 162, 164, 169, 186
라데마커(Hans Adolph Rademacher, 1892–1969) / 228
라란드(J.J.de Lalande) / 146
라메(Gabriel Lame, 1795–1871) / 185
라메누얀(Srinivara Ramanujan, 1887–1920) / 220
라이프니츠(Gottfried Wilhelm Leibniz, 1646–1716) / 91, 94, 106, 108, 109, 111, 113
라크로와(Sylvestre－François Lacroix, 1765–1843) / 155
라플라스(Pierre–Simon Laplace, 1749–1827) / 2, 122, 126, 128, 135, 137, 186, 190, 205, 222
란다우(Edmund Landau, 1877–1938) / 215, 217, 219
람베르트(Johann Heinrich Lambert, 1728–1777) / 1, 122, 176, 189
랴프노프(A. M. Ljapunov) / 222
러더포드(Ernest Rutherford, 1871–1937) / 220, 221
러셀(Bertrand Russell, 1872–1970) / 172, 185, 197, 198, 207, 210, 211, 212, 213, 220
레비(Paul Levy) / 220
레비－치비타(Tullio Levi－Civita, 1873–1941) / 192, 214, 225
레예(Karl Theodor Reye, 1837–1919) / 174
레오나르도(Leonardo of Pisa) / 77, 85, 88, 89, 99
레이드(Constance Reid) / 221
레이몬드(Paul Dubois Reymond) / 202
레일리(John Willian Strutt Rayleigh) / 181
레티쿠스(G. J. Rheticus, 1514–1576) / 92
레프쉐츠(Solomon Lefschetz, 1884–1972) / 208, 227
로랑(P.M.H. Laurent, 1813–1854) / 159
로렌츠(Hendrik Antoon Lorentz, 1853–1928) / 181, 225
로바체프스키(Lobačevskiĭ, 1793–1856) / 177, 178, 187, 222, 223
로베르발(Giles Personne de Roberval, 1602–1675) / 1
로피탈(Guillaume–Francois–Antoine L'Hospital) / 105, 118
루리아(S. Luria) / 47
루메인(Jan Romein) / 198
루멘(Adriaen van Roomen, 1561–1615) / 92
루진(Nikolai Nikolaevich Luzin, 1883–1950) / 222, 223
루피니(Paolo Ruffini, 1765–1822) / 140, 161, 162
룬게(Carl David Tolme, 1856–1927) / 218
류스테르닉(P. A. Ljusternik) / 222
르베그(Henri Lebesgue, 1875–1941) / 167, 172, 198, 202, 203, 204, 205
르장드르(Adrien–Marie Legendre, 1752–1833) / 144, 152, 153, 154, 155, 162, 163, 176, 213
리(Sophus Lie, 1842–1899) / 186, 199, 214
리만(Bernhard Riemann, 1826–1866) / 2, 128, 150, 158, 162, 166, 167, 168, 169, 178, 179, 182, 184, 185, 186, 187, 189, 191, 192, 197, 199, 203, 206, 207, 214
리스(F. Riesz, 1880–1956) / 205
리스팅(J. B. Listing, 1808–1882) / 167
리우빌(Joseph Listing, 1808–1882) / 162, 188, 189, 197, 205
리치(Gregorio Ricci－Curbastro, 1853–1925) / 192
리틀우드(John Edensor Littlewood, 1885–1977) / 215, 220, 221, 223
리프시츠(R. Lipschitz, 1832–1903) / 192
린데만(Ferdinand Lindemann, 1852–1939) / 185, 189, 199

ㅁ

마르코프(A. A. Markov, 1856–1922) / 222
마사시오(Masaccio) / 89
마하비라(Mahāvira, 850년경) / 70
말루(Etienne Malus, 1775–1812) / 157
매클로린(Colin Maclaurin, 1698–1746) / 138, 139
맥스웰(James Clerk Maxwell, 1831–1879) / 181, 215
메르센(Marine Mersenne, 1588–1648) / 107, 111
모스(H. Marston Morse) / 228

모페르튀이(Pierre Louis Maupertuis) / 122, 134, 135, 165
몬튜클라(Jean-Etienne Montucla, 1725-1799) / 146
몽주(Gaspard Monge, 1746-1818) / 142, 152, 154, 155, 156, 157, 172, 175, 187, 214
뫼비우스(Auaust Ferdinand Mobius, 1790-1868) / 173, 174, 175
무어(Eliakim Hasting Moore, 1882-1974) / 113, 207, 227
미카미(Yoshio Mikami, 1875-1950) / 33, 164
민코프스키(Hermann Minkowski, 1864-1909) / 195, 199, 201, 208, 215, 216, 218, 226

| ㅂ |

바나흐(Stefan Banach, 1892-1945) / 203, 205, 224
바사리(Giorgio Vasari, 1511-1574) / 89
바스카라(Bhāskara, 약1114-1185) / 70
바이어슈트라스(Karl Weierstrass, 1815-1897) / 159, 160, 168, 169, 171, 174, 182, 186, 188, 189, 201, 203, 207, 223
바일(Hermann Weyl,1885-1955) / 212, 218, 219, 228
발레리오(Luca Valerio, 1552-1618) / 99
발자크(Honore Balzac, 1799-1850) / 160
배로(Isaac Barrow, 1630-1677) / 105, 106, 113, 117
배비지(Charles Babbage, 1792-1871) / 180, 228
버코프(가렛)(Garrett Birkhoff) / 227
버코프(조지)(George Birkhoff) / 207, 227, 228
버클리(California Berkeley) / 223
버클리(California Berkeley, 1685-1753) / 119, 130, 133, 138
번스타인(서지)(Serge Bernstein, 1880-1968) / 223
번스타인(펠릭스)(Felix Bernstein) / 218
베로네세(Giuseppe Veronese) / 213
베르(Louis-Rene Baire, 1874-1932) / 202, 203, 221
베르나이스(Paul Bernays) / 211, 213, 218
베르누이(니콜라스)(Nikolaus Bernoulli,1662-1716) / 135
베르누이(다니엘)(Daniel Bernoulli, 1700-1782) / 122, 125, 136, 158
베르누이(야곱)(Jakob Bernoulli, 1654-1705) / 123, 124, 126
베르누이(요한)(Johann Bernoulli, 1667-1748) / 118, 123, 124
베버(빌헬름)(Wilhelm Weber, 1804-1891) / 153
베버(하인리히)(Heinrich Weber, 1842-1913) / 208
베블렌(Oswald Veblen, 1880-1960) / 207, 208, 216, 227
베시코비치(A. E. Besikovitch) / 221
베이즈(Thomas Bayes, 약1763년경) / 144
베이컨(Francis Bacon, 1561-1626) / 101
베티(Enrico Betti, 1823-1892) / 191, 204
벨트라미(Eugenio Beltrami, 1835-1900) / 186, 192, 214
보디치(Nathaniel Bowditch, 1779-1838) / 180, 184
보렐(Felix-Edouard-Justin-Emile Borel, 1871-1956) / 198, 201, 202, 205, 206, 210, 220
보로노이(G. F. Voronoĭ) / 222, 223
보슈엣(Abbe Charles Bossuet) / 146
보에티우스(A.M.S. Boethius, 약480-524/5) / 60, 81, 82, 83, 87
보익트(Woldemar Voigt, 1850-1919) / 215
본(Max Born, 1882-1970) / 218
볼리아이(Janos Bolyai, 1802-1860) / 177, 178, 187, 192
볼차노(Bernard Bolzano, 1781-1848) / 87, 159
볼테라(Vito Volterra, 1860-1940) / 191, 195, 204, 205, 216, 224, 225
볼테르(Francois Marie Arouet Voltaire, 1694-1778) / 134
봄벨리(Raffael Bombelli, 1526-1572) / 91, 162
뵈커(M. Bôcher) / 227
부시(Vannevar Bush, 1890-1974) / 229
불(George Boole, 1815-1864) / 184, 213
뷔퐁(Comete de Buffon, 1707-1783) / 137
브라마굽타(Brahamagupta, 625년경) / 69, 70
브라헤(Tycho Brahe, 1546-1601) / 92, 100
브래드와딘(Thomas Bradwardine, 약 1290-1349)) / 87
브로우베르(L.E. J. Brouwer, 1881-1966) / 208, 211, 212, 225
브룬스(Heinrich Bruns, 1848-1919) / 165

브리그스(Henry Briggs,1561-1631) / 95, 96
브리오슈(Francesco Brioschi, 1824-1897) / 191, 192
브릴(A. Brill) / 224
블락(Adriaen Vlacq, 약 1600-1667) / 94, 95
비너(Norbert Wiener, 1894-1964) / 228, 229
비노그라도프(I. M. Vinogradov) / 223
비드만(Johann Widmann) / 93
비에트(Francois Viete, 1540-1603) / 93
비에트(FranÇois Viète, 1540-1603) / 92, 93, 94, 104, 105, 162
비오(Jean-Baptiste Biot, 1774-1862) / 155
비트겐슈타인(Ludwig Wittgenstein, 1889-1951) / 226

| ㅅ |

샐먼(George Salmon, 1819-1914) / 181, 182
생방상(Gregorie de Saint-Vincent, 1584-1667) / 106, 119
생브낭(Barre de Saint-Venant, 1797-1886) / 185
샤뜰레(Marquise du Châtelet, 1706-1749) / 134
샤슬르(Michel Chasles, 1793-1880) / 175, 176, 225
세그레(Corrado Segre, 1863-194) / 213, 224
세베리(Francesco Severi) / 224
세보크트(Severus Sēbōkht, 약 650년경) / 71
솜바트(Werner Sombart, 1863-1941) / 87
쇼우텐(J. A. Schouten) / 214
쇼우트(Pieter Hendrik Schoute) / 213, 225
쉔플리즈(A. Schoenfliesz) / 200, 201
슈르(I. Schur, 1875-1941) / 219
슈미트(Erhardt Schmidt, 1876-1959) / 209, 219
슈바르츠(Hermann Amandus Schwarz, 1843-1921) / 1
슈베르트(Hermann Schubert, 1848-1911) / 176
슈타우트(Karl Christian von Staudt, 1798-1867) / 173, 174, 175
슈타이너(Jakob Steiner, 1796-1863) / 150, 163, 173, 174, 213
슈타이니츠(Ernest Steinitz, 1871-1928) / 209
슈타인하우스(Hugo Steinhaus) / 224
슐리크(Moritz Schlick) / 226
스콜렘(Thoralf Albert Skolem, 1887-1963) / 211, 226
스콧(Alice Boole Stott) / 213
스터디(Edward Study, 1862-1930) / 176, 183, 213
스털링(James Stirling, 1692-1770) / 137
스텀(Jacques-Charles-François Sturm, 1803-1855) / 219
스테빈(Simon Stevin, 1546-1620) / 94, 99, 101, 151
스테인메츠(Charles P. Steinmetz) / 196
스토크스(George Gabriel Stokes, 1819-1903) / 181
스톤(Marshall H. Stone, 1903-?) / 228
스틸체스(Thomas Joannes Stieltjes, 1856-1894) / 189, 203
스파이저(Andreas Speiser) / 16
시어핀스키(Waclaw Sierpiński, 1882-1969) / 198, 207, 222, 223
실베스터(James Joseph Sylvester, 1814-1897) / 79, 83, 164, 181, 182, 185

| ㅇ |

아다마르(Jacques Hadamard, 1865-1963) / 188, 195, 196, 204, 206, 210, 215, 220
아델라아드(Adélard of Bath, 약 1120년경) / 84
아라고(François Arago, 1786-1855) / 145
아론홀트(Siegfried Heinrich Aronhold, 1819-1884) / 181, 185
아르키메데스(Archimedes, B.C. 약 287-212) / 2, 38, 46, 47, 48, 49, 51, 52, 53, 63, 64, 74, 78, 88, 93, 98, 99, 100, 109, 124, 138, 213
아르키타스(Archytas, B.C. dir 400-360) / 41
아리스타르쿠스(Aristarchus, B.C. 280-260) / 57
아리스토텔레스(Aristotle, B.C. 384-322) / 41, 42, 43, 44, 75, 86, 87, 92, 101, 184
아리아바타(Âryabhata, 약 476년경) / 69, 70
아벨(Niels Henrik Abel, 1802-1829) / 140, 159, 162, 163, 164, 167, 169, 205, 224
아부카밀(Abū Kāmil, 약 850-930) / 77
아불-와파(Abū-l-Wafā, al-Būzjanī, 940-997/8) / 74, 75
아세트(Jean Nicolas Pierre Hachette, 1769-1834) / 155
아쇼카(Aśoka, B.C. 273-232) / 32
아우구스티누스(St. Augustine, 354-430) / 86, 172

아이켄(Howard H. Aiken) / 229
아인슈타인(Albert Einstein, 1879-1955) / 134, 181, 214, 216, 219, 225, 228
아틴(Emil Artin, 1898-1962) / 209, 228
아폴로니우스(Appolonius, B.C. 262-190) / 38, 48, 53, 56, 74, 88, 104, 105, 115
알렉산더 대제(Alexander the Great, B.C. 356-323) / 48, 49
알렉산더(James Waddell Alexander, 1888-1971) / 208, 227
알렉산드로프(Paul S. Aleksandrov) / 222
알마문(Al-Ma'mũn, 786-833) / 73
알만수르(Al-Mansũr, 754-775) / 72
알바타니(Al-Battānī, 약 850-929) / 74
알베르티(Leon Battista Alberti, 1404-1472) / 89, 99
알자르칼리(Al-Zarqūli=Arzachel, 약 1029-1087) / 77
알카르키(Al-Karkhī=Al-Karajī, 1029년경) / 75
알카시(Al-Kāshī, 약 1430년경) / 79
알콰리즈미(Muhammad ibn Mūsā al-Khwārizmī, 780-850) / 73, 74, 77, 85
알쿠인(Alcuin, 735-804) / 83
알파자리(Al-Fazārī, 약 800년경) / 71, 73
앙페르(André-Marie Ampère, 1775-1836) / 157
애커만(Wilhelm Ackermann, 1896-1962) / 211
야코비(Carl Gustav Jacob Jacobi, 1804-1851) / 2, 158, 161, 162, 163, 164, 165, 166, 169, 182, 189, 198
양휘(楊輝) / 79
에고로프(D. T. Egorov) / 222
에네스트롬(Gustav Eneström, 1852-1923) / 126
에딩턴(A. S. Eddington) / 214
에라토스테네스(Eratosthenes, B.C. 276-196) / 47, 99
에르미트(Charles Hermite, 1822-1901) / 186, 188, 189, 199, 203, 225
에우독소스(Eudoxsus, B.C. 408-355) / 44, 45, 46, 47, 48, 50, 51, 56, 57, 159, 171
엔리케스(Federigo Enriques, 1871-1946) / 224, 225
엔젤(Friedrich Engel, 1861-1941) / 188
엘스(W. C. Eels) / 11
영(그레이스)(Grace Chisholm Young) / 221
영(윌리엄)William Henry Young, 1863-1942) / 221
영(존)(John W. Young) / 227
오렘(Nicole Oresme, 약 1323-1382) / 87, 104
오스굿(W. F. Osgood, 1864-1943) / 227
오스트로그라드스키(M. V. Ostrogradskiĭ, 1801-1861) / 222
오일러(Leonhard Euler, 1707-1783) / 60, 89, 91, 105, 110, 122, 123, 124, 125, 126, 127, 128, 129, 130, 133, 134, 135, 136, 137, 138, 139, 140, 141, 143, 144, 145, 150, 151, 154, 155, 157, 158, 159, 165, 167, 169, 179, 191, 199, 207, 219, 226
오토(Valentin Otho, 약 1550-1605) / 92
왕효통(王孝通, 7세기 초) / 78
우드하우스(Robert Woodhouse) / 179
워링(Edward Waring, 1734-1798) / 218
월리스(John Wallis, 1616-1703) / 76, 105, 106, 107, 108, 109, 113
웹케(F. Woepcke) / 59, 72
윌슨(E. B. Wilson) / 215
유리손(P. S. Urysohn) / 222
유클리드(Euclid, B.C. 약 300년경) / 2, 31, 38, 39, 40, 44, 45, 46, 48, 49, 50, 51, 57, 59, 60, 61, 64, 73, 74, 76, 85, 91, 153, 154, 171, 176, 177, 179, 186, 193
유휘(劉徽) / 78

| ㅈ |

자카드(John-Marie Jacquard) / 228
제논(Zeno of Elea, B.C. 약 450년경) / 42, 43, 44, 46, 119, 130, 160
제라르(Cremona Gherardo, 약 1175년경) / 84
제르곤(Joseph Diaz Gergonne, 1771-1859) / 163, 172, 191
제르베르(Gerbert, 약 940-1003) / 83
조르당(Camille Jordan, 1838-1922) / 162, 186, 190, 200, 201, 202, 207
조충지(祖沖之, 430-501년) / 78
쥬세(Konrad Zuse) / 228
지라르(Albert Girard, 약 1590-1623) / 151
진구소(秦九韶) / 78

| ㅊ |

체르멜로(Ernest Zermelo, 1871–1953) / 209, 210, 211

체비셰프(Pafnuti Lvovich Chebyshev, 1821–1894) / 207, 222

| ㅋ |

카간(V. F. Kagan, 1869–1953) / 223

카라데오도리(Constantin Carathéodory, 1873–1950) / 219

카르냅(Rudolf Carnap) / 226

카르노(Lazare Carnot, 1753–1823) / 141, 142, 154

카르다노(Girolamo Cardano=Jerome Cardan, 1501–1576) / 90, 91, 93

카르탕(Elie Cartan, 1869–1951) / 183, 188, 215, 220, 225

카발리에리(Bonabenture Cavalieri, 1598–1647) / 87, 99, 100, 101, 105, 106, 107, 113

카소라티(Felice Casorati, 1835–1890) / 191

카시니(Jacques Cassini, 1677–1756) / 134

카얌(Omar Khayyam, 약 1050–1130) / 72, 75, 76

칸토어(Georg Cantor, 1845–1918) / 86, 87, 150, 170, 171, 172, 188, 196, 198, 199, 201, 202, 207, 208, 210, 211, 212, 218

칸트(Immanuel Kant, 1724–1804) / 1, 143, 150, 153, 178

칼리맨(Carleman) / 226

캐슬누보(Guido Castelnuovo) / 224

캐조리(Florian Cajori, 1859–1930) / 2, 207

케일리(Arthur Caley, 1821–1895) / 150, 175, 179, 181, 182, 185, 186, 187, 191, 192

케플러(Johann Kepler, 1571–1630) / 40, 47, 92, 94, 95, 99, 100, 113

켈빈(Lord Kelvin=William Thomson, 1824–1907) / 181

코르테웨그(D.J. Korteweg) / 225

코리올리(G. Coriolis, 1792–1843) / 157

코만디노(Federigo Commandino, 1509–1575) / 99

코시(Augustin Louis Cauchy, 1789–1857) / 150, 157, 159, 160, 161, 162, 167, 189

코페르니쿠스(Nicolaus Copernicus, 1473–1543) / 57, 90, 92, 100

콜마고르프(A. N. Kolmogorov, 1903–1987) / 222

콩도르세(Marquis de Condorcet) / 137

쿠라토프스키(Kazimierz Kuratowski) / 223

쿠랑(Richard Courant, 1888–1972) / 217, 218, 219, 228

쿠머(Ernst Eduard Kummer, 1810–1893) / 109, 170, 185

쿨렌(Ludoph van Coolen, 1540–1610) / 93

쿨리지(Juilan Lowell Coolidge, 1873–1954) / 213

쾨베(Paul Koebe) / 206

크라머(Gabriel Cramer,1704–1752) / 164

크레모나(Luigi Cremona, 1830–1903) / 191, 192

크렐레(August Leopold Crelle, 1780–1855) / 163, 180, 191, 197

크로네커(Leopold Kronecker, 1823–1891) / 170, 171, 172, 200, 207

크리스토펠(E. B. Christoffel, 1829–1900) / 192, 214

클라인(Felix Klein, 1649–1925) / 2, 162, 179, 182, 184, 186, 187, 188, 189, 191, 192, 196, 197, 199, 200, 215, 216, 217, 218, 219, 221, 224

클레로(Alexis Claude Clairaut, 1713–1765) / 122, 135, 138, 143, 145, 165

클레브쉬(Alfred Clebsch, 1833–1872) / 181, 185, 187, 191, 192

클리퍼드(William Kingdon Clifford, 1845–1879) / 183, 184

키르히호프(Gustav Robert Kirchhoff, 1824–1887) / 181

킹슬리(Charles Kingsley, 1819–1875) / 63

| ㅌ |

타르스키(Alfred Tarski, 1902–1983) / 223

타르탈리아(Nicolo Tartaglia, 약 1500–1557) / 90, 91, 99

타마킨(Tamarkin) / 228

타우버(Alfred Tauber, 1866–1942) / 228

타케(André Tacquet, 1612–1660) / 87, 106

탈레스(Thales of Miletus, B.C. 약 626–545) / 38

탠너리(Paul Tannery, 1843-904) / 38, 43, 44, 188
테아이테투스(Theaetetus, B.C. 415-368) / 44
테일러(Brook Taylor, 1685-1731) / 119, 125, 127, 138, 139, 141, 160, 204
토리첼리(Evangelista Torricelli, 1608-1647) / 99, 100, 101, 105
톨레미(Ptolemy=Claudius Ptolemeus, 약 85-165) / 48, 49, 57, 59, 60, 74, 104, 176
톰슨(William Thomson) / 180
튜링(Alan M. Turing) / 229

ㅍ

파르메니데스(Parmenides, B.C. 약 500년경) / 42
파쉬(Moritz Pasch, 1843-1930) / 193, 213
파스칼(ernesto Pascal, 1623-1662) / 79, 106, 107, 110, 111, 117, 124, 137, 146, 197, 228
파울러(R. H. Fowler) / 221
파울리(Wolfgang Pauli, 1900-1958) / 218
파촐리(Franciscan Luca Pacioli, 1445-1514) / 89, 90
파푸스(Pappus, 약 320년경) / 62, 63
팽르베(Paul Painlevé, 1863-1933) / 206
퍼스(Benjamin Peirce, 1809-1880) / 183, 184
페도르프(E. S. von Fedorv) / 200
페라리(Ludovico Ferrari, 1522-1565) / 91
페로(Scipio del Ferro, 약 1465-1526) / 89, 90
페르마(Pierre Fermat, 1601-1665) / 2, 105, 106, 107, 109, 110, 111, 134, 137, 170, 200
페르미(Enrico Fermi, 1901-1954) / 225
페아노(Giuseppe Peano, 1858-1932) / 196, 197, 201, 203, 204, 208, 209, 212
페제르(Lipot Fejér, 1880-1959) / 226
포이어바흐(George Peurbach, 1423-1461) / 88
폴리야(G. Polya) / 228
퐁소(Louis Poinsot, 1777-1859) / 157
퐁슬레(Victor Poncelet, 1788-1867) / 156, 157, 172, 173, 174, 176, 181, 187, 211
퐁트랴진(L. S. Pontrjagin) / 222
푀플(A. Föppl) / 215
푸리에(Joseph Fourier, 1768-1830) / 57, 136, 157, 158, 159, 166, 167, 220, 221
푸생(Charles de la Vallée Paussin, 1866-1962) / 206, 215
푸아송(Siméon-Denis Poisson, 1781-1840) / 110, 137, 157, 158, 162, 180
푸앵카레(Henri Poincaré, 1854-1912) / 150, 186, 187, 190, 191, 195, 199, 201, 202, 206, 210, 220, 227
프랜틀(Ludwig Prandtle) / 196, 218
프랭켈(Adolf Fraenkel) / 211
프랭크(E. Frank) / 38, 41
프레게(Gottlob Frege, 1848-1925) / 184, 193, 208, 212
프레네-세레(Joseph-Alfred Frenet-Serret, 1819-1885) / 189
프레드홀름(Erik Ivar Fredholm, 1866-1927) / 205
프레쉐(René Maurice Fréchet, 1878-1973) / 203, 204, 220
프레즈넬(Augustin Fresnel, 1788-1827) / 157
프로베니우스(Georg Frobenius, 1848-1917) / 170, 183
프로이덴탈(Hans Freudenthal) / 226
프로클로스(Proclus, 약 410-485) / 63
플라톤(Plato, B.C. 429-358) / 64, 84, 86, 92, 102, 154, 171, 187, 213
플뤼커(Julius Plücker, 1801-1868) / 173, 175, 176, 185, 186
피렌(H. Pirenne, 1862-1935) / 82
피보나치(Fibonacci, Bonacci, 약 941-1020) / 85
피셔(E. Fisher, 1875-1954) / 205
피아치(Giuseppe Piazzi, 1746-1826) / 151
피카르(Emile Picard, 1856-1941) / 190, 197, 206
피콕(George Peacock, 1791-1858) / 180
피타고라스(Pythagoras, B.C. 약 580-500) / 40, 43, 45, 210

ㅎ

하디(G. H. Hardy, 1877-1947) / 173, 215, 220, 221, 223
하우스도르프(Felix Hausdorff, 1868-1942) / 198, 203
한(Hans Hahn, 1879-1934) / 226

할리(Edmund Halley, 1656–1742) / 111, 133
허셜(John Frederich William Herschel, 1792–1871) / 180
헤론(Heron, 약 75년경) / 59, 61, 64, 65, 88, 98, 99
헤르글로츠(Gustav Herglotz) / 217
헤비사이드(Oliver Heaviside, 1850–1925) / 144, 183, 196, 215
헤세(Otto Hesse, 1811–1874) / 185
헤이팅(Arend Heyting) / 212
헨젤(Kurt Hensel) / 209
헬름홀츠(Hermann von Helmholtz, 1821–1894) / 181, 187
호너(W.G. Horner, 1786–1837) / 77, 79
호이겐스(Christiaan Huygens, 1629–1695) / 105, 107, 108, 109, 111, 117, 123, 124, 137, 157, 225
호이겐스(Christiaan Huygens, 1629–1695) / 124
화이트헤드(A. N. Whitehead, 1861–1947) / 185, 197, 198, 212, 213, 221, 227
후데(Johannes Hudde, 1633–1704) / 106
후르비츠(Adolf Hurwitz) / 226
휘태커(Edmund T. Whittaker) / 221
히스(T. L. Heath, 1861–1940) / 38
히파르코스(Hipparchus, B.C. 약 180–125) / 57, 60
히파티아(Hypatia, 약 370–415) / 63
히포크라테스(Hippocrates of Chios, B.C. 약 440년경) / 39
힐베르트(David Hilbert, 1862–1943) / 153, 166, 170, 185, 187, 188, 193, 195, 197, 198, 199, 200, 201, 203, 205, 208, 209, 210, 211, 212, 213, 216, 217, 218, 219, 223, 224, 226, 228, 229

한눈에 보는 수학사

2016년 3월 2일 초판 발행
2023년 6월 20일 초판 2쇄 발행

저 자 더크 스트뤽
옮긴이 장경윤 · 강문봉 · 박경미
발행자 오판근
발행처 교우사

주 소 서울시 동대문구 약령시로 8, 2층(제기동, 교우빌딩)
전 화 925-2861~2, 편집부/925-2825, 홈쇼핑/969-5762
팩 스 070-7966-8610

E-mail kyowoo@kyowoo.co.kr
홈페이지 http://www.kyowoo.co.kr
북스토어(쇼핑몰) http://www.kyowoo.co.kr

등 록 1994. 3. 24 제6-0256호

ISBN 979-11-251-0149-9
값 20,000원